WAS IST LEBEN?

PIET VAN SPIJK

WAS IST LEBEN?

NATURPHILOSOPHISCHE GRUNDLAGEN DER MEDIZIN

PETER LANG
Bern · Berlin · Bruxelles · Frankfurt am Main · New York · Oxford · Wien

Bibliografische Information der Deutschen Nationalbibliothek
Die Deutsche Nationalbibliothek verzeichnet diese Publikation in der Deutschen Nationalbibliografie; detaillierte bibliografische Daten sind im Internet über ‹http://dnb.d-nb.de› abrufbar.

ISBN 978-3-0343-1321-6 pb. ISBN 978-3-0351-0712-8 eBook

Hochfeldstrasse 32, CH-3012 Bern, Schweiz
info@peterlang.com, www.peterlang.com

Printed in Switzerland

Für meinen Vater Jan,
der mich die Liebe zur Natur gelehrt hat

Inhaltsverzeichnis

Einleitung

> Du musst das Leben nicht verstehen
> Dann wird es werden wie ein Fest.
> Und lass dir jeden Tag geschehen
> So wie ein Kind im Weitergehen von jedem Wehen
> Sich viele Blüten schenken lässt.
>
> Sie aufzusammeln und zu sparen,
> das kommt dem Kind nicht in den Sinn.
> Es löst sie leise aus den Haaren,
> drin sie so gern gefangen waren,
> und hält den lieben jungen Jahren
> nach neuen seine Hände hin.
>
> R.M. Rilke

Diese Arbeit ist die Frucht meines Unbehagens als praktisch tätiger Arzt. Und sie ist das Resultat der Suche nach einem festen Fundament für die westliche Medizin, welche heute als eine Burg erscheint, die auf Sand gebaut, immer grösser werdende Rissen in ihrer einst so glänzenden Fassade zeigt. Vor Zeiten gab die (christliche) Religion der Medizin einen festen Grund. Dazu ist sie heute nicht mehr in der Lage. So sind in der zweiten Hälfte des 19. und im Laufe des 20. Jahrhunderts die (Natur-)Wissenschaften in die Bresche gesprungen. Die Medizin wurde zu einem Teil eines Wissenschafts- und Technikbetriebs, der gegenwärtig fast täglich mit neuen Errungenschaften auftrumpft und der, unterstützt von entsprechendem medialem Getöse, immer wieder den baldigen, endgültigen Sieg über Krankheit und Leiden verkündet. Ein Anliegen dieser Arbeit besteht darin, die Fraglosigkeit, mit welcher solches geschieht, zu durchbrechen und wieder Fragen zu stellen, die über das Technische und Naturwissenschaftliche hinausgreifend das Fundament der Medizin selbst zur Diskussion stellen. Die Chancen, dass dies Beachtung finden wird, stehen gegenwärtig gut. Denn das von mir eingangs erwähnte Unbehagen und die Risse in der Fassade (und zunehmend auch in den tragenden Strukturen) der westlichen Schulmedizin werden immer offensichtlicher: Da sind zum einen die stetig steigenden Kosten, welche zunehmend Sorge bereiten. Zum anderen kehrt ihr die Bevölkerung oftmals den Rücken zu und sucht sich in alternativen Medizinalsystemen Hilfe. Die Ärzte beklagen bei sinkendem Einkommen und Sozialprestige eine zunehmende Bürokratisierung ihrer Tätigkeit, eine immer stärker werdende Vereinnahmung durch Fremdinteressen und das Verschwinden einer industrieunabhängigen Forschung.

Die vorliegende Arbeit geht von der Hypothese aus, dass die heutige Krise der Medizin nicht in erster Linie eine solche der Finanzierung, der erlahmenden Forschung oder böswilliger Politiker, sondern eine Krise ihres theoretischen Fundaments darstellt.

Die Medizin ist in erster Linie eine aufs Praktische ausgerichtete Disziplin. Das aktive (und häufig auch schnelle) Handeln zugunsten von leidenden Menschen war und ist erstes Gebot eines jeden medizinisch Tätigen. Die Patienten und die Gesellschaft haben wenig Verständnis dafür, wenn sich Ärzte und andere im Gesundheitswesen Tätige von den Kranken, Verletzten und Gebrechlichen abwenden, sich in die Studierstube zurückziehen und über *Theorien* nachzudenken beginnen.

Jede praktische Tätigkeit ist aber immer und notwendigerweise auf eine entweder implizit oder explizit mitgeführte Theorie angewiesen. Selbst bei einfachen Tätigkeiten des Alltags ist das der Fall. Erst recht gilt dies, sobald es um komplexe Handlungen wie z. B. Operationen oder Medikamentenverabreichungen geht. Solche Tätigkeiten werden immer auf dem Boden ziemlich komplexer Theorien ausgeführt, welche Erfahrung so aufbereiten, dass sich daraus praktische Handlungen ableiten lassen und beispielsweise aussagen, wie sich Menschen verhalten, wenn man mit einem Skalpell in sie hineinschneidet oder sie chemische Substanzen einnehmen lässt.

In früheren Zeiten ist es Ärzten immer wieder gelungen, sich über das Praktische hinaus auch mit theoretischen Fragen auseinanderzusetzen. So waren Hippokrates und Galen nicht nur grosse Ärzte, sie steuerten auch für die Theorie der Medizin Wichtiges bei. Hippokrates beispielsweise war ein Förderer der Empirie und des wissenschaftlichen Denkens in der Medizin. Die Schrift ‚über die heilige Krankheit' steht exemplarisch für diesen Ansatz. Galen hat als erster eine umfassende, allgemeine Gesundheitslehre geschrieben, welche bis in die Gegenwart Vorbildcharakter behalten hat. Ähnliches hat es seither immer wieder gegeben. Namen wie

Pietro Pomponazzi, Paracelsus, Christian Hufeland und Rudolph Virchow stehen für wichtige theoretische Beiträge durch Ärzte in der Medizin. Im 20. Jahrhundert ist es nach Sigmund Freud in dieser Hinsicht sehr ruhig geworden. Die vorliegende Arbeit stellt einen Versuch dar, an diesem Umstand etwas zu ändern und die theoretischen Grundlagen der Medizin wieder zum Thema zu machen.

Indem die Medizin den Menschen als Lebewesen behandelt und dessen Leben stärken, fördern und schützen will, hat sie Leben als ein ganz zentrales und fundamentales Element im Blickfeld. Und so wird diese Arbeit vom Leben handeln.

Wenn sich die Frage „Was ist Leben?" auf der einen Seite zum Menschen hin öffnet und die Grundlage für ein besseres Verständnis des Menschen ermöglichen kann, so betrifft sie auf der anderen Seite die unbelebte Welt, von der sich Leben ja notwendig unterscheidet und abgrenzt. Belebtes und Unbelebtes umfassen zusammen alles, was wir in der Welt kennen, sie umfassen den ganzen Kosmos. Damit lässt sich andeuten, dass die Frage nach dem Leben indirekt die Frage nach einer Kosmologie beinhaltet. Zwar wird es heute in Fachkreisen meist vermieden, Kosmologie zu betreiben, haftet ihr doch der zweifelhafte Ruf der sinnlosen metaphysischen Spekulation an. Ich will nicht leugnen, dass eine jede Kosmologie spekulative Elemente enthält, ja sogar enthalten muss, das heisst aber nicht, dass diese sinnlos wären. Wir können nämlich gar nicht anders als uns einen Platz innerhalb des Kosmos zuzuweisen. Wir sind als frei flottierende Singularitäten gar nicht denk- und vorstellbar. Entweder ordnen wir uns naiv und unreflektiert in einen grösseren Zusammenhang ein oder tun es als Folge eigenständigen und kritischen Denkens. Ich plädiere für die zweite Lösung.

Die Menschen ringen seit je mit der Frage, was Leben sein könnte. Diese Frage steht dann auch einem der grossen Geniewerke der europäischen Kulturgeschichte Pate: Aristoteles' Werk ‚über die Seele'. Zudem erschienen in den letzten Jahrzehnten gerade mehrere Werke mit diesem Titel „Was ist Leben?". Erwin Schrödinger stellt in seinem 1944 erschienenen Buch tiefsinnige Überlegungen zur Beziehung zwischen physikalischen und biologischen Vorgängen an.[1] Hans-Peter Dürr et al. schaffen 2002 in

1 E. Schrödinger: Was ist Leben?

ihrem Sammelband ‚what ist life?' einen eindrücklichen Brückenschlag zwischen Naturwissenschaften und Philosophie.[2] Und 2003 arbeitet Regine Kather die Frage, „Was ist Leben?" besonders auch unter philosophie-historischer Perspektive auf.[3] Nur wenige Jahre später stelle ich dieselbe Frage erneut. Dies geschieht zum einen, weil sie sich als eine genuin philosophische wahrscheinlich nicht abschliessend beantworten lässt und zum anderen, weil der hier eingenommene Blickwinkel ein etwas anderer ist: Es wird hier vorzugsweise darum gehen, eine Perspektive einzunehmen, die darauf abzielt, der Medizin eine bessere theoretischen Fundierung zu geben und damit zu einer wirkungsvolleren Praxis beizutragen.

Ich werde als erstes eine knappe Zusammenstellung der derzeit in der Medizin meist implizit mitgeführten Theorien vom Leben vorlegen und zeigen, dass sie nicht genügen (Kapitel I). In den Kapiteln II und III werde ich eine Alternative vorstellen, die den heutigen Anforderungen an eine Theorie von Leben gerecht zu werden verspricht. Es handelt sich um eine Theorie, von welcher Hans Jonas sagt, dass es sich dabei um den „kühnen Entwurf einer Fundamentalontologie der Natur (handle), dessen intellektuelle Kraft und philosophische Bedeutung in unserer Zeit nicht Ihresgleichen hat".[4] Damit sind die Arbeiten von Alfred North Whitehead gemeint. Meine Arbeit wird sich in weiten Teilen auf Whitehead abstützen.

Als Erstes werde ich die grundlegenden Bauelemente der Welt genauer beschreiben und die Kategorien vorstellen, welche allem Leben zukommen (Kapitel II und III). Daran anschliessend geht es darum, etwas weiter auszuholen, von der Beschreibung des Lebens vorübergehend zu abstrahieren und die Frage nach den Bedingungen des Erkennens von Natur und Leben aufzugreifen. Und so wird es in Ergänzung zu den naturphilosophischen Teilen in diesem Kapitel darum gehen, eine Erkenntnistheorie zu skizzieren, welche fähig ist, die seit der Neuzeit, d.h. seit Descartes festgestellte und beklagte Subjekt-Objekt-Trennung zu überwinden. Es ist dies eine der grossen Vorzüge der Whiteheadschen Erkenntnistheorie – bei ihm ‚Theorie des Erfassens' genannt – diese Trennung zu

2 H.-P. Dürr, F.-A. Popp, W. Schommers: What is Life? (Deutsch: Elemente des Lebens).

3 R. Kather: Was ist Leben?

4 H. Jonas: Das Prinzip Leben, S. 177.

überwinden. Mit Hilfe von Theorieelementen der Peirce'schen Semiotik versuche ich, die Whiteheadsche Erkenntnistheorie noch breiter abzustützen (Kapitel IV).

Seit der Veröffentlichung von Whiteheads Hauptwerk ‚Prozess und Realität' ist es v. a. im Fachbereich der Biologie zu grossen Veränderungen gekommen – die Entdeckung der DNS und des Gencods seien hier ausdrücklich genannt. Dies macht Anpassungen der Theorie Whiteheads nötig, welche es in einem gesonderten Kapitel zu besprechen gilt (Kapitel V). Nach all diesen Vorarbeiten wird es möglich sein, die entscheidenden Unterschiede zwischen Lebewesen und toten Gegenständen, Dingen oder Maschinen herauszuarbeiten (Kapitel VII).

Dazwischen schiebt sich ein Kapitel, das ein Defizit der Whiteheadschen Philosophie zu beheben versucht: Es geht dabei um die mindestens seit der Romantik immer wieder postulierte Ganzheit bzw. Einheit von Lebewesen. Es wird in diesem VI. Kapitel nicht nur darum gehen, zu zeigen sein, dass Einheit und Ganzheit etwas ganz Unterschiedliches sind, sondern auch darum, dass es die neueren Erkenntnisse der Physik erlauben, Einheit einem ganz neuen Verständnis zuzuführen, einem Verständnis ausserdem, das sich für eine zukünftige Naturphilosophie und Anthropologie als bedeutungsvoll erweisen könnte.

Im letzten Kapitel VIII wird es um das Werden des Lebens insgesamt, um das, was gemeinhin ‚Evolution' genannt wird, gehen. Ich suche darin nach einem Ausweg aus dem festgefahrenen evolutionstheoretischen Diskurs, indem ich den Blick auf die grundlegende Frage lenke, wie das Entstehen von Neuem gedacht werden kann, ist es doch für die Evolution konstitutiv, dass *darin* und *dadurch* Neues entsteht. Wenn in diesem letzten Kapitel die heute vorherrschende neodarwinistische (oder synthetische) Evolutionstheorie kritisiert wird, will ich damit nicht zu einer christlich-fundamentalistischen Gegenposition überlaufen.[5] Es geht mir vielmehr darum, den beiden Glaubenspositionen aus

5 Neodarwinismus (oder synthetische Evolutionstheorie) bezeichnet die Erweiterung der Evolutionstheorie von C. Darwin durch Erkenntnisse aus der Genetik, der Populationsbiologie, der Paläontologie, Botanik etc. Die letztgenannten Elemente waren zur Zeit Darwins weitgehend unbekannt und fehlten in seiner ursprünglichen Evolutionstheorie.

dem Weg zu gehen und Lösungen anzustreben, welche naturwissenschaftlich *und* philosophisch gut fundiert sind.

Zum Schluss möchte ich, neben einer Zusammenfassung der ganzen Arbeit, Hinweise auf daraus möglicherweise resultierende, praktische Konsequenzen geben.

Ein Glossar am Ende des Buches soll der Leserschaft helfen, sich im z.T. ungewohnten Vokabular besser zu orientieren.

I. Gängige Konzeptionen von Leben und ihre Unzulänglichkeiten

1. Naturphilosophische Theorien in der gegenwärtigen Schulmedizin

Insofern die Medizin zentral mit Menschen zu tun hat und gezwungen ist, dies mit einer Intensität zu tun, welche anderswo in dieser vertieften Form kaum vorkommt, ist sie indirekt auch mit dem konfrontiert, dass der Menschen zuerst und vor allem ein Lebewesen ist. Der Mensch mag viele wichtige Eigenheiten zeigen, die ihn vom Tier unterscheiden, er mag sich einer Sprache bedienen, die in derselben Differenziertheit einmalig ist und seine kulturellen Leistungen mögen ihn gegenüber allen anderen Kreaturen auf der Erde auszeichnen. Trotz all dieser Besonderheiten hat der Mensch mit all den Tieren, Pflanzen, Bakterien, Algen, Pilzen etc. gemeinsam, ein Lebewesen zu sein.

So stellt sich die erste und grundlegende Frage: „Was ist Leben?" Es ist dies, so könnte man sagen, die grundlegendste Frage der Medizin überhaupt, die Frage, auf die es ankommt, will man einen soliden theoretischen Boden schaffen, auf dem dann alles andere gebaut sein soll: die Wissenschaft vom Menschen, die Wissenschaft von den Heilmethoden und Heilmitteln und auch diejenige des moralisch richtigen Handelns, wenn man es mit kranken, verletzten und sterbenden Menschen zu tun hat.

Tatsächlich ist es aber so, dass in der gegenwärtigen medizinischen Literatur die Frage, was Leben sei, inexistent ist und weder im Studium noch in der Fort- oder Weiterbildung je diskutiert wird. Dass sie sich in der Praxis in impliziter Weise immer wieder stellt, ist aber selbstverständlich. Jeder Arzt weiss, dass Lebewesen fähig sind, Gewebedefekte zu regenerieren; er schneidet bedenkenlos grosse Abszesse auf und lässt die weit klaffende Wunde von selber heilen. Er wird sich dagegen hüten, bei einem abgetrennten Glied auf die Regenerationsfähigkeit des Gewebes allein zu vertrauen. Er wird auch, um ein weiteres Beispiel zu nennen, nicht neben einem Toten warten, bis er wieder zu leben beginnt, denn er weiss um die Gesetze von Tod und Leben. Aus solchen und ähnlichen Erfahrungen heraus wird er sich gelegentlich auch prinzipielle Gedanken machen, und sich fragen, ob der vor ihm liegende, blau-schwarz verfärbte Fuss (noch) lebendig – vital – sei und wenn er die Frage mit ‚ja' beantworte, weshalb seine Antwort so laute. Aus solchen und ähnlichen praktischen Situationen heraus sind die *impliziten* Antworten der Medizin auf die Frage: „Was ist Leben?" gewachsen. Darüber hinaus wird nicht viel nachgedacht, noch weniger geredet und praktisch gar nicht geschrieben.

Natürlich sind die Antworten durch den gerade errungenen Stand der (Natur-)Wissenschaften, der Biologie, Biochemie, Genetik etc. mitgeprägt. Doch auch diese Prägung geschieht meist indirekt und implizit. Die auf diese oder ähnliche Weise gewachsenen und von anderen Wissenschaftszweigen übernommenen Antworten der westlichen Medizin auf die Frage: „Was ist Leben?" kann man, soweit sich dies bei fehlender, offizieller Literatur zum Thema sagen lässt, wie folgt zusammenfassen:

1. Leben ist ein ‚Etwas' mit verschiedenen, wichtigen, das Leben definierenden Eigenschaften (substanzontologisches Verständnis von Leben).
2. Leben besteht aus einem Körper und einem belebenden Prinzip, in der Regel ‚Seele' genannt. Heute wird anstelle von ‚Seele' häufig von ‚Geist' (oder ‚mind') und anstelle von ‚Körper' eher von ‚Hirn' (oder ‚brain') gesprochen (dualistisches Verständnis von Leben).
   Weniger von klinisch Tätigen, dafür umso mehr von Forschenden, wird als Alternative versucht, ohne eine Seele auszukommen und Leben rein materialistisch oder physikalistisch zu verstehen (physikalistisch-monistisches Verständnis von Leben).
3. Leben ist in einem langsamen evolutiven Prozess aus unbelebter Materie heraus entstanden.

Ich werde in den nächsten Abschnitten kurz auf die drei (bzw. vier) Konzepte eingehen. Es wird auch in knapper Form zu zeigen sein, dass alle diese Theorien aus philosophischer Sicht mit schwerwiegenden, ja sogar unüberwindbaren Problemen behaftet sind.

2. Das substanzontologische Verständnis von Leben und seine Unzulänglichkeiten

Medizinische und biologische Fachbücher versuchen Leben meist wie folgt zu fassen:
„Leben = Zellen mit den Eigenschaften x, y, z.“ Oder in einem wörtlichen Zitat aus einem bekannten Lehrbuch:

> Die Zellen sind die kleinsten Bausteine unseres Körpers mit Lebenseigenschaften, welche eine innere Einheit gewährleisten. Zu den grundlegenden Eigentümlichkeiten rechnen wir: Stoffwechsel und Wachstum, [...] Empfindlichkeit und Bewegung, [...] Fortpflanzung.[6]

Allerdings werden von Quelle zu Quelle die Eigenschaften x, y, z jeweils wieder etwas anders gewählt. So nennt ein anderes Lehrbuch ‚Stoffwechsel, Fortpflanzung, Informationsspeicherung und die Fähigkeit, auf Signale von aussen zu reagieren‘ als die grundlegenden Eigenschaften von Leben.[7] Und wieder ein anderes nennt in diesem Zusammenhang Ordnung, evolutive Anpassung, Reaktion auf die Umwelt, Regulation, Energieumwandlung, Wachstum und Entwicklung sowie Fortpflanzung.[8] Dabei scheinen die jeweils getätigten Auswahlen, wenn sie sich auch mehr oder weniger ähnlich zu sein pflegen, ziemlich willkürlich zu sein. Noch mehr irritieren muss die Tatsache, dass sich nirgendwo Kriterien ausmachen lassen, weshalb eine Eigenschaft zu den essentiellen gehört. Es scheint bis jetzt unmöglich zu sein, auf glaubhafte Art und Weise sicherzustellen, dass der Katalog der Eigenschaften richtig und vollständig ist.

Dass Leben durch ein stabiles Etwas gebildet wird, dem mehr oder weniger beliebige Eigenschaften so anhängen, wie dies bei Kleidern an einem Kleiderständer der Fall ist, macht das substanzontologische Verständnis von Leben aus. Es fehlte im Laufe der Geschichte allerdings nicht an Versuchen, nur eine *einzige wesentliche Eigenschaft* ausfindig zu machen, welche alle anderen in sich vereint und so das einzige und wahre Wesen alles Leben-

6 A. Faller: Der Körper des Menschen, S. 2.

7 Z. B. K. Munk: Grundstudium der Biologie: Biochemie, Zellbiologie, Ökologie, Evolution, S. 2–1.

8 N.A. Campbell, Biologie, S. 3f.

digen ausmacht. So wird seit langer Zeit und immer wieder das Vorhandensein einer allem Lebendigen zugrunde liegende ‚Lebenskraft' postuliert, einer Kraft also, die all die zuvor genannten Eigenschaften zu beliebigen – akzidentiellen – degradiert, und welche als grundlegende Bewegerin und Verursacherin alles Lebendigen zu gelten hat. Zwar wird so das Problem der verschiedenen und ziemlich wahllos zusammengerafften, das Leben-definierenden Eigenschaften der Substanzontologie behoben, doch handelt man sich mit der Lebenskraft neue Probleme ein. Insbesondere besteht jetzt die Gefahr, dass es sich bei der Lebenskraft um eine leere Worthülse handelt. Man besitzt zwar ein Wort, welches für all das steht, was das Leben ausmacht. Doch verhilft es in keiner Weise zu einem besseren Verständnis dessen, *wie* diese Kraft wirkt und *was* sie genau tut, wenn sie Leben erzeugt.

Ein weiterer Punkt ist in diesem Zusammenhang wichtig. Es ist dies die enge Verbindung, ja Verquickung der Substanzontologie mit der Sprache. Auf diese Problematik weist ein zentraler Satz in Aristoteles' Kategorienschrift hin. Er lautet:

> Substanz im eigentlichen, ursprünglichen und vorzüglichen Sinne ist die, die weder von einem Subjekt *ausgesagt* wird, noch in einem Subjekt *ist*, wie z. B. ein bestimmter Mensch oder ein bestimmtes Pferd.[9]

Dabei bekommt der Begriff ‚Subjekt' eine Doppelbedeutung; sie ist Seinskategorie (ein bestimmtes Pferd, ein bestimmter Mensch *sein*) und zugleich auch *Erkenntniskategorie* (eine Wörter- oder Zeichenklasse innerhalb der menschlichen Sprache, welche etwas über Pferde und Menschen *aussagt*).

Die menschliche Sprache, genauer die indogermanischen Sprachen (und viele andere auch) sind in der Tat substanzontologisch aufgebaut – sie bestehen aus Subjekten und Adjektiven. Letztere zeigen an, mit welchen Eigenschaften die Subjekte behaftet sind. Diese Art des Sprachbaus und die dazugehörigen Erkenntniskategorien vermögen die, in der realen Welt vorhandenen, Seinskategorien nicht immer eins zu eins abzubilden. Wo immer sich diesbezüglich Schwierigkeiten ergeben, besteht die Gefahr, dass sich durch die fehlerhafte Abbildung ein ebenso fehlerhaftes Verständnis dessen, was die Realität ist, ergibt. Versteht unsere Sprache das Leben substanzontologisch, liegt sie dabei ziemlich sicher falsch. Das

9 Aristoteles: Kategorien, Kapitel 5, 2a (kursiv durch den Autor).

wäre nicht weiter schlimm, hätte sich diese Sichtweise nicht unterdessen so in unserem Denken eingeprägt, dass es schwierig geworden ist, dies zu ändern und den Platz für ein anderes, neues Konzept frei zu machen.

Ihr substanzontologischer Aufbau ist nicht das einzige Defizit, welches unsere Sprache zeitigt, wenn es darum geht, die Realität im Allgemeinen und das Leben im Speziellen zu verstehen. Ein weiteres Defizit besteht darin, dass es ihr ausserordentlich schwerfällt, *Beziehungen* auf verständliche Art und Weise abzubilden. Wird die Welt als Nebeneinander von Substanzen verstanden, die alle voneinander unabhängig sind, und aneinander in keiner Weise teilhaben – „nicht in einem Subjekt sind", wie Aristoteles sagt –, werden Beziehungen zu etwas Unverständlichem. Das ist deshalb der Fall, weil jedes in Beziehung-Sein nur dann möglich wird, wenn die beiden Relata sich austauschen, wenn sie mindestens teilweise ineinander übergehen und aneinander teilhaben. Sind aber Substanzen per definitionem voneinander völlig getrennte Einheiten, lassen sich in einem solchen theoretischen Bezugsrahmen Beziehungen nicht verstehen.

N. Hartmann stellt die Aporien, in welche das substanzontologische Weltverständnis gerät, wenn es darum geht, Beziehung verständlich zu machen, übersichtlich zusammen. Er tut dies anhand einer wichtigen Art von Beziehung, nämlich anhand der Erkenntnisrelation.[10] Ich werde in Kapitel IV darauf zurückkommen.

Ein weiteres Handikap des substanzontologischen Verständnisses von Leben besteht darin, dass es sich bei Substanzen um etwas Gleichbleibendes, Beständiges, d.h. um feste Strukturen handelt. Eine Substanz ist gemäss Kant das, was „bei allem Wechsel der Erscheinungen beharrt".[11] In der Vergangenheit konzentrierte man sich in der Regel darauf, die Lösung der Rätsel der Welt in der Analyse der genauen Strukturen von Substanzen zu suchen. Und wenn es darum ging, Leben zu verstehen, machte man sich daran, in den Körpern nach festen Strukturen zu suchen. Rembrandts Bild ‚die Anatomie des Dr. Tulp' (s. Abb. 1, S. 25) macht das paradoxe Bemühen anschaulich, mittels des Erforschens des Festen, Bleibenden und gerade deshalb Toten das Leben zu verstehen.

Die Erkenntnisse der letzten hundert Jahre nicht nur in der Biologie, sondern auch in der Physik zeigen, dass sich bei genauerem Hinschauen

10 N. Hartmann: Grundzüge einer Metaphysik der Erkenntnis, S. 59ff.
11 I. Kant: Kr. d. r. V. B 224.

das Feste überall in Bewegung und Dynamik auflöst. In den Lebewesen ist nichts Fixes, sondern sämtliche Bestandteile ‚fliessen' durch dieses hindurch. Zellen werden zuerst eingebaut und alsbald wieder entfernt und durch neue ersetzt. Auf einem tieferen Niveau findet sich dasselbe Prinzip: Molekularstrukturen innerhalb der Zellen befinden sich in einem ständigen, von Enzymsystemen katalysierten *Fliessgleichgewicht.* Bei diesen Prozessen liegt *nicht* ein ‚In-Beziehung-Stehen' *von etwas und zu etwas* vor, es handelt sich vielmehr um einen „Strom ständig wechselnder Beziehungen, und zwar Beziehungen, die sich nicht zwischen festen Strukturen (oder Relata) ausspannen, sondern wiederum zwischen Beziehungen".[12] Denn jedes Relatum, welches wir glauben, als Substanzielles, als Substanz fassen zu können, löst sich sofort wieder in eine weitere, prozesshafte Beziehung auf. Unterdessen hat sogar die Materie ihren Substanzcharakter verloren. Sie hat sich in den letzten 150 Jahren in ein Gewirr von Beziehungen zwischen äusserst dynamischen Elementarteilchen aufgelöst, die zugleich Wellen sind und sich sogar mittels einer einfachen Formel in Energie ($E = m \times c^2$) umrechnen lassen.

Zusammengefasst gilt, dass die auf den indogermanischen Satzbau abstützende Substanzontologie in die Irre führt, wenn es darum geht, Leben zu verstehen. Nicht nur ist sie unfähig für die sog. Substanzen, die *wesentlichen* oder *essentiellen* Akzidenzien zu nennen, sondern führt auch in unüberwindbare Aporien, wenn es gilt, Beziehungen einsichtig zu machen. Letzteres wiegt deshalb besonders schwer, weil Beziehungen im Allgemeinen und Erkenntnisrelationen in Speziellen zum A und O des Lebens gehören. Eine Theorie, die solch fundamentale Gegebenheiten nicht zu fassen vermag, wurde denn auch immer wieder zur Zielscheibe der Kritik und es mangelt nicht an Versuchen, sie durch Theorien zu ersetzt, die ohne diese Defizite auskommen.[13] Die vorliegende Arbeit stellt einen weiteren solchen Versuch dar.

12 R. Rorty: Hoffnung statt Erkenntnis, S. 37.

13 Zum Beispiel: D. Hume: Traktat über den menschlichen Verstand, Buch I, Abschnitt 6; A. N. Whitehead: Prozess und Realität: S. 109, 119 ff., 158 ff.; R. Rorty: Hoffnung statt Erkenntnis, S. 37 ff. Zu nennen ist in diesem Zusammenhang insbesondere auch Meister Eckhart, der schon sehr früh die aristotelischen Substanzen über Bord warf und sich dabei in Widerspruch zu den damaligen Autoritäten stellte. Meister Eckhart: „Der Gerechte lebt in Gott und Gott in ihm, denn Gott wird geboren in dem Gerechten und der Gerechte in Gott." (39. Predigt und ähnlich auch in Predigt 60 und Predigt 76)

Abbildung 1: Rembrandt van Rijn: Die Anatomie des Dr. Tulp.

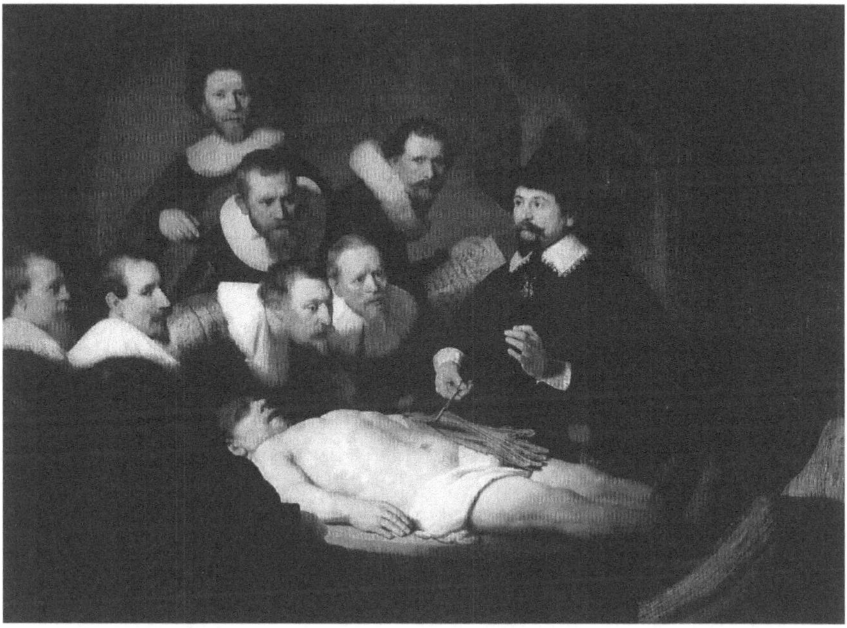

3. Der dualistische Körper-Seele Interaktionismus und seine Unzulänglichkeiten

Die zweite Theorie, die versucht, Leben verständlich zu machen, besagt, dass es sich dabei um eine Verbindung von Körper und Seele handle. Sie hat eine schwergewichtige Unterstützung darin, dass sie einer genuinen und uralten Lebenserfahrung der Menschen entspricht, in allen Kulturen gefunden werden kann und auch gegenwärtig bis in die medizinischen Institutionen hinein wirkungsmächtig geblieben ist. Die Psychosomatik als medizinische Fachrichtung zeugt von der bis heute anhaltenden Überzeugung eines Miteinanders zweier gänzlich unterschiedlicher, sich ergänzender Entitäten, die ‚Körper' und ‚Seele' genannt werden.

Besonders Aristoteles hat versucht, mittels einer ausgefeilten Seelentheorie Leben verständlich zu machen. Aristoteles wörtlich: „Darum ist die Seele die erste Aktualisierung (Entelechie) eines natürlichen Körpers, der potentiell Leben besitzt."[14] Doch bleibt auch hier, ähnlich wie bei der oben genannten Lebenskraft, unklar, was die Seele genau macht, wenn sie den Körper zum Leben erweckt. Daran ändert sich auch nichts, wenn Aristoteles präzisiert, die Seele sei ,Verwirklichung', ,Aktualisierung' oder ,Entelechie', welche mit dem Körper – der für sich selber gesehen ,Möglichkeit', ,Potentialität' oder ,Dynamis' darstellt – eine Einheit bildet. Auch mittels dieses Vokabulars lässt es sich nicht verständlich machen, *wie* diese Seele es fertigbringt, in die tote Materie Leben hineinzubringen oder wie sich die ganz normale Materie von derjenigen unterscheidet, welche ,potentiell Leben' besitzt.

Der Seelentheorie kommt allerdings eine genuin menschliche Erfahrung entgegen, die sich wie folgt zusammenfassen lässt: „Eben war da noch ein Mensch, der redete, lachte, umherging und jetzt ist derselbe Mensch zwar immer noch vorhanden, sieht gleich aus wie zuvor, aber er tut nichts mehr, ist steif und starr, nicht anders als eine grosse Puppe." Die Schlussfolgerung liegt auf der Hand: Der Leichnam als (toter) Gegenstand hat gegenüber dem lebenden Menschen von zuvor etwas verloren. Ob dieses Etwas ,Seele', ,Geist' oder sonst wie genannt wird, tut wenig zur Sache. Dieses Etwas war offensichtlich dafür verantwortlich, dass dem jetzt leblosen Körper zuvor all das zukam, was Leben ausmacht: Eigenaktivitäten, Wachstum, Fortpflanzung, Erkenntnisfähigkeit, gegebenenfalls Empfindungen, Gefühle, Rationalität, Selbstbewusstsein und vieles mehr. Dieses Zusätzliche macht das Leben recht eigentlich aus.

Bringt man die zentrale Vorgabe des Körper-Seele Interaktionismus auf den Punkt, so sind tote Körper in Raum und Zeit lokalisierte Massen mit einer bestimmten Ausdehnung, welche den determinierenden Gesetzen der Kausalität unterliegen. Für die Seele oder den Geist gilt das Umgekehrte: Sie sind weder räumlich noch zeitlich determiniert. So wird es möglich, dass die geistige Welt der Gedanken, Träume und Phantasien von jeder Kausaldetermination befreit, sich von den Körpern fundamental unterscheidet. Leben als Einheit, Zusammensein oder Interaktion zweier gänzlich unterschiedener Entitäten – von R. Descartes res extensa und res cogitans genannt – bietet aber konzeptuell insofern unüberwindbare Hür-

14 Aristoteles: De anima, 412a.

den, als dass nicht erklärt werden kann, wie sie als gänzlich Verschiedene miteinander in Verbindung treten können. Haben sie tatsächlich keinerlei Gemeinsamkeiten, dann ist verständlich zu machen, wie sie miteinander in Interaktion treten können, denn ohne Gemeinsamkeiten und Anknüpfungspunkte werden Interaktionen logisch unmöglich.

Bereits zu Zeiten von Descartes, der den interaktionistischen Körper-Seele Dualismus konzeptuell auf den Punkt brachte und als Verbindungsstelle zwischen Seele und Körper die Epiphyse im Auge hatte, wurde die unlösbare Problematik dieser Theorie erkannt. Prinzessin Elisabeth von Böhmen, eine Schülerin von Descartes, machte ihn auf diesen Umstand aufmerksam.[15] Die Unmöglichkeit, darauf eine befriedigende Antwort geben zu können, bedeutete philosophisch gesehen den Tod dieser Theorie und die nachfolgenden Denker, allen voran Leibniz, Spinoza und Malbranche, suchten intensiv nach alternativen Lösungsansätzen.[16] Dies konnte aber nicht verhindern, dass auch noch im 20. Jahrhundert beispielsweise der Nobelpreisträger der Medizin, John Eccles, in einem sog. ‚Liaisonhirn' nach einer Schaltstelle zwischen Geist und Hirn suchte.[17]

Im täglichen Leben, auch im täglichen Leben der Medizin, bleibt der Körper-Seele Interaktionismus aber eine weiterhin aktive Theorie, wenn es darum geht, Leben zu verstehen. Und selbst in der Philosophie versuchen verschiedene Autoren zu retten, was zu retten ist. So vertritt beispielsweise J. Seifert die Ansicht, dass sich der oben genannte Widerspruch in der Tat nicht auflösen lasse, dass es eine Aporie sei, die wir zu akzeptieren hätten. Angesichts der erdrückenden, aus dem Alltagsleben stammenden

15 R. Descartes: Œuvres (AT) III, S. 683.

16 Sie lösen das Problem wie folgt: Es scheint uns nur so, als ob die res extensa und die res cogitans miteinander interagierten, in Wirklichkeit tun sie dies aber nicht (G. W. Leibniz: Monadologie. B. de Spinoza: Ethik. N. Malbranche: Von der Erforschung der Wahrheit). Wegen ihres kontraintuitiven Einschlags und/oder der Inanspruchnahme eines transzendenten Wesens, welches die parallel zueinander ablaufenden körperlichen und seelischen Vorgänge miteinander koordiniert, wurden diese Vorschläge unterdessen wieder gänzlich fallen gelassen und spielen in der gegenwärtigen Philosophie keine Rolle mehr (siehe dazu u. a.: M. Pauen: Grundprobleme der Philosophie des Geistes, S. 47 f. und T. Zoglauer: Geist und Gehirn, S. 71 ff.).

17 J. Eccles: Das Gehirn des Menschen, S. 274 ff.

Erfahrung von seelisch-körperlichen Interaktionen müssten wir diese als real anerkennen und zugleich die Unerklärbarkeit solcher Erfahrung akzeptieren; sie ist ein ‚natürliches Geheimnis'. Seifert schliesst sich so Descartes an, der schon 350 Jahre zuvor ähnlich argumentierte.[18] C. McGinn verteidigt den Dualismus indem er sagt, dass der Körper-Seele-Interaktion für den Menschen ein Mysterium darstelle, weil sein Verstand nicht dazu geschaffen sei, die offensichtlich statthabende Interaktion zu verstehen. So wie Fische nicht dazu geschaffen sind, schnell zu rennen, so seien wir nicht dazu ausgerüstet, verstehen zu können, wie Körper und Seele, Geist und Hirn interagieren. Ein intellektuell anders geartetes Wesen wäre dazu ohne weiteres in der Lage.[19]

Eine weiterer Rettungsversuch besteht darin, einerseits zuzugeben, dass die dualistische Position logisch nicht haltbar sei, andererseits aber die Verlässlichkeit der Logik (zumindest in Grenzbereichen des Wissbaren, wie es die Körper-Seele-Interaktion ist) in Abrede zu stellen. Logische Gesetze, der Satz vom Widerspruch oder vom ausgeschlossenen Dritten z. B., wären dann nicht allgemeingültig, sondern hätten nur lokale Gültigkeit. So wird es denkbar, dass logische Sätze an den äussersten Grenzen des Universums und in Bezug auf gewisse metaphysische Fragestellungen ihre Gültigkeit verlören.

Diese Versuche, die Theorie des dualistischen Interaktionismus zu retten, können aber erst dann ernsthaft in Betracht gezogen werden, wenn alle anderen, sich auf die menschliche Vernunft abstützenden Möglichkeiten ausgeschöpft wurden. Diesem Postulat ist aber mit dem interaktionistischen Körper-Seele Dualismus als einzigem Lösungsversuch nicht Genüge getan. Als eine Alternative zum Dualismus bieten sich von alters her verschiedene Monismusformen an. Sie werden hier auch deshalb kurz behandelt, weil sie gegenwärtig nicht nur in der Philosophie eine wichtige Rolle spielen, sondern weil sie auch in der Medizin von Bedeutung sind.

18 J. Seifert: Das Leib-Seele-Problem, S. 164. R. Descartes Œuvres (AT) V, S. 163 und 222.

19 C. McGinn: Wie kommt der Geist in die Materie? S. 70 ff.

4. Der physikalische Monismus und seine Grenzen

Besonders seit die Neuropharmakologie in den letzten rund 50 Jahren grosse Erfolge hat erringen können, seit es möglich wurde, psychiatrische Erkrankungen wie insbesondere die Schizophrenie und die Depression mittels Medikamenten chemisch nachhaltig zu beeinflussen, wird in der Medizin – besonders in Forscherkreisen – in zunehmendem Mass davon ausgegangen, dass das Seelische letztlich mittels physikalischer Parameter vollumfänglich erfasst und bestimmt werden könne, und dass das ganze Sinnen und Trachten dahin gehen sollte, die naturwissenschaftlichen – besonders chemischen und physikalischen – Kenntnisse voranzutreiben, um so die im Grunde vorhandene, im Moment aber aus kontingenten Gründen noch nicht bis ins Detail verstandene Identität von Geist und Körper aufzuzeigen. Die Vorstellung, dass sich alles letztlich auf physikalische Vorgänge zurückführen (reduzieren) lasse, wird physikalistischer Monismus genannt.

Es soll hier nicht darum gehen, in die Details der Philosophie des Geistes einzudringen.[20] Die folgende Zusammenfassung kann je nach Vorkenntnissen als knappe Einführung wichtiger Gedankengänge des physikalistischen Monismus oder als Erinnerung und Gedankenstütze dienen. Nicht zuletzt, weil sich im Laufe der Zeit für den physikalistischen Monismus immer wieder neue konzeptuelle Hindernisse ergaben, besteht eine ganze Reihe von unterschiedlichen Ansätzen, welche dazu angelegt sind, die Probleme der Vorgänger zu überwinden. Nachfolgend sollen die sog. Identitätstheorie, der eliminative Materialismus, der logische Behaviorismus und der Funktionalismus als Spielarten des physikalistischen Monismus in knapper Form und mittels von Anschauungsbeispielen vorgestellt werden.

20 Eine Auswahl der reichhaltigen Literatur zu diesem Thema: P. Bieri: Analytische Philosophie des Geistes, S. 31ff.; H. Hastedt: Das Leib-Seele-Problem, S. 98ff.; M. Pauen: Grundprobleme der Philosophie des Geistes, S. 79ff.; T. Metzinger: Neuere Beiträge zur Diskussion des Leib-Seele-Problems, S. 16ff. und T. Zoglauer: Geist und Gehirn, S. 88ff.; A. Beckermann: Analytische Einführung in die Philosophie des Geistes; J. Kim: Philosophie des Geiste, S. 147ff. K. Popper: Das Ich und sein Gehirn, S. 101ff., J. Seifert: Das Leib-Seele-Problem.

Die *Identitätstheorie* lässt sich wie folgt veranschaulichen: So wie Abend- und Morgenstern so lange als zwei verschiedene Himmelsgestirne angesehen wurden, bis Wissenschaftler die *faktische Identität* dieser beiden Erscheinungen beweisen konnten, so wird es eines Tages möglich sein, zu zeigen, dass Körper und Seele richtig verstanden ein und dieselbe physikalische Entität darstellen.

Der *eliminative Materialismus* kann mit dem folgenden Vergleich verständlich gemacht werden: Die Griechen erklärten sich das Zustandekommen von Blitz und Donner mangels der dazu nötigen naturwissenschaftlichen Kenntnisse dadurch, dass der zornentbrannte Zeus Donnerkeile werfend die Gewitterphänomene hervorrufe. Ebenso wie die Griechen damals, sind wir heute mangels besserer Kenntnisse auf psychologisierende Theorien angewiesen, wenn es darum geht, Naturphänomene wie Denken, Schmerzempfindungen etc. zu erklären. In Zukunft werden diese alltagspsychologischen Theorien durch naturwissenschaftliche ersetzt werden können.

Eine dritte Theorie, *logischer Behaviorismus* oder *semantischer Physikalismus* genannt, besagt, dass so wie indigene Völker die (Un-)Art haben, Naturbeobachtung mit Geistertheorien anzureichern und Lokomotive-treibende Dämonen zu vermuten, wenn sie einen Zug vorbeifahren sehen, ebenso haben wir es uns zur Gewohnheit gemacht, anstatt das beobachtbare Verhalten zu beschreiben, uns in Geister- bzw. Geist-Theorien zu ergehen. Unsere Vorfahren sprachen von Geistern und wir reden heute von Geist, obwohl beide als solche keinen empirischen Boden haben. Richtig wäre es, sich an das zu halten, was sich beobachten und verifizieren lässt, nämlich Verhalten. Verhalten – auch das menschliche – ist der physikalistischen Sprache und Beschreibung ohne weiteres und vollständig zugänglich.

Die vierte und letzte hier genannte Spielart des Physikalismus ist der sog. *Funktionalismus.* Darüber, ob es sich dabei um eine monistische Position handle, kann gestritten werden, sicher ist aber, dass der Funktionalismus die heute dominante physikalistische Position darstellt. Auch in diesem Fall lässt sich die Grundintuition mit einem Vergleich verständlich machen: So wie sich bei einem Computer alles, was geschieht, zuletzt auf die physikalischen Vorgänge in dessen Hardware zurückführen lässt, ebenso sind geistige Vorgänge auf physiologische (die zuletzt immer auch physikalische Vorgänge sind) zurückzuführen. Sie sind sog. funktionale Zustände des Hirns oder anderer physikalischer Entitäten wie beispielsweise

Computer. Das heisst, dass geistige Vorgänge durch das Hirn verursacht sind und ihrerseits wieder Ursache für eine ganz Reihe von Tätigkeiten darstellen: sich über Schmerzen beklagen, vor Freude jauchzen, sich an den vergangenen Tag erinnern etc.

Der Funktionalismus geht des Weiteren davon aus, dass die eben genannten Tätigkeiten alles sind, was eine Geistestätigkeit ausmacht. Wenn mit anderen Worten ein Schachcomputer genau so spielt, wie ein guter Schachspieler dies tut, so gibt es keinen Grund zu behaupten, dass der Computer (mindestens in Bezug auf das Schachspiel) keine geistigen Tätigkeiten vollbringe, d.h. nicht denke. Das, was er mit den Spielfiguren tut, unterscheidet sich nämlich von dem, was ein menschlicher Spieler tut, in keiner Art und Weise.

Der Funktionalismus stellt die gegenwärtig favorisierte Form des Physikalismus dar und die Literatur dazu ist immens. Letzteres hat damit zu tun, dass es unterdessen viele verschiedene Varianten des Funktionalismus gibt, von denen jede wieder mit Problemen zu kämpfen hat.[21] Alleine die Tatsache, dass im Lauf der letzten Jahrzehnte eine Spielart des physikalistischen Monismus die andere abgelöst hat, kann als ein indirekter Hinweis dafür gelten, dass keine dieser Theorien wirklich zu überzeugen weiss. Jede neue Variante versucht, auftretende Probleme zu beheben, scheitert und wird wiederum durch eine neue ersetzt.[22]

Allen vier (und weiteren hier nicht genannten physikalisch-monistischen) Theorien ist gemeinsam, dass sie davon ausgehen, man sähe fälschlicherweise als zwei an, was genauer besehen eins ist. Alle sind aber mit dem Problem konfrontiert, dass sie gewisse Elemente des Geistigen oder Seelischen nicht unter ihren physikalistischen Hut zu bringen vermögen.

Die vier wichtigsten Elemente, die dem physikalistischen Monismus Probleme bereiten, sind:

(i) *der semantische Sprachgebrauch*
(ii) *der freie Wille*
(iii) *logische Probleme des Gleichheitsanspruches* und
(iv) *das subjektive Erleben*

21 Siehe dazu z. B. M. Esfeld: Causal Properties and conservative Reduction. J. Bregant: The Limits of functional Reduction.

22 U. Meixner: Das Elend des Physikalismus in der Philosophie des Geistes, S. 25ff.

i. Das Problem des semantischen Sprachgebrauchs

Zur Veranschaulichung dieses Problems dient das folgende, ‚Chinese-Room-Argument' genannte Gedankenexperiment von R. J. Searle:

> Im Mittelpunkt steht eine englischsprachige Person, die Chinesisch weder sprechen noch lesen kann und in einem verschlossenen Raum, dem ‚chinesischen Zimmer', sitzt. In dem Raum befinden sich ein Stapel mit chinesischen Schriftzeichen sowie eine englische Anleitung, die die vorhandenen Zeichen in Beziehung zu anderen chinesischen Schriftzeichen setzt. Durch eine Öffnung werden der Person nun weitere chinesische Schriftzeichen hereingereicht. Aufgabe der Person ist es, in der englischen Anleitung nach den zugehörigen Zeichen zu suchen, um diese anschliessend aus dem Zimmer herauszureichen. Ohne dass die Person es weiss, handelt es sich bei den hereingereichten Zeichen um Fragen, bei den herausgereichten Zeichen um die dazugehörigen Antworten, die keinerlei Unterschiede zu den Antworten eines chinesischen Sprechers aufweisen. Diese Antworten werden mit Hilfe der englischen Anleitungen, die eine Art Programm darstellt, aus den Fragen abgeleitet.[23]

Mit diesem Gedankenexperiment lässt sich zeigen, dass ein System (der chinesische Raum) sich sehr wohl so verhalten kann wie ein Mensch, welcher der chinesischen Sprache mächtig ist, ohne dass dies heissen muss, dass diese Äquivalenz des Verhaltens auch einer Äquivalenz im Ganzen entsprechen muss. Oder anders gesagt: Die Person verhält sich zwar so wie jemand, der/die chinesisch versteht, in Tat und Wahrheit ist dies aber nicht der Fall. Sie hat ein sog. syntaktisches, nicht aber ein semantisches Sprachverständnis.

Ein ähnliches Problem stellt sich Schachcomputern, welche nur ein syntaktisches Verständnis des Schachspiels besitzen und aus diesem Grund in Ausnahmestellungen, für welche sie nicht programmiert worden sind, kläglich versagen.[24] Das hat wie beim Betreiber des chinesischen Zimmers damit zu tun, dass Schachcomputer die Bedeutung – die Semantik – des Spiels nicht begriffen haben.

23 J. R. Searle: Mind, Brain and Programs. Zitiert und übersetzt in: M. Pauen: Grundprobleme der Philosophie des Geistes, S. 149 ff.

24 Ein anschauliches Beispiel dazu gibt R. Penrose in: Das Grosse, das Kleine und der menschliche Geist, S. 132 ff.

ii. Das Problem des freien Willens

Sind alle seelischen Phänomene im Grunde genommen physikalische, so unterliegen sie alle den determinierenden Gesetzen der Physik. Das Handeln aus freiem Willen heraus wird dadurch unmöglich. Dies widerspricht nicht nur unserem Erleben, sondern hätte auch immense Auswirkung auf das praktische und soziale Leben, insbesondere demjenigen der Rechtsprechung, das sehr weitgehend auf dem Vorhandensein möglicher und zumutbarer, freier Entscheide der Betroffenen abstellt.

Zudem verfängt sich der physikalistische Monismus in einer Falle, in welche viele radikale, philosophische Theorien geraten: Werden sie auf die Theorie oder auf deren Verfasser selber angewandt, so führen sie zu absurden Resultaten. Dies ist auch hier der Fall: Die Theorie des physikalistischen Monismus kann für sich deshalb keinen Wahrheitsanspruch einfordern, weil Wahrheit eine geistige Grösse ist und als solche in einer rein physikalistischen Welt gar nicht vorkommt. Über Wahrheit zu reden ist in diesem Kontext sinnlos.

iii. Das logische Problem des Gleichheitsanspruchs

Das nächste Problem des physikalistischen Monismus ist ein formallogisches und lässt sich so auf den Punkt bringen:

A ist ein geistiger oder seelischer Prozess
B ist ein zentralnervöser (physikalischer) Prozess

Eine Behauptung des physikalistischen Monismus besteht darin, zu sagen, dass A = B. Gelingt es, dies zu beweisen, dann heisst dies (1), dass das geistige Geschehen dasselbe ist wie das physikalische, (A → B). Und es gilt (2) zugleich auch die Umkehrung, nämlich, dass das physikalische Geschehen dasselbe ist wie das Geistige, (A ← B).

Gelänge es mit anderen Worten zu beweisen, dass A = B, so wäre damit das Mentale nicht ‚wegerklärt', sondern es wäre Gleichberechtigung des Geistigen mit dem Physischen zu fordern; das Mentale hätte gleichermassen das Recht, das Physische ‚wegzuerklären', wie umgekehrt. Dem physikalistischen Monismus stünde sodann der idealistische Monismus – „alles ist Geist" – gleichberechtigt zur Seite.[25]

iv. Das Subjektive Erleben

Als vierte und letzte unüberwindbare Hürde, welche sich dem physikalistischen Monismus im Allgemeinen und dem Funktionalismus im Speziellen entgegenstellt, ist das Problem, dass sie nicht in der Lage sind, subjektives Erleben verständlich zu machen. Auch dieses Problem lässt sich am besten mittels eines Gedankenexperiments auf den Punkt bringen. Es ist dies die bekannte Geschichte von Mary:

> Mary ist eine brillante Naturwissenschaftlerin, die – aus welchem Grund auch immer – gezwungen ist, die Welt aus einem schwarz-weissen Raum heraus zu erforschen, und zwar mit Hilfe eines schwarz-weiss Fernsehmonitors. Sie spezialisiert sich auf dem Gebiet der Neurophysiologie des Sehens. Lassen sie uns annehmen, dass sie alle physikalischen Informationen darüber erwirbt, was vorgeht, wenn wir reife Tomaten oder den Himmel sehen und Begriffe wie ‚rot', ‚blau' und so weiter verwenden. Sie entdeckt zum Beispiel, welche vom Himmel ausgehenden Kombinationen von Wellenlängen genau es sind, die die Netzhaut reizen und wie genau dies wiederum auf dem Weg über das zentrale Nervensystem die Kontraktion der Stimmbänder und das Ausstossen von Luft aus den Lungen auslöst, deren Ergebnis dann schliesslich die Äusserung des Satzes ‚Der Himmel ist blau' ist. [...]
> Was wird geschehen, wenn Mary aus ihrem schwarz-weissen Raum befreit wird oder wenn man ihr einen Farbfernseher gibt? Wird sie etwas lernen oder nicht? Es scheint einfach offensichtlich, dass sie etwas über die Welt und unser visuelles Erleben lernt. Dann aber ist die Schlussfolgerung unausweichlich, dass ihr vorheriges Wissen unvollständig war. Sie war jedoch im Besitz aller physikalischen Informationen. Ergo kann man mehr besitzen als nur diese und der Physikalismus ist falsch.[26]

Dieses von Jackson formulierte Argument des unvollständigen Wissens (oder das sog. Erklärungslückenproblem), welches mit der Tatsache zu tun hat, dass es mittels physikalischer Erklärungen nicht möglich ist, zu erklären, weshalb physische Prozesse eine bestimmte subjektive Qualität Q (und nicht eine ganz andere Qualität, z.B. R oder S) erzeugen, bilden

25 P. Feyerabend: Mentale Ereignisse und das Gehirn, S. 121.

26 F. Jackson: ‚What Mary didn't know' zitiert in: T. Metzinger (Hrsg.): Bewusstsein, S. 253.

die eigentliche Achillessehne aller physikalistischen Theorien. Die Ich-Perspektive kann mittels Beschreibungen aus der Dritte-Person-Perspektive nicht vollständig eingeholt werden; daran ändern alle argumentatorischen Tricks nichts.[27]

Neben soeben genannten Schwächen – und dies ist mit ein Grund, weshalb es an dieser Stelle nicht nötig ist, tiefer in das immense Gebiet der Körper-Seele Problematik bzw. in die Philosophie des Geistes einzudringen – ist es auch so, dass der physikalische Monismus für die oben gestellte, und aus dem Alltagserleben erwachsende, ganz praktische und alltägliche Frage, worin sich ein Leichnam von einem lebenden Menschen unterscheidet, keine Erklärung zu geben vermag. Die Frage nach dem, was Leben ist, stellt sich in ihren Grundzügen nämlich wie folgt: Einem physikalisch-chemischen Körper – dem Leichnam – wird etwas Physikalisch-Chemisches beigefügt, nämlich das, was den Leichnam zu einem lebenden Menschen macht. Durch das Zusammenkommen von zwei prinzipiell gleichen Elementen entsteht etwas prinzipiell anderes, nämlich ein lebender Menschen. Oder anders gesagt: Aus dem Zusammenkommen von zweimal etwas Totem, dem Leichnam einerseits und dem Etwas (was zwar im Detail nicht bekannt, aber von prinzipiell gleicher Art ist) andererseits, entsteht als gänzlich Neues das, was wir ‚Leben' nennen. Wie dies vonstatten gehen soll, bleibt völlig ungeklärt.

Als Alternative kann der physikalische Monist auch noch behaupten, dass aus etwas Totem, das wiederum mit etwas Totem zusammenkommt, nur dem Schein nach etwas Lebendiges, im Grunde aber wieder etwas Totes zustande komme. A. Beckermann dazu: „Vielleicht gibt es gar keinen Unterschied zwischen Zombies und Wesen mit phänomenalen Zuständen; vielleicht bilden wir uns nur ein, dass unsere phänomenalen Zustände bestimmte qualitative Merkmale besitzen, die den ‚phänomenalen Zuständen' von Zombies fehlen."[28] Es scheint in diesem Zusammenhang kein Gedanke absurd genug, um nicht doch noch für die verlorene Sache des physikalistischen Monismus Verwendung zu finden.

27 Siehe dazu neben allgemeinen Erläuterungen insbesondere auch: M. Nida-Rümelin: Was Mary nicht wissen konnte, S. 259ff. und D. Raffmann: Über die Beharrlichkeit der Phänomenologie, S. 247ff.

28 A: Beckermann: Analytische Einführung in die Philosophie des Geistes, S. 423; D. Dennet: Das Bewusstsein der Tiere: Was ist wichtig und warum? S. 392f.

In den Rückzugsgefechten, welche der physikalische Monismus führt, wird auch behauptet, dass Seele und Körper (oder heute: Geistes und Hirn) weder Eines noch vollständig wesensfremd seien, sondern Ähnlichkeiten und Verwandtschaften aufweisen.[29] Dies ist gegenwärtig im Rahmen der sog. Philosophie des Geistes die am meisten diskutierte Variante; es ist aber bis jetzt unklar geblieben, wie ein solches Zwischending zu verstehen und zu konzeptualisieren wäre und so soll in diesem Rahmen nicht genauer darauf eingegangen werden.[30]

5. Probleme im evolutiven Verständnis des Lebens

Neben dem substanzontologischen Verständnis von Leben und dem Versuch, Leben als Interaktion zwischen Seele und Körper oder zwischen Geist und Materie zu verstehen, besteht eine weitere Antwort auf die Ausgangsfragen ‚Was ist Leben?' darin, zu sagen, Leben sei ein Produkt der Evolution. Das evolutionstheoretische Verständnis gehört zum festen Bestand der Theorien von Leben nicht nur in der medizinischen Kommunität, sondern in sehr grossen Teilen der westlichen Gesellschaft. Sie besagt Folgendes: „Leben hat sich in einem langsamen und kontinuierlichen Evolutionsprozess aus unbelebten Vorstufen heraus entwickelt."

In den über 150 Jahre seit dem Erscheinen von Darwins Werk ‚über die Entstehung der Arten durch natürliche Zuchtwahl oder die Erhaltung der begünstigten Rassen im Kampf ums Dasein' wurde seine Theorie, welche das Entstehen der Artenvielfalt zum Gegenstand hatte, dahingehend erweitert, dass ähnliche Mechanismen bereits viel früher, schon bei der Entstehung von Leben gewirkt haben müssten.

Darwins ursprüngliche Theorie besagt, dass eine zufällige Veränderung, d.h. Mutation eines Lebewesens, wenn sie sich für das Überleben –

29 In diese Richtung weist v.a. D. Davidsons anomaler Monismus (D. Davidson: Mentale Ereignisse), aber auch gewisse Spielarten des Funktionalismus können dazugezählt werden (D. Teichert: Einführung in die Philosophie des Geistes, S. 93; H. Hastedt: Das Leib-Seele-Problem, S. 142ff.).

30 U. Meixner: Das Elend des Physikalismus in der Philosophie des Geistes.

wiederum zufällig – als hilfreich erweist, dazu führt, dass sich das betreffende Lebewesen und seine Nachkommen im Überlebenskampf gegenüber den Konkurrenten wird durchsetzen können. Dadurch kommt es zu einer Selektion des von einer günstigen Mutation betroffenen Individuums.

Wird die Theorie von Mutation und Selektion erweitert und verallgemeinert, erlaubt sie es neben einer Erklärung für die Entstehung der Artenvielfalt (wofür sie ursprünglich gedacht war), ein Naturgesetz zu formulieren, welches in der Lage ist, zu erklären, wie es auf der Erde sukzessive zu einem ständigen Zuwachs an Ordnung, Organisation und Reichhaltigkeit der Phänomene gekommen ist. Ein bis dahin wichtiges Element im Nachdenken über das Leben wird, so scheint es, überflüssig, ja sogar obsolet, nämlich die Annahme, dass da eine besondere Kraft – eine Lebenskraft – wirksam sein müsse, die zielgerichtet zu immer vollkommeneren und vielfältigeren Formen von Leben verhelfe. Die Entstehung der reichhaltigen Welt der Lebewesen lässt sich so den Händen eines wie auch immer gearteten, transzendenten und zielstrebigen Wesens entreissen. Sie lässt sich als ein Geschehen begreifen, das Naturgesetzen folgt. Die Evolutionstheorie vermag das Zufällige zu einem Motor des Werdens höherer Ordnung zu machen. Es stellt einen Fundus bereit, aus welchem sich das herauskristallisiert, was sich optimal in das bereits Bestehende einfügt und als Folge davon Dauerhaftigkeit erlangt. So gesehen liegt eine Ausweitung des Anwendungsbereichs der Theorie von Mutation und Selektion auch auf präbiotische Verhältnisse auf der Hand.[31]

Allerdings: Währendem sich die Theorie der Evolution der Arten auf gut fundierte empirische Daten abstützen kann, ist dies, wenn es um die Frage der Entstehung von ersten lebenden Zellen geht, nicht mehr der Fall. Es handelt sich hier um einen Problemkreis, der bis jetzt wissenschaftlich nur schwer zugänglich ist. Das Meiste ist noch unbekannt, und die Annahme, dass sich vor ca. 4 Mia. Jahren in einer entsprechend gearteten Erdatmosphäre mittels von Mutation und Selektion zuerst Makromoleküle gebildet hätten, von denen einzelne zur Selbstreplikation fähig gewesen seien, und die sich dann zuerst vermehrt und immer komplexer werdend zu einfachsten Zellen geformt hätten, ist bis auf weiteres reine

31 Siehe z. B.: M. Eigen: Stufen zum Leben; C. De Duve: Ursprung des Lebens.

Hypothese und beruht trotz ihrer weiten Verbreitung auf Spekulation. Es handelt sich *um spekulative Metaphysik*.

Entgegen dem Eindruck, welche führende Evolutionstheoretiker vermitteln, kennt die Evolutionstheorie, sobald sie über ihren ursprünglichen, von Darwin skizzierten Anwendungsbereich hinausgeht, eine Vielzahl von konzeptuellen Problemen, die es an dieser Stelle anzusprechen gilt, auf welche aber erst später – in Kapitel VIII – genauer eingegangen werden soll.

Bisher ungelöst oder von Evolutionstheoretikern häufig unbeachtet und in ihrer Bedeutung verkannt sind insbesondere die folgenden Punkte:

i. Wie bringt es der Mechanismus von zufälliger Mutation (d.h. zufälliger Abweichung vom Bestehenden) und anschliessender Selektion (des an die Umwelt gut Angepassten) zustande, dass nicht nur verschiedene Spielarten von immer demselben, sondern darüber hinaus ganz Neues entsteht?
ii. Angenommen, der Zufall schafft es, genuin Neues zu schaffen, das sich besonders gut ins Bestehende einpasst, worin unterscheidet er sich dann von einem Schöpfergott, der in früheren Zeiten für die Lösung dieses Problems zu Hilfe genommenen wurde?
iii. Angenommen, das Umgekehrte trifft zu, und der Zufall schafft gar nichts Neues, sondern bringt einzig unterschiedliche Elemente so zueinander, dass als Folge dieser Beziehungen und Verbindungen Neues entsteht – dieser Vorgang wird im Fachjargon ‚Emergenz' genannt –, dann stellt sich eine Anschlussfrage, die da lautet: „*Wie* bringt es denn ebendiese Emergenz zustande, ganz Neues entstehen zu lassen, bzw. worin unterscheidet sich die Emergenz von dem, was bisher ‚göttlicher Schöpfungsakt' genannt wurde?"
iv. Angenommen, dass weder der Zufall noch Emergenz Neues schaffen, sondern all das Neue, was im Laufe der Evolution entstanden ist – Zellen, mehrzellige Pflanzen und Tiere, Sprache, Kultur, komplexe technische Errungenschaften u.a.m. – sei schon vorher in versteckter oder potentieller Form in der nur scheinbar unbelebten Welt vorhanden gewesen, dann stellt sich jetzt die Frage, worin sich diese Weltsicht vom heute im Allgemeinen verpönten Panpsychismus oder Panlogismus unterscheidet.

Damit stehen die gegenwärtigen Evolutionstheoretiker vor einem Dilemma, das sie allerdings kaum je ansprechen. Das Dilemma besteht darin, dass mit der Frage (i) vernünftigerweise davon ausgegangen werden muss, dass im Laufe der Evolution Neues entstanden ist. Geht man aber in der Folge in Punkt (ii) oder (iii) davon aus, der Zufall oder die Emergenz würden genuin Neues schaffen, dann wird nicht klar, wie sich diese von einem göttlichen Schöpferwesen unterscheiden, und ob sich dies überhaupt noch von einer kreationistischen Sichtweise der Entstehung von Leben abzugrenzen vermag. Will sich der Evolutionstheoretiker aber von der Skylla des Kreationismus befreien, so landet er mit Frage (iv) unweigerlich in der Charybdis des Panpsychismus/Panlogismus.

Diese fundamentale Fragestellung der gegenwärtig vorherrschenden sog. neo-darwinistischen oder synthetischen Evolutionstheorie inklusive deren Ausweitung auf den sog. prä-biotischen Themenbereich wird, wie bereits oben angesprochen, vom Gros der Wissenschaftsgemeinde nach wie vor nicht wahrgenommen. Und doch beginnt sich in den letzten Jahren einiges zu wandeln. Dies begann damit, dass ziemlich genau mit der Jahrtausendwende ein grosses Projekt zu Ende geführt wurde, das schon im Vorfeld als ein Meilenstein der Wissenschaft gefeiert wurde: Es handelte sich um die Entschlüsselung des menschlichen Genoms (und bald darauf einer immer grösser werdenden Anzahl von Genomen anderer Lebewesen). Man hatte sich erhofft, dass es damit möglich würde, darin wie in einem offenen Buch zu lesen und so den Menschen umfassend verstehen und dessen Krankheiten beherrschen zu können. Schon bald stellte sich aber Ernüchterung ein: Der erhoffte Erkenntnisgewinn war kleiner als erwartet und der praktische Nutzen für die Medizin und die Biotechnologie blieb an einem vergleichsweise kleinen Ort.

Seither lässt sich vielerorts eine Aufweichung der zuvor dogmatisch gesetzten neodarwinistischen Lehrsätze verzeichnen, es werden in diesem Bereich wieder vermehrt Fragen gestellt und neue Denk- und Forschungsansätze erprobt, welche gegenwärtig v. a. unter dem Begriff der ‚Epigenetik' laufen. Auf diese neuen Ansätze und auch auf die oben aufgeworfenen Fragen soll in Kapitel VIII genauer eingegangen werden. Soviel kann jetzt schon gesagt werden: Die Evolutionstheorie ist weit davon entfernt, ihre Hausaufgaben gelöst zu haben. Es ist im Gegenteil gut möglich, dass es ihr ähnlich geht wie der Newtonischen Physik am Ende des 19. Jahrhunderts, dass sie schon bald mit starken Umwälzungen konfrontiert sein wird.

6. Zwischenbilanz

Die gegenwärtigen Theorien von Leben erfüllen ihren Dienst nicht mehr. Sie sind entweder logisch nicht haltbar, wie dies seit langem für den dualistischen Körper-Seele Interaktionismus bekannt ist, oder sie klammern weite Teile grundlegender menschlicher Erfahrung aus, wie dies der physikalistische Monismus mit der Leugnung des subjektiven Erlebens tut. Substanzontologische Versuche der Realität des Lebens gerecht zu werden, zeigen sich unfähig, das Prozesshafte, das ständige Werden und Vergehen des Lebens zu fassen. Und auch die Perspektive, welche Leben als ein evolutiv Gewordenes beleuchtet, lässt bis jetzt gänzlich ungelöste Fragen aufscheinen.

Die Haltung der medizinischen und wissenschaftlichen Gemeinschaft zu diesen Problemen besteht in Nichtbeachtung. In der Tat könnte man vielleicht annehmen, dass die Medizin als eine praktisch orientierte Disziplin auf philosophische Spekulationen zum Thema ‚Leben' verzichten kann, und sich darauf beschränken sollte, leidenden Menschen zu helfen. Der Schein trügt: In einer Zeit, in welcher der früher fraglos als Richtlinie benutzte religiöse Kanon seine ordnende und richtungweisende Macht fast gänzlich verloren hat, benötigt gerade der kranke und leidende Mensch eine grundsätzliche Orientierung Er benötigt einen Hinweis darauf, wie und wo sein Leiden den gebührenden Platz bekommt. Kann der Arzt eine solche Orientierung nicht anbieten, sondern leidet selber an einer, man könnte sagen, „kosmologischen Verlorenheit", so werden seine therapeutischen Bemühungen wesentlich geschwächt. Gerade dieses Problem dürfte eine immer grösser werdende Zahl von Menschen dazu bringen, der westlichen Medizin den Rücken zuzukehren und ihr Heil in östlichen Medizinalsystemen zu suchen, die sich dadurch auszeichnen, dass sie nicht nur Heiltechniken sind, sondern darüber hinaus eine grundsätzliche kosmologische Einordnung der Menschen ermöglichen. Eine solche ist nicht nur für die Patienten in ihrer Bedrohung durch Tod und Krankheit wichtig; auch der Forschende ist darauf angewiesen, seiner Forschungsrichtung einen Rahmen zu geben, darin es sich lohnt, nach neuen Horizonten aufzubrechen. Amerika konnte erst entdeckt werden, nachdem das Weltbild des Mittelalters von demjenigen der Renaissance abgelöst wurde, und die vielen Triumphe der westlichen Medizin in den letzten 150 Jahren sind ein direktes, wenn auch vergleichsweise spätes Resultat der Descartschen Philosophie und deren bahnbrechenden Neuerungen.

Ein sich Kümmern um den Menschen, wie dies ein zentraler Teil der Medizin darstellt, heisst immer auch, sich um ein *Lebewesen* zu sorgen und zu bemühen. Menschen sind zuerst und vor allem Lebewesen. Wenn die Medizin nicht fähig ist, mit einiger Verbindlichkeit zu sagen, wie Lebewesen und Leben zu verstehen sind, so ist sie auch unfähig, etwas Verbindliches und Bedeutungsvolles darüber auszusagen, was Menschen, besonders kranke Menschen, sind.

Will die westliche Medizin an die vergangenen Erfolge anknüpfen, so hat sie der Tatsache Rechnung zu tragen, dass in den letzten hundert Jahren auf den naturwissenschaftlichen Gebieten der Physik, Chemie und Biologie kein Stein mehr auf dem anderen geblieben ist und dass auch die Philosophie wichtige Neuerungen und Bereicherungen erfahren hat, die zu berücksichtigen wichtig sind. Worin einige dieser Neuerungen konkret bestehen, dies soll unter anderem Gegenstand der nächsten Kapitel sein.

7. Leben kategorial neu fassen

Wenn sich das Verständnis von Leben in wesentlichen Teilen wandelt, dann ist damit die Weltsicht als Ganzes betroffen, denn Leben ist ein derart zentrales Element in der Welt, dass sich eine neue Theorie des Lebens auch in einer neuen Sicht auf die Welt, in einer neuen Kosmologie äussern muss.

Eine Kosmologie stellt eine Theorie dar, die alles unter einen Hut bringen und in *ein* System fassen will. In den letzten hundert Jahren begegneten Philosophen solchen Systematisierungsversuchen mit zunehmender Skepsis. Zum einen hatten frühere Systeme, insbesondere diejenigen des deutschen Idealismus, ihre überzogenen Ansprüche nicht einlösen können und ihre praktische Umsetzung insbesondere im Rahmen des ‚real existierenden Sozialismus‘ zwangen den Menschen Ordnungen auf, welche Freiheit und Menschenwürde missachteten und noch bis in die Gegenwart diktatorischen und dogmatischen Staatsformen Pate stehen. Auch scheinen in der heutigen immer komplexer und vielfältiger werdenden Welt einheitliche Systeme nur noch ein veralteter Traum zu sein; sie werden ‚dekonstruiert' und in ihrer inneren Widersprüchlichkeit entlarvt. Den einheitlichen Diskurs gibt es in einem postmodernen Zeitalter nicht mehr; er wird in eine Vielzahl von Sprachspielen aufgelöst.

Dieser Entwicklung der jüngeren Vergangenheit steht die Notwendigkeit gegenüber, das Phänomen ‚Leben' zu fassen, was wiederum, wie in der Einleitung bereits erwähnt, nicht unabhängig von einer *umfassenden Weltschau* oder *Kosmologie* zu haben ist. Der Skepsis umfassenden Systemen gegenüber kann aber insofern Rechnung getragen werden, als dass einerseits versucht wird, alles mit *einer* Theorie zu erklären, gleichzeitig aber nicht vergessen wird, dass dies nie ganz gelingen kann. Jeder Versuch, eine Kosmologie oder ein Gesamtsystem der Welt zu erstellen, wird sich mit der Erkenntnis arrangieren müssen, dass das Resultat unvollkommen sein wird. Früher oder später werden sich Ungereimtheiten zeigen, Ergänzungen oder Änderungen werden nötig sein und früher oder später wird es gar zu einem gänzlichen Paradigmenwechsel und Neuanfang kommen. Platon sagt dazu:

> Wenn ich daher, mein Sokrates, trotzdem dass schon viele vieles über die Götter und die Entstehung des Alls erörtert haben, nicht vermögen sollte, eine nach allen Seiten und in allen Stücken mit sich selber übereinstimmende und ebenso der Sache genau entsprechende Darstellung zu geben, so wundere dich nicht; sondern wenn ich nur eine solche liefere, *die um nichts minder als die irgend eines anderen wahrscheinlich* ist, so müsst ihr schon zufrieden sein und bedenken, dass wir alle, ich, der Darsteller und ihr, die Beurteiler, von nur menschlicher Natur sind, so dass es sich bei diesen Gegenständen für uns ziemt, uns damit zu begnügen, wenn die *Dichtung* nur die Wahrscheinlichkeit für sich hat, und wir nichts darüber hinaus verlangen dürfen.[32]

Obwohl Platon kurz vor der eben zitierten Textstelle davon spricht, dass er sich um strenge Wissenschaftlichkeit bemühen werde – und diesem Versprechen in einem für damalige Möglichkeiten grossen Ausmasse gerecht wird – nennt er seine Kosmologie ‚Dichtung', ‚Sage' oder ‚Mythos'. Die Situation ist seit Platon dieselbe geblieben. Auch heute wird eine jede Kosmologie sich am Ende auf Hypothesen abstützen müssen, die nicht

32 Platon: Timaios, 29c–d; nach der Übersetzung von F. Susemihl (Hervorhebungen durch den Autor).

auf wissenschaftlich gesichertem Grund bauen. Diese Hypothesen werden alleine deshalb nicht als eine neue oder zusätzliche Wissenschaft auftreten können, weil eine Wissenschaft ihre theoretischen Grundlagen nicht selber bereitstellen kann. Diese muss sie von anderen Wissenschaften ausleihen, welche dadurch zur Grundlagenwissenschaft werden. Dort aber, wo eine (Grundlagen-)Wissenschaft ganz an der Grenze dessen operiert, was dem aktuellen Wissen zugänglich ist, kann sie ihre eigenen Grundlagen nicht auf gesichertes, wissenschaftlich verbürgtes Wissen abstützen, sondern muss auf groben, in der Phantasie erarbeiteten Hypothesen, Annahmen und Vermutungen bauen. Formen sich letztere zu einem bedeutungsvollen Ganzen, entstehen Dichtung, Mythen und Erzählungen, welch letztere als sog. ‚Metaerzählungen' die Grundlagen der Wissenschaften bilden.

Die hier vorgetragene Erzählung, die auch Metaerzählung sein will, vermag ihren Wahrheitsanspruch dann einzulösen, wenn sie sich als Grundlegung des Verstehens von Leben in zukünftiger Praxis bewährt. Die Zeit der philosophischen Meta*dogmen* ist abgelaufen, diejenige der Metaer*zählungen* aber nicht. Letztere sind aus den oben genannten Gründen nötig, um echte, forschende Wissenschaft erst möglich zu machen und die menschliche Existenz auf eine Grundlage zu stellen, welche als eine reflektierte – und erst dadurch humane – gelten kann.

Metaerzählungen als Erzählungen, welche die Welt als eine einzige und zusammenhängende zu fassen versuchen, haben ausserdem solange eine Berechtigung, als dass es noch von der *einen Welt* zu berichten gibt. Eine Welt also, die trotz ihrer vielfältigen inneren Kontraste, Differenzen, Gegensätze und Vielfalt ihres inkommensurablen Sprachspiele immer eine zusammenhängende bleibt. Dass dies so sein *muss*, darauf wird v.a. in Abschnitt VI1b zurückzukommen sein.

Ich werde mich im Folgenden stark auf die Whiteheadsche Kosmologie, wie sie v.a. in seinem Hauptwerk ‚Prozess und Realität' zur Darstellung kommt, beziehen. Im Laufe dieser Arbeit soll seine Kosmologie auch Lesern einsichtig werden, die sie noch nicht kennen.[33]

33 Das Glossar am Ende des Buches kann dabei als Hilfe dienen. Es besteht auch eine gut greifbare, einführende Literatur (z.B. T. Müller Tobias: Gott – Welt – Kreativität. Eine Analyse der Philosophie A. N. Whiteheads, S. 39–96. M. Hampe: Die Wahrnehmung der Organismen. R. Kather: Die Wiederentdeckung der Natur, S. 114–144. D. Sherburne: A Key to Whitehead's Process and Reality).

Der Rekurs auf Whitehead erfolgt unter anderem darum, weil seine Kosmologie wie keine andere den umwälzenden wissenschaftlichen Erkenntnissen Rechnung trägt, welche zu Beginn des letzten Jahrhunderts geschehen sind. Sie bemüht sich „ein kohärentes, logisches und notwendiges System allgemeiner Ideen zu entwerfen, auf dessen Grundlagen jedes Element unserer Erfahrung interpretiert werden kann."[34]

Hält das kosmologische Kategorienschema Whiteheads das, was es verspricht, sollte es möglich werden, konkrete Lebensphänomene in einem neuartigen Licht zu sehen, Lebenserfahrungen besser zu verstehen und davon Aktivitäten abzuleiten, welche Reichhaltigkeit, Intensität, ästhetischer Genuss und Freiheit des menschlichen Lebens erhöhen.[35]

Das vorliegende Programm ist aber nicht (nur) eine Apotheose Whiteheadschen Denkens, sondern bringt zusätzlich bei zwei oder drei Punkten Änderungs- und Ergänzungsvorschläge vor. Es wird in diesen Fällen darum gehen, Neues zu wagen, es wird um ‚Abenteuer der Ideen' (Whitehead) gehen.

Das hier vorgebrachte Verständnis von Leben lässt sich durch die folgenden vier Thesen zusammenfassen:

Die grundlegenden Bausteine der Welt sind Organismen (→ Kapitel II).
Einfachen und komplexen Organismen kommen dieselben grundlegenden Kategorien zu (→ Kapitel III).
Die grundlegenden Unterscheidungsmerkmale einfacher und komplexer Organismen sind Art und Anzahl ihrer Codes (→ Kapitel V).
Gegenstände unterscheiden sich von Organismen dadurch, dass ihnen ein Code fehlt (→ Kapitel VII).

34 A. N. Whitehead: Prozess und Realität, S. 31.
35 A. N. Whitehead: Prozess und Realität, S. 33.

II. Die grundlegenden Bausteine der Welt sind Organismen

Der Organismus ist das Principium der Dinge.

F. W. J. Schelling[36]

1. Atome in eine neue Ordnung gebracht

Die hier vorgestellte Theorie arbeitet mit der Annahme, dass den Bausteinen der Welt – das, was allgemein als ‚Atome' bezeichnet wird – Leben zukommt. Diese Hypothese entspricht nicht der heute üblichen Vorstellung. Um sie plausibel zu machen, ist es nötig, etwas weiter auszuholen.

Atome sind verglichen mit Pflanzen, Tieren und selbst im Vergleich zu den mikroskopisch kleinen Zellen und Bakterien einfach gebaut. Diese Einfachheit ist aber eine relative. Forschungen haben gezeigt, dass Atome einen erstaunlichen Komplexitätsgrad aufweisen. Sie stellen eine *teilbare* Ansammlung von Elementarteilchen dar, sind mit anderen Worten im eigentlichen Wortsinn nicht ‚a-tomar'.[37] Die bei der Teilung von Atomen – der sog. Kernspaltung – in Erscheinung tretenden Energieflüsse sind enorm gross und vermögen so die ganze Welt in Angst und Schrecken zu versetzen. Und unterdessen ist bekannt, dass die Teile der zuvor als unteilbar betrachteten Atome selber wieder in eine immer unübersichtlicher werdende Zahl von subatomaren Teilchen aufgetrennt werden können.

36 FWJ. Schelling: Von der Weltseele, S. 189.

37 Atom, gr = άτομο - átomo (unteilbar)

Ausserdem gilt es, die Rede, dass Atome die Bausteine der Welt darstellen, zu präzisieren: Der Begriff des ‚Bausteins' evoziert die Vorstellung von Materie. Das Verständnis von Materie hat sich aber im Lauf der letzten rund hundert Jahre stark verändert. Bei der Materie handelt es sich um einen vielschichtigen, sich bewegenden und sich ständig verändernden Komplex von Feldern, Kräften und Schwingungen, in welchem sich atomare Bestandteile, die ihre eindeutige Bestimmtheit verloren haben, sowohl als Masse wie auch als Energie präsentieren können. Dies gibt Bertrand Russell das Recht zu sagen, dass *Materie eine logische Fiktion* sei.[38] Die Welt der Dinge und Sachen, die Welt pflanzlicher, tierischer und menschlicher Körper, mithin des sinnlich Sicht- und Tastbaren, hat im Zug eines vertieften Verständnisses von Materie eine Relativierung erfahren, die dahin geht, die sinnlich erfassbare Welt nicht nur unter dem Aspekt von Masse und Trägheit – d.h. Körper –, sondern mindestens ebenso unter dem Gesichtspunkt eines immerwährenden Fliessens, ständiger Bewegung und Umwandlung zu verstehen.

Seit der Renaissance hat die Naturwissenschaft aufzuzeigen begonnen, wie trügerisch sinnliche Erfahrung sein kann. Spätestens seit es klar wurde, dass Sonnenauf- und Sonnenuntergang nicht die Bewegung der Sonne relativ zur Erde, sondern gerade das Umgekehrte anzeigen, mussten die Menschen sich daran gewöhnen, von den alltäglichen Sinneserfahrungen zu abstrahieren. So auch jetzt: Materie und Körper lösen sich bei genauerem Hinsehen in Prozesse, Fliessgleichgewichte, Schwingungen, Energie- und Kraftfelder auf.

Dies alles gilt es v.a. dann im Gedächtnis zu behalten, wenn vom menschlichen Körper die Rede sein wird. Es handelt sich dabei immer nur um eine vereinfachte, für den Alltagsgebrauch eingerichtete Rede, die dem wissenschaftlichen Tatbestand nicht gerecht wird.

38 B. Russell: Merkmale mentaler Phänomene in: M. Hampe und H. Maassen Hrsg.: Prozess, Gefühl und Raum-Zeit, S. 153.

2. Doppelaspekte der Atome

Der Doppelaspekt Masse/Energie ist kategorial fundamental und lässt sich den beiden Elementarkategorien von ‚Sein' und ‚Werden' zuordnen. Atome als Materie oder Körper sind *seiend*, als Schwingungen sind sie *werdend*. Mit diesem ersten atomaren Doppelaspekt, demjenigen zwischen Sein und Werden, verbindet sich ein zweiter, derjenige zwischen Einheit und Vielheit. Wenn ich anfangs darauf hingewiesen habe, dass Atome heute längst nicht mehr ‚A-tome' im ursprünglichen Wortsinn darstellen, dass sie mit anderen Worten nicht mehr unteilbar, sondern eine durchaus teilbare Vielheit von Elementarteilchen darstellen, so ist damit noch nicht alles gesagt. Die Hypothese, welche ich hier vertrete, ist die folgende: Atome sind nicht nur teilbare Vielheiten, *sondern ebenso* unteilbare Einheiten. Ersteres sind sie immer dann, wenn sie seiend sind, letzteres dann, wenn sie werden. *Seiend* sind sie Masse und Korpuskeln, *werdend und unteilbar* sind sie Schwingungen, Wellen und andere prozesshafte Vorgänge. Auf die Unteilbarkeit von atomaren Werdensprozessen werde ich in Kapitel VI genauer eingehen. Dort werde ich dann auch die Tatsache besprechen, dass Prozesse nicht nur unteilbar, sondern darüber hinaus empirisch *nicht erkennbar* sind.

Werden Atome geteilt (was wie gesagt nur dann möglich ist, wenn sie seiend sind), so werden sie dadurch mehr oder weniger stark verändert. Werden nur gerade ein oder mehrere Elektronen abgetrennt, so ändert sich das chemische Verhalten des Atoms. Kommt es dagegen zur Entfernung von einem oder mehreren Protonen, erfolgen fundamentale, alle Eigenschaften betreffende Veränderungen.[39]

39 Eine solche Teilung ist technisch allerdings häufig gar nicht machbar.

3. Einfache und komplexe A-tome

Wenn soeben die Rede davon war, dass *Atome als Werdende* unteilbar sind und somit im wörtlichen Sinn als A-tome bezeichnet werden können, so gilt es jetzt erneut, etwas hinzuzufügen, was im ersten Moment ungewohnt sein dürfte und das es noch genauer zu erläutern und zu begründen gilt. Es geht um die Hypothese, dass nicht nur werdenden Atomen die eben genannte Unteilbarkeit zukommt, sondern dass dasselbe auch von allen anderen Prozessen ausgesagt werden kann.

Das heisst insbesondere, dass auch komplexere Gebilde wie Zellen, Pflanzen, Tiere und Menschen Prozesse darstellen können und dass sie als Prozesse ebenso unteilbar, ebenso a-tomar sind, wie dies für Prozesse gilt, welche die Atome betreffen.

Dies widerspricht den heute gängigen Vorstellungen, wird doch im Allgemeinen (i) davon ausgegangen, dass es sich bei den Atomen nicht um lebende, sondern um unbelebte Entitäten handelt und dass (ii) komplexere Lebewesen wie Pflanzen und Tiere nicht als Einheiten zu verstehen seien, sondern als organisierte Vielheiten, sog. Gesellschaften (oder Systeme). Erst diese Gesellschaften bilden gemäss der heute üblichen Sichtweise das, was im Alltagsleben als makroskopisches Gebilde, z. B. als Tiere oder Menschen wahrgenommen wird. Auch die Whiteheadsche Metaphysik wird in der Regel so interpretiert. Und Whitehead selber äussert sich z. T. in diesem Sinne. Er steht so gesehen im Einklang mit den meisten, früheren Theorien und mit dem heute vorherrschenden Weltverständnis.[40] Allerdings äussert er sich in dieser Frage zweideutig und spricht in ‚Wissenschaft und moderne Welt' mehrmals explizit von der organischen *Einheit* von (komplexen) Gebilden.[41]

Den Königsweg, um Einheit makroskopischer Organismen verständlich zu machen, stellt das phänomenale Erleben dar.[42] Gemeint ist damit

40 A. N. Whitehead: Prozess und Realität, S. 180 ff. und: Wissenschaft und moderne Welt, S. 157 ff.

41 Siehe z. B. A. N. Whitehead Wissenschaft und moderne Welt, S. 92, 125 und 133 f.

42 So weist u. a. auch eine wichtige kategoriale Regel Whiteheads, diejenige der ‚subjektiven Einheit', darauf hin, dass jeder Prozess auf die subjektiv erlebte Einheit des Organismus abzielt. (Prozess und Realität – deutsch mit Übersetzungsproblemen – S. 409; englisch, S. 223).

ein frageloses und selbstvergessenes Erleben, in welchem das „‚ich denke', welches all unser Tun begleitet" (Kant), für einen Moment verstummt und das zu wirken beginnt, was H. Bergson als ‚Instinkt' bezeichnet.[43] Es ist ein Erleben, welches augenblicklich verloren geht, wenn ein (durch menschliche Sprache vermittelter) objektivierender Dialog anzuheben beginnt. Sobald der oder die Küssende – um das Gesagte an einem Beispiel anschaulich zu machen – nicht mehr nur einfach küsst, sondern sich beispielsweise fragt, wie lange dieser Kuss schon dauern möge, wird die Einheit dieses Prozesses gestört und mutiert zur Messung eines Geschehens, welches sich aus *einer Vielheit von Einzelereignissen* zusammensetzt.

4. Organismen

Es lassen sich einfache und komplexe Organismen unterscheiden. Zu ersteren gehören Atome, zu letzteren zählen Zellen, Bakterien, Pflanzen, Tiere und Menschen.

Die Doppelaspekte der Organismen, die sich darin äussern, dass sie sich einerseits als Einheit bzw. Vielheit und andererseits als Werdende bzw. Seiende manifestieren, sind im nachfolgenden Schema graphisch dargestellt.

43 H. Bergson: Schöpferische Entwicklung, S. 170 ff.

Diagramm 1: Der Doppelaspekt des Organismus:

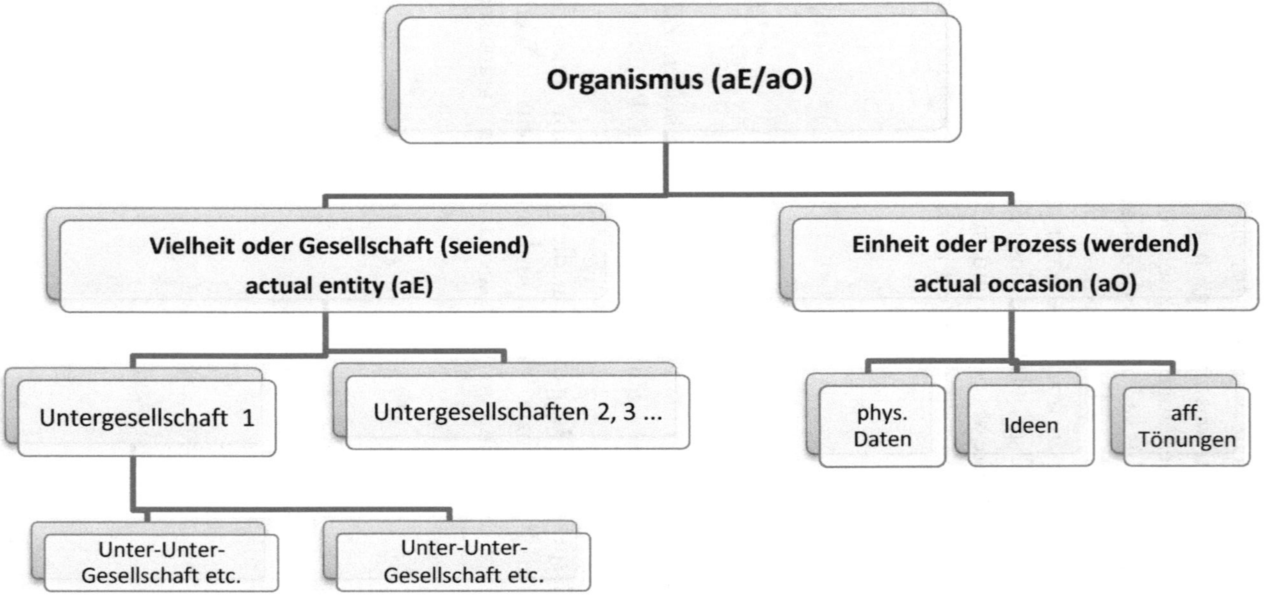

Werden Organismen als Einheit (rechte Seite des Diagramms) verstanden, heissen sie auch ‚aktuale *Ereignisse*' oder ‚actual *Occasions*' (aO). Betont man andererseits ihr aktuales Geworden-Sein, dann heissen sie ‚aktuale Entitäten' (aE).[44]

Mit dem Zusatz ‚actual' wird auf eine Eigenheit hingewiesen, die es im nächsten Kapitel genauer zu beschreiben gilt. An dieser Stelle lässt sich die folgende Unterscheidung machen: Die Realität betrifft sowohl Aktualitäten als auch Potentialitäten. Während von den Potentialitäten noch zu reden sein wird, geht es hier um Aktualitäten, die entweder Werdende (actual occasions) oder auch Seiende (actual entities) sein können. Ich werde im Folgenden Organismen in ihrem Doppelaspekt als sowohl Seiende als auch Werdende ‚aE/aO' nennen (Akronym für ‚actual Entity/actual Occasion').[45]

Es ist in diesem Zusammenhang zu präzisieren, dass ich fortan den Begriff des ‚Organismus' dann gebrauchen werde, wenn damit eine *Gesamtheit* oder *Ganzheit* vieler Entitäten bzw. Prozesse – vieler aE/aO – gemeint ist. So werde ich beispielsweise von einem Hasen oder von einem Lindenbaum als von einem Organismus sprechen, sobald ich sie aber detaillierter beschreibe, und beispielsweise eine Hasenleber oder ein Lindenblatt genauer untersuche, wird von actual entities (aE) und actual occasions (aO), kurz von aE/aO die Rede sein. Von der Sache her ist es aber auch richtig, Hasen, Lindenbäume und Menschen als aE/aO zu bezeichnen (weswegen in Diagramm 1 auch beide Bezeichnungen eingesetzt wurden). Und umgekehrt wäre es möglich, die Hasenleber oder das Lindenblatt auch wieder (untergeordnete) Organismen zu nennen. Im letzten Fall wird der Organismus-Begriff aber auf eine sehr ungewohnte Art und Weise gebraucht. Es ist üblicherweise so, dass sich mit einem Organismus die Vorstellung von *relativer Autarkie* verbindet. Wenn dagegen von aE/aO die Rede ist, tritt das Element der Autarkie zurück.

44 A. N. Whitehead, Prozess und Realität, S. 101 und 402.

45 Diese Unterscheidung findet sich bei Whitehead nicht in expliziter Form und entspricht möglicherweise gar nicht genau seinem Konzept (siehe dazu D. W. Sherburne: A Key to Whitehead's ‚Process and Reality', S. 206f. oder T. Müller: Gott, Welt, Kreativität, S. 47, Fussnote 28).

Die A-tome dieser Welt sind Organismen (aE/aO).[46] Einfache Organismen, wie es die Atome darstellen, unterscheiden sich von den komplexen in erster Linie dadurch, dass sie nach gegenwärtigem Stand des Wissens keine weiteren untergeordneten Organismen mehr aufweisen.

46 A. N. Whitehead: Wissenschaft und Moderne Welt, S. 92.

III. Allen Organismen kommen dieselben grundlegenden Kategorien zu

> Mache die Dinge so einfach wie möglich – aber nicht einfacher.
>
> Albert Einstein

1. Die grundlegenden Kategorien des Lebens im Überblick

Die hier vorgestellte Theorie erteilt all jenen Konzepten eine Absage, die versuchen, die ganze Komplexität der Organismen auf eine einzige Kategorie zurückzuführen. Diese Versuche haben sich immer wieder als erfolglos erwiesen. Deshalb werde ich hier drei grundlegende Kategorien des Lebens vorstellen, welche nur *zusammen* Leben verständlich machen können. Es sind dies:

- *Physische (oder primäre) Daten* (Synonym: konkrete Tatsachen des Bezogenseins)
- Ideen (Synonyme: eternal objects, reine Potentiale, zeitlose Gegenstände)[47]
- *Affektive Tönungen* (Synonyme: subjektive Form oder private Sachverhalte)

47 Der hier bevorzugte Begriff der ‚Idee' legt die nahe Verwandtschaft, welche dieses Konzept mit demjenigen Platons teilt, offen. Allerdings unterscheidet sich der Platonische Ideenbegriff vom hier verwendeten in einigen Aspekten. Siehe dazu Abschnitt III3a und F. Hättich: Whitehead's Process Philosophy and Quantum Field Theory, S. 40.

Zu diesen Grundkategorien, welche in allem real Existierenden gefunden werden können und deshalb ‚Kategorien der Existenz' heissen, gesellen sich zwei weitere Kategorien, welch im vorherigen Kapitel schon genannt wurden und von Whitehead ‚Categories of the Ultimate' genannt werden.[48] Es sind dies die Kategorien des *Einen* (oder der Einheit) und des *Vielen* (oder der Vielheit). Zu der Aufzählung dieser Categories of the Ultimate, die man mit N. Hartmann deutsch auch ‚Elementarkategorien' nennen kann, kommen als letztes noch zwei Elemente dazu, von denen auch schon die Rede war: das *Sein* und das *Werden.*

Mit den Kategorien der (i) *Existenz*, dem (ii) *Einen*, dem (iii) *Vielen* sowie dem (iv) *Sein* und dem (v) *Werden* finden sich dieselben grundlegenden Begriffe, welche Platon in seinem Sophistes-Dialog nennt.[49] Whitehead zieht die beiden letzten zu einer einzigen zusammen und nennt sie ‚Kreativität'. Sie bekommen damit im Vergleich zu Platon eine andere Gewichtung, wird doch so das Dynamische in der Welt, das Vorwärtsdrängende, Neue, Fliessende und Prozesshafte betont.

Der Frage, was es erlaube, genau diese und nicht irgendwelche anderen Begriffe, Kategorien oder Prinzipien als grundlegend und elementar auszuzeichnen, lässt sich mit dem Hinweis auf die lange, bis zu Platon zurückreichende Tradition der genannten Grundbegriffe beantworten. Dies kann aber nicht darüber hinwegtäuschen, dass es für die Richtigkeit der Auswahl keine Garantie gibt und dass im Lauf der Philosophiegeschichte auch andere Lösungsvorschläge aufgetaucht sind. All dem soll nicht im Detail nachgegangen werden. Hier immerhin so viel: Philosophie als ständiges Bemühen, Grundlegendes auszusagen, kann – wenn sie als systematische Philosophie betrieben wird – u. a. durch das folgende methodische Vorgehen begriffen werden: (i) Berücksichtigen und Aufgreifen der vorhandenen wissenschaftlichen Erkenntnisse und deren kritische Sichtung, bei gleichzeitigem Beachten der eigenen (Lebens-)Erfahrung; (ii) (Er-)Schaffen einer Theorie, welche die Elemente aus (i) zu einem kohärenten Ganzen zu vereinigen mag. (iii) Kontrolle, ob die so geschaffene Theorie fähig ist, den weiteren Weg der forschenden, menschlichen Neugier zu leiten und ob sie sich in der Praxis bewährt. (iv) Anpassen oder gegebenenfalls Aufge-

48 A. N. Whitehead: Prozess und Realität, S. 61 ff.
49 Platon: Sophistes, 254b–d.

ben der Theorie.[50] Sollte es sich erweisen, dass sich die hier vorgeschlagene Ordnung nicht bewährt, dann müsste sie geändert, verbessert und ggf. sogar ganz aufgegeben werden.

Im Moment geht es v. a. um Punkt (ii), d. h. um das Erschaffen einer Theorie, welche fähig ist, das heutige Wissen über einfache und komplexe Organismen zu einem kohärenten Ganzen zu fügen. Das Kriterium, ob ihr die geforderte Integrationsleistung gelingt, wird darin bestehen, zeigen zu können, dass sie zu einem verbesserten Verständnis von Lebensphänomenen beiträgt und dass sie zu erfolgreichen Neuerungen der Praxis – auch der medizinischen Praxis – führt.

Mit den eben genannten drei grundlegenden Kategorien der Existenz – physische Daten, Ideen, affektive Tönungen –, welche sich in allem aktual Existierenden, d. h. in allen aE/aO oder Organismen auffinden lassen, soll dem Gebot der Einfachheit bei der Grundlegung theoretischer Konzepte Rechnung getragen werden, ohne in das andere Extrem einer übertriebenen Vereinfachung zu verfallen. Physikalistische Monisten werfen Theorien wie der hier vorgelegten vor, sie würden sich – da sie neben dem Physischen auch das Geistige und das subjektiv Erlebte als Grundelemente des Seienden anerkennen – nicht an Ockhams Sparsamkeitsprinzip halten, das lautet: „Entia non sunt multiplicanda sine necessitate."[51] Dabei wird vergessen, dass Ockham's Prinzip nur dann beansprucht werden darf, wenn es darum geht, von mehreren Theorien mit *derselben* Erklärungsleistung die beste auszuwählen. In diesem, und nur in diesem Fall gilt, dass *die* Theorie bevorzugt werden soll, die fähig ist, die Phänomene mit den sparsamsten Mitteln zu erklären. Die hier genannten Elemente bilden aber einen Minimalbestand, der nicht unterschritten werden kann, ohne dass damit auch das Verständnis der in Frage stehenden Phänomene unmöglich wird. Damit möchte ich die Einstein'sche Korrektur eines falsch verstandenen Ockhamismus stark machen, welche ich als Zitat an den Anfang dieses Kapitels gestellt habe: „Mache die Dinge so einfach wie möglich – aber nicht einfacher."

50 A. N. Whitehead: Prozess und Realität, S. 31 ff.

51 Autor des Zitats: Johannes Clauberg (1622–1665). Deutsch: „Die Dinge sollen ohne Notwendigkeit nicht vermehrt werden."

Die drei Kategorien der Existenz lassen sich kombinieren. So besteht:

- erstens eine Verbindungen von physischen Daten mit subjektiven Formen, was ‚Kräfte' oder (‚Kraft'-),Felder' ergibt;
- zweitens eine Verbindungen von Ideen mit physischen Daten, woraus ‚Zeichen' entstehen und
- drittens eine Verbindung von Ideen mit subjektiven Formen, welche die ‚Seele' oder ‚Psyche' ergibt.

Zu dritt bilden Ideen, physische Daten und subjektive Formen die aE/aO oder Organismen. Von ihnen wird in den nächsten Kapiteln ausführlich die Rede sein. Vorher aber werden diese grundlegenden Kategorien einzeln und als Zweierkombination kurz besprochen.

2. Der physische Pol

a. Physische Daten

Physische Daten bezeichnen die Tatsache, dass alles, was existiert, im Laufe von *kausal* bedingten Prozessen aus Vorangegangenem entstanden ist. Physische Daten sind (ebenso wie Ideen und affektive Tönungen) reine sog. Erkenntniskategorien, die *isoliert* keine empirische Entsprechung kennen.[52] Bereits Platon machte in seinem Timaios-Dialog auf diesen Umstand aufmerksam, wo er sich mit dem Begriff der gänzlich ungeformten Materie – die Platon ‚Chora' nennt – auseinandersetzt und meint, diese „Mutter und Aufnehmerin alles Gewordenen [...] sei ein unsichtbares, gestaltloses, allempfängliches Wesen, auf irgendeine höchst unzugängliche Weise am Denkbaren teilnehmend und äusserst schwierig zu erfassen."[53] Die gänzlich ungeformte Materie ist schwierig, ja unmöglich zu fassen, heisse dies nun ‚Chora' oder ‚physische Daten'. Das war Platon bewusst

52 N. Hartmann: Die Erkenntnis im Lichter der Ontologie, S. 146ff.

53 Platon: Timaios, 51a-b.

und darauf weist er in der oben zitierten Textstelle hin. Dabei präzisiert er, dass solche Begriffe auf „unzugängliche Weise am Denkbaren“ teilhätten. Ich gehe davon aus, dass er mit dieser Redewendung auf etwas hinauswollte, das in heutiger Sprache als ‚Erkenntniskategorie ‘ bezeichnet werden kann und als reine Erkenntniskategorie empirisch nicht erfasst werden kann, keine entsprechende Seinskategorie kennt.

Erkenntniskategorien (z. B. Universalbegriffe, Abstraktionen oder Märchenfiguren) können innerhalb des menschlichen Kulturlebens eine wichtige Rolle spielen. Ist es erst einmal klar geworden, dass sie ontologisch nicht eigenständig sind, sondern immer erst durch eine aE/aO, d. h. in diesem Fall durch Menschen, quasi zu Leben erweckt werden müssen, erweisen sie sich als interessant und nützlich.

b. Affektive Tönungen

Affektive Tönung oder subjektive Formen zeigen als eine ihrer wesentlichen Eigenheiten, dass sie privat sind. Sie zeichnen für das Innerliche, Subjektive und das individuelle Erleben.

Empedokles hat als erster das, was hier affektive Tönung genannt wird, als Grundkategorien des Universums erkannt und beschrieben:

> Und diese ständige Wandlung kommt nimmer zur Ruhe: Bald vereinigt sich alles zu Einem durch die Liebe, bald aber trennen sich wieder die einzelnen Stoffe im Hass des Streites.[54]

Hier werden affektive Tönungen in ihrer anthropologischen Ausprägung genannt und zugleich wird darauf hingewiesen, dass sie über das Anthropologische hinaus einen allgemeinen Charakter aufweisen. Heute werden diese Grundkategorien nicht mehr ‚Liebe‘ und ‚Streit‘ genannt, sondern es werden in der Regel neutralere Begriffe gewählt: ‚Attraktion‘ und ‚Repulsion‘ oder einfach nur + und –.

54 Empedokles (Diehl-Kranz): Fragmente, B17.

Doch auch der Verzicht auf komplexe Begriffe wie ‚Liebe' und ‚Streit' kann nicht darüber hinwegtäuschen, dass es schwierig ist, sich affektive Tönungen ganz rein und ohne weitere kategoriale Beimischungen vorstellen zu können. Sehr schnell wird in diesem Zusammenhang von Attraktions*kräften*, Abstossung u.Ä. gesprochen. Damit werden aber bereits zwei Kategorien – die physischen Daten und die affektiven Tönungen – miteinander kombiniert.

c. *Kräfte und Kraftfelder als Kombination von physischen Daten und affektiven Tönungen*

Ich habe soeben gesagt, dass Ideen, affektive Tönungen und physische Daten in reiner Form empirisch nirgends festgemacht werden können, sondern nur im Kombination miteinander. Dies muss dahingehend präzisiert werden, als dass der ontologische Status der Kombinationen einer Auswahl von zwei der drei Kategorien ähnlich prekär ist. Nur fällt dies hier weniger auf, spielen doch beispielsweise Kräfte und Kraftfelder im Alltagsvokabular eine wichtige Rolle und werden als Realitäten nicht in Frage gestellt. Es ist aber auch bei ihnen so, dass sie eigenständig nicht vorkommen, sondern von aE/aO erzeugt werden müssen. Kraftfelder brauchen immer etwas Zusätzliches, das eine Wirkungsentfaltung möglich macht. Felder oder Kräfte alleine stehen zwar – so könnte man sagen – im Raum, doch bleiben sie unfassbar, solange nichts da ist, an dem sie oder durch das hindurch sie aktiv und schöpferisch werden können.

Die einfachsten Formen von Kräften und Kraftfeldern sind aus der Physik bekannt und heissen Gravitation, schwach, starke und elektromagnetische Kraft. Dabei nimmt die ubiquitär vorkommende Gravitation insofern eine Sonderstellung ein, als dass sie immer nur anziehend und vereinend wirkt, währendem die drei anderen die sonst übliche Polarität von Vereinigung auf der einen und Abstossung auf der anderen Seite kennen.

Wenn von physikalischen Kräften die Rede ist, so hat dies mit einfachen Organismen auf der atomaren Ebene zu tun. Doch gibt es Äquivalentes auch auf höheren Organisationsebenen. Die poetische Ausdrucksweise Empedokles' im oben genannten Zitat hat den Vorteil, dass sie aufzeigt, wie nahe verwandt kosmische und anthropologische Kräfte in ihren Grundzügen sind. Einfache Organismen bilden einfache, komplexe Organismen komplexe Kräfte, wie dies Liebe, Hass oder auch Enthusiasmus und Motivation sind; Kräfte, welche wir zwar selber kennen, weil sie in uns wirken, von denen wir aber bei den Mitmenschen nie genau wissen können, wie sie sich für diese anfühlen. Wir sind in diesen Fällen gezwungen, von dem, was gegen aussen erfahrbar wird, abzuleiten, was die betreffenden Personen in ihrem Inneren erleben.

Der Teil eines Organismus oder Lebewesens, der Kraft und Energie erzeugt, wird ‚physischer Pol' genannt. Der physische Pol stellt den Motor dar, welcher es möglich macht, dass eine aE/aO sich ein Ziel stecken und dieses dann auch tatsächlich erreichen kann. Da der physische Pol als Erkenntniskategorie ohne seinskategoriale Entsprechung empirisch nicht fassbar ist, gibt es auch keine Organe oder Zellorganellen, die sich als der physische Pol eines Tieres, einer Pflanze oder einer Zelle ausmachen liessen.

Dadurch, dass der physische Pol, d.h. dass Kräfte, immer an das Vorhandensein von aE/aO gebunden sind und keine eigenständige *aktuale Existenz* besitzen, wird auch verständlich, dass Theorien, welche versuchen, empirische Phänomene mittels von Kräften verständlich zu machen, versagen. Dies gilt insbesondere für die ‚Lebenskraft', welche in der vitalistischen Lehrmeinung dafür verantwortlich sein soll, dass aus toter Materie Leben entsteht. Die Lebenskraft vermag deshalb nichts zu erklären, weil sie ontologisch quasi freischwebend für sich alleine nichts ist und daher auch nicht als Ursache und Erklärung von irgendetwas dienen kann. Ähnlich steht die Sachlage mit den sog. ‚ontogenetischen Feldern'. R. Sheldrake versucht, formbildende Kraftfelder als Erklärung für das Entstehen der Vielfalt der Formen von Lebewesen und darüber hinaus von allem Existierendem verantwortlich zu machen.[55] Auch sie erklären für sich alleine genommen nichts. Dies scheint sich Sheldrake auch bewusst zu sein, wenn er sagt: „Morphogenese findet nicht in einem luftleeren Raum statt. Sie kann nur von einem bereits organisierten System ausgehen, das dabei als *morphogenetischer Keim* dient."[56] Um diesen Keim geht es in der vorliegen-

55 R. Sheldrake: Das schöpferische Universum, S. 72ff. und: Das Gedächtnis der Natur, S. 130ff. und <http://www.sheldrake.org/Deutsch/Aufsatz/morfeld.html>.

56 R. Sheldrake: Das schöpferische Universum, S. 72.

den Arbeit. Er muss als erstes verstanden werden, er ist das ontisch Primäre. Deshalb gilt: Am Ursprung aller Erklärungen von empirisch fassbaren Ereignissen stehen nicht Kräfte, Felder o.Ä., sondern aE/aO oder Organismen.[57]

3. Zeichen und Zeichensysteme

a. Ideen

Jeder Organismus kennt als Ergänzung zum physischen Pol die Ausrichtung auf eine Idee. Letztere fungiert als Ziel, auf welches sich die werdende aO hin entwickelt. Ideen stellen ein Postulat vernünftigen Denkens dar. Bereits im frühen Altertum begann es sich abzuzeichnen, dass der Versuch, die Welt alleine mittels des Physischen (des physischen Pols) zu verstehen, in Aporien führt. So war es dem vorsokratischen Denken unmöglich, verständlich zu machen, wie alleine aus den Urstoffen – sei dies das Wasser (Thales), das Feuer (Heraklit), die Luft (Anaximenes) oder unteilbar Masseteilchen (Demokrit) – verschiedene *Ausformungen* und *Gestaltungen* dieser Urstoffe entstehen können. Was macht beispielsweise im Konzept von Thales den aus Wasser bestehenden Frosch zum Frosch und nicht zu einer Qualle oder einem Stein. Und was formt in der Atomtheorie Demokrits einen Atomhaufen gerade und genau zu einem Menschen?

Die Lösung dieser Probleme, welche in Ansätzen schon in vorsokratischer Zeit (z.B. durch die Pythagoreer) in vollem Ausmass dann durch Platon entwickelt wurde, bestand darin, dem Urstoff ein zweites, formendes Element beizugeben und letzteres „Ideen" zu nennen.

Mit dem Einbezug der Idee als eine grundlegende Kategorie hebt eine lange Tradition philosophischen Denkens an, die davon ausgeht, dass es neben physischen Entitäten auch nicht physische gibt. Es handelt sich um

57 Dieses wichtige metaphysische Postulat nennt Whitehead das ‚ontologische Prinzip' (A.N. Whitehead: Prozess und Realität, S. 68, 81, 93).

das, was V. Hösle in Anlehnung an W. Dilthey einen objektiven Idealismus (Synonym: objektiver Ideenrealismus) nennt.[58] Die Grundannahme einer eigenständigen Existenz von Ideen wurde immer wieder kritisiert und es fehlte nicht an Versuchen, sie abzuschaffen. Auch heute wiegt die Meinung vor, dass die Philosophie ohne Ideen auskommen sollte. Ein Grund dafür ist unter anderem der, dass die Beziehung der beiden Sphären – physischer Pol hier und Ideen dort – schwierig zu konzeptualisieren ist. Schon Platon war sich dessen bewusst und er hat in seinen Spätdialogen versucht, diesem Umstand Rechnung zu tragen.[59]

Whitehead erkennt wie Platon die Ideen als dem Physischen gleichberechtigt an und geht von der objektiven Realität dieser, wie es N. Hartmann, bezeichnet, ‚Seinsphäre des Geistigen' aus.[60] Die Ergänzung Whiteheads, die es erlaubt, die Schwächen des platonischen Ansatzes weitgehend zu beheben, besteht darin, den Seins*modus* der Ideen genauer zu bestimmen. aE/aO können als real und aktual bestimmt werden. Ideen dagegen sind zwar auch real, ihr Seinsmodus entspricht aber nicht demjenigen der Aktualität, sondern der *Potentialität.* Ideen befinden sich somit als sog. ‚reine Potentialitäten' oder ‚reine Möglichkeiten' in einem anderen Seinsmodus als die aktualen Entitäten (aE) oder aktualen Ereignisse (aO).

Diese Ergänzung der Theorie Platons lässt allerdings weiterhin die Frage offen, wie Aktuelles mit Potentiellem zueinander in Verbindung steht. Als reine Möglichkeiten sind Ideen prima vista ohne Bezug und Kontakt zu den aE/aO (d.h. zu der aktualen Welt). So gesehen sind sie für letztere ohne Bedeutung. Whitehead löst das Problem des Bezugs der beiden Sphären mittels eines begriffslogischen Arguments. Dieses lautet: Wenn zwar nicht die einzelnen Ideen, dafür aber eine *ganze Sphäre* reiner Potentialitäten *aktualiter* existiert (und davon ist auszugehen, wenn man die Aporien betrachtet, welche sich auftun, will man auf Ideen verzichten), dann hat diese Sphäre mit

58 V. Hösle: Die Krise der Gegenwart und die Verantwortung der Philosophie, S. 205 ff.

59 Explizite Kritik: Platon: Parmenides, 130a–135c. Der Timaios-Mythos kann als eine *implizite* Antwort auf die Schwierigkeiten verstanden werden, welche sich aus der Zweiweltentheorie – der Welt der Dinge und derjenigen der Ideen – ergibt. Hier wird der Ideenhimmel der mittleren Dialoge durch das aktive Eingreifen eines Schöpfergottes ersetzt. Letzterer ist dafür besorgt, dass die ewigen Ideen einer formlosen Materie (‚Chora' bei Platon oder ‚materia prima' bei Leibniz) beigegeben werden.

60 N. Hartmann: Der Aufbau der realen Welt, S. 157 ff.

den aE/aO ihr Aktual-Sein gemeinsam.[61] Die Ideen oder reinen Potentialitäten und die aE/aO erhalten so eine gemeinsame Plattform, welche es ihnen zumindest im Prinzip erlaubt, miteinander in Verbindung zu stehen.[62]

b. Zeichen

Die Verbindungen von Ideen mit physischen Daten heissen Zeichen. Zeichen sind empirisch fassbar, sie können beispielsweise gesehen und gezählt werden. Doch sind sie leblose und tote Nichts, wenn da nicht Lebewesen existieren, welche fähig sind, mit diesen Zeichen etwas anzufangen, fähig sind, sie zu Leben zu erwecken. Nur dort, wo ein Buchstabe, ein Wort oder ein Satz in seiner Bedeutung *verstanden* wird, ist ein Zeichen ein Zeichen. Der schönste Gedichtband oder das wichtigste Dokument ist nichts, wenn es in einem Abfallkübel verrottet oder von Raben zum Nestbau verwendet wird.

Zeichen sind ausserdem Ausdruck dessen, dass Ideen als *reine* Potentialität*en* ihre absolute Allgemeinheit verloren haben, dafür aber Teil der *aktualen* Welt geworden sind. Zeichen sind Ausdruck der geistigen Dimension des empirisch fassbaren Kosmos. Denkansätze, welche die Natur ohne diese Dimension verstehen wollen, übersehen nicht nur die oben genannten, in allem Seienden nachweisbaren Formen und Formungen, sondern führen ausserdem in unüberwindbare theoretische und konzeptuelle Probleme, wenn es darum geht, zu verstehen, was Zeichen sind. Alle Versuche, Zeichen (und damit Information) rein physikalistisch zu verstehen, sind bis jetzt gescheitert.[63]

Es gibt zum einen sog. natürliche und zum anderen intentionale Zeichen.[64] Erstere bezeichnen die Tatsache, dass Wahrgenommenes (mag dies

61 Als eine dritte Möglichkeit lässt sich denken, dass die Ideen als reine Potentialitäten nicht aktualiter, sondern ihrerseits wiederum nur potentialiter existieren. Damit handelt man sich aber einen infiniten Regress ein, so dass auch dieser Lösungsansatz wegfällt.

62 A. N. Whitehead: Prozess und Realität, S. 79 f. Es wäre eine Diskussion wert, inwiefern diese Art der Argumentation sich von einem ontologischen Gottesbeweis unterscheidet. Siehe dazu auch F. Riffert: Whitehead und Piaget, S. 70.

63 Siehe z. B. C. F. v. Weizsäcker: Die Einheit der Natur, S. 342 ff. Küppers, Bernd-Olaf: Der Ursprung biologischer Information, besonders S. 248 ff.

64 R. G. Millikan: Die Vielfalt der Bedeutung, S. 55 ff.

durch Menschen oder andere Organismen geschehen) immer auch als ein ‚so oder so Geformtes' – mithin als Zeichen – erfasst werden kann. Der Begriff des ‚Zeichens' bekommt so eine sehr weite Bedeutungsextension. So ist beispielsweise das Aufziehen einer dunklen Wolkenwand an einem heissen Sommertag für Mensch und Tier ein *natürliches Zeichen*, welches bedeutet, dass es bald starken Gewitterregen geben wird und es angebracht sein dürfte, einen wettersicheren Ort aufzusuchen.

Intentionale Zeichen werden im Unterschied dazu von einem Organismus aktiv hervorgebracht und dienen einem Ziel.

Während natürliche Zeichen unverbunden und erratisch einfach vorhanden sind, kommen intentionale Zeichen selten isoliert vor; sie sind meistens Teil von Zeichensystemen, welche es möglich machen, auch komplexe Ideen zu transportieren. Es sind solche, ‚Code' genannte Zeichensysteme, die schliesslich den geradezu unermesslichen Reichtum, welche die Welt der Organismen ausmacht, gründen und unterhalten.

Zeichen als Verbindung von Ideen und physischen Daten vermitteln nicht nur zwischen der Sphäre der reinen Potentialitäten und der aktualen Welt, sondern sie vermitteln auch zwischen einem Objekt und einem Interpreten. Die Theorie der zeichenvermittelten Beziehungsprozesse zwischen Objekten und Interpreten wird ‚Theorie des Erfassens' genannt und wird in Kapitel IV besprochen.

c. Zeichensysteme oder Codes

Codes sind Systeme von aufeinander abgestimmten Zeichen, welche die Ordnung der komplexen Organisation von Organismen möglich machen.[65] Sie stehen am Anfang der vielgestaltigen Ordnung in der Welt und müssen als ein Spezifikum von Leben überhaupt angesehen werden. Soweit es sich gegenwärtig überblicken lässt, kann gesagt werden: Wo Codes sind,

65 Früher verstand man unter dem Begriff ‚Code' Übersetzungsregeln. ‚Der Code einer Geheimsprache' bezeichnete die zuvor abgesprochenen Konventionen, welche zur Anwendung zu gelangen hatten, wollte man eine Geheimsprache beispielsweise ins Deutsche oder ins Englische übersetzen. Hier wird der Codebegriff in einer weiter gefassten Bedeutungskonnotation verwendet.

da ist auch Leben und umgekehrt, wo Leben ist, da sind auch Zeichensysteme unabdingbar und notwendig vorhanden.

Codes stehen am Ursprung der Tatsache, dass in organisierten Vielheiten oder Gesellschaften, wie dies die Lebewesen darstellen, jeder Teil darüber informiert ist, was sein genauer Platz innerhalb der Gesellschaft ist und wie er sich zu einem bestimmten Zeitpunkt zu verhalten hat.[66]

Es sind bis jetzt fünf verschiedene, alles Leben organisierende Zeichensysteme bekannt. Sie werden in Kapitel V genauer beschrieben und heissen wie folgt:

- atomarer Zahlencode
- genetischer Code
- humoraler Code
- neuronaler Code
- Sprachcode

Vom atomaren Zahlencode und vom Gencode existiert nur je eine einzige Version, wenn auch der Gencode bereits vereinzelte, leicht abweichende Varianten kennt.[67] Beim humoralen Code unterscheiden sich die pflanzlichen Varianten von den tierischen z.T. beträchtlich und selbst innerhalb des Pflanzenreichs bestehen je nach Organisationsgrad der einzelnen Arten grosse Unterschiede. Der neuronale Code kommt nur bei den Tieren und Menschen vor. Und der Sprachcode wiederum ist zwar auch bei den Tieren vorhanden, scheint aber beim Menschen eine besondere Ausprägung und zusätzliche Dimension gewonnen zu haben, so dass er den Grundstein für etwas ganz Neues abgibt: das Entstehen der typisch menschlichen Kultur.

Codes sind überdies ein Garant dafür, dass Organismen als Gesellschaften ein gemeinsames Formelement oder ‚abgrenzendes Charakteristikum' zukommt. Whitehead assoziiert Letzteres mit der aristotelischen ‚substantiellen Form' und geht davon aus, dass das Wesen einer organisierten Vielheit, einer Gesellschaft, eines Lebewesens oder eines Organis-

66 Um diesen Begriff von Gesellschaft, der ein sehr weit gefasster ist, vom engeren Begriff abzugrenzen, der sich auf Ordnungen bezieht, welche durch menschliche Individuen gebildet werden, nenne ich letztere auch ‚Sozietäten'.

67 N.A. Campbell: Biologie, S. 443f. und: R. Junker , S. Scherer: Evolution, S. 123f.

mus – diese Benennungen können an dieser Stelle weitgehend synonym verwendet werden – durch dieses abgrenzende Charakteristikum (oder Formelement) erzeugt wird, dass mit anderen Worten ein Frosch dadurch zu einem Frosch und die Froschleber zu einem dem Frosch angepassten Organ wird.

4. Der geistige Pol

a. Die Verbindung von Ideen mit affektiven Tönungen

In den vorangegangenen Abschnitten war von der Kombination des Geistigen mit physischen Daten – den Zeichen – und von der Kombination affektiver Tönungen (oder subjektiver Formen) mit physischen Daten – den Kräften und Kraftfeldern – die Rede. Es gilt jetzt, noch von der Kombination der affektiven Tönungen mit den Ideen zu reden.

Aus dem bisher Gesagten lässt sich ableiten, dass diese Kombination etwas darstellt, was privat und für die Öffentlichkeit unsichtbar existiert. Es wird sich mit anderen Worten um private Ideen handeln. Auch in diesem Falle ist es – wie dies immer der Fall ist, wenn es um subjektive Formen geht – am einfachsten, auf das eigene, persönliche Erleben zurückzugreifen: Privat erlebte Ideen stellen Phantasien, Gedanken, Vorstellungen, Erinnerungen und Ähnliches dar; sie werden auch (inner-)seelische Erlebnisse genannt.

Das Seelische als die Kombination von Ideen und affektiven Tönungen bietet gelegentlich Abgrenzungsschwierigkeiten: Drehen sich beispielsweise private, geistige Inhalte um Wünsche und Intentionen, dann ist es nicht einfach, solches von Motivationen zu unterscheiden.[68] Letztere stellen aber Kräfte dar, welche keine inhaltliche Ausrichtung kennen. Motivation und die damit verwandte, ‚Trieb' genannte Kraft sind blind. Wünsche und Intentionen sind dagegen Ausrichtungen auf ein Ziel hin,

68 A. N. Whitehead: Abenteuer der Ideen, S. 327.

welch letzteres aber solange ein Hirngespinst bleibt, wie es nicht zu gelebtem Leben aus Fleisch und Blut wird. Wünschen und sich vorstellen kann man sich vieles. Paradigmatisch für diese Thematik stehen die guten Vorsätze, welche aber deshalb nicht in die Tat umgesetzt werden, weil sie sich gegenüber anderen, konkurrierenden Wünschen und Vorsätzen nicht durchsetzen können und so keinen (oder nur einen abgeschwächten) Ausdruck in aktualen Prozessen und Handlungen finden. Letzteres ist wie gesagt deshalb der Fall, weil sie nicht mit genügend Kraft oder Motivation vereint sind.

b. Die Seele und deren ontologischer Status

Die oben genannten innerseelischen Vorgänge oder Erlebnisse existieren nur, insofern sie innerhalb einer actual occasion ablaufen. Actual occasions oder Lebensprozesse als *Einheiten* machen aber eine Aufteilung von seelischen und nicht-seelischen Anteilen unmöglich. Wird trotzdem eine solche Unterteilung gemacht, so handelt es sich dabei um eine Abstraktion, um eine Erkenntniskategorie, der keine eigene Seinskategorie beigestellt werden kann.

Die Geistesgeschichte der Menschheit ist mit Versuchen gepflastert, privaten Ideen in Form von Gedanken, Phantasien, Vorstellungen, Gefühlsinhalten u. a. m. einen eigenständigen, von den aE/aO – in diesem Fall von den Menschen – unabhängigen ontologischen Status zu verleihen. Es kommt so zur Substantialisierung von Vorgängen, welche privat und im Innern der Menschen vorgehen. Dies wird dann ‚Seele' genannt. Es existiert aber genau besehen für ein solcherart Seiendes keine empirische Grundlage. Dementsprechend konnte auch, weil die Seele keine Seinskategorie darstellt, noch nie so etwas wie eine Seele beobachtet oder gar wissenschaftlich untersucht und erforscht werden. Es ist dagegen möglich, Lebensprozesse zu erforschen, Lebensprozesse, die aber immer ein Ganzes aus Physischem, Geistigem und Subjektivem bilden. Die hier dargelegte Theorie besagt, dass das Ganze dieser drei elementaren Kategorien – d. h. die aE/aO – die tatsächliche Grundlage für *alle* Lebensprozesse abgeben. aE/aO sind aktual und konkret, der Begriff der ‚Seele' stellt demgegenüber eine Abstraktion dar, die weder aktual noch konkret ist. Der Begriff der ‚Seele' kann so als ein abstrakter Begriff (als Erkenntniskategorie) höchstens ein nützliches Hilfsmittel des Denkens sein.

Das Verständnis von Lebensprozessen wird oft dadurch erschwert, dass die drei Kategorien, des Geistigen, des Subjektiven und der physischen Daten, konzeptuell nicht klar genug voneinander unterschieden werden. Besonders oft wird dem Physischen einfach ein Psychisches (oder Seelisches) gegenübergestellt, in welch letzterem sowohl das Geistige als auch das subjektive Erleben ihren gemeinsamen Platz haben müssen. Es gilt aber, das Geistige und das subjektive Erleben konzeptionell voneinander zu unterscheiden. Es handelt sich um grundsätzlich verschiedene Kategorien (der Existenz) und es gilt insbesondere, dass sich das Eine, die subjektive Form (oder affektive Tönung), nicht vom Anderen, dem Geistigen oder den Ideen, deduzieren lässt.

Physische Daten, Ideen und affektive Tönungen/subjektive Formen bilden zusammen die drei uranfänglichen Elemente, welche alle aE/aO – und damit die gesamte, aktuale Welt – ausmachen. Es findet sich so gesehen eine Aspekt-*Dreifaltigkeit*, die Ähnlichkeiten mit Spinozas Aspekt-*Zweifaltigkeit* zeigt. Der Unterschied besteht vor allem darin, dass bei Spinoza Gott den Boden abgibt, auf welchem die Dualität gründet. In der hier vorgelegten Theorie sind es die aE/aO.

5. Der kategoriale Kontext der aE/aO

a. Kreativität

Es wurde bereits in Kapitel III1 festgehalten, dass die Kategorien der Existenz nochmals in einen weiteren kategorialen Rahmen gestellt werden können.

Dieser erweiterte Rahmen wird durch die sog. ‚Categories of the Ultimate' oder Elementarkategorien, in welche die aE/aO eingebettet sind, gebildet. Eine dieser Kategorien ist die ‚Kreativität'.[69] Kreativität als ab-

69 A. N. Whitehead: Prozess und Realität, S. 61 f., 80, 411 f. und R. Eichelbeck: All the Colors of a Rainbow in a Worm or: What is Life? S. 20.

solut elementar zu verstehen, ist optimistisch. Es wird später – in Kapitel VIII – darauf zurückzukommen sein, dass ein solcher Optimismus nicht immer und überall geteilt wird. Die vielfältigen kreativen Manifestationen der Lebewesen, das immerwährende „Stirb und Werde", besonders aber die Tatsache, dass die Evolution in ihrem Fortgang immer Reichhaltigeres, Schöneres und Komplexeres hervorbringt, sind Ausdruck dieser Kreativität. Erst durch diese Setzung wird verständlich, dass insbesondere die Mechanismen der Mutation und Selektion eine Entwicklung in Richtung immer grösserer Komplexität und Reichhaltigkeit zeitigt und nicht etwa das Umgekehrte, einen ewigen Stillstand oder gar Niedergang.

Man mag sich fragen, weshalb anstelle der ‚Kreativität' nicht auf den altbekannten und bewährten Begriff von ‚Gott' zurückgegriffen wird. Es wäre dies ein Gottesbegriff, der sich an denjenigen von Leibniz oder Spinoza anlehnt und dadurch eine gewichtige Tradition in seinem Rücken wüsste.

Begriffe – auch der Gottesbegriff – sind Symbole und beziehen ihre Autorität aus sozialen Abmachungen. Sie können aus diesem Grund immer auch ein Stück weit sozial verhandelt werden.[70] Ich folge in diesem Fall Whitehead, der den Gottesbegriff zwar auch mitführt, diesen aber auf die *Ordnung der Ideen* anwendet. Letztere bildet, wie oben bereits aufgeführt, eine eigenständige Sphäre, welche sich als Reich der Ideen oder reinen Potentialitäten von derjenigen der Aktualitäten unterscheidet und abgrenzt.

b. Vielheiten und deren Abgrenzung

Jede aE/aO fügt sich in eine Ordnung mit anderen aE/aO ein. Sie bilden zusammen Vielheiten, die mehr oder weniger stark organisiert sind. Einfache Vielheiten werden hier ‚Nexūs' heissen, stark organisierte Vielheiten ‚Gesellschaften'. Vom Unterschied zwischen Nexūs und Gesellschaften wird später, in Kapitel VII, die Rede sein; hier geht es um die elementare Kategorie der Vielheit und um die Tatsache, dass es Vielheit nicht geben kann, ohne dass sich zwischen ihren Elementen Grenzen ausbilden.

70 Siehe dazu Abschnitt IV2a und im Glossar.

Die grenz- oder kontrastbildende Aktivität von aE/aO hat zwei Aspekte: Das sich Absondern ist für die Existenz eines jeden Organismus konstitutiv; zugleich ist es bei aller Abgrenzung immer auch nötig, die Kontaktnahme mit der Umgebung aufrechtzuerhalten. Zwischen der ausschliessenden und kontaktnehmenden Aktivität einer Grenze besteht eine immerwährende und komplexe dialektische Beziehung.[71]

Grenzziehungen können gegen aussen erfolgen oder können im Innern eine Vielheit interner Kontraste schaffen. So zeichnen sich bereits einfache Zellen durch eine verblüffende Reichhaltigkeit innerer Aufteilungen aus. Welches innere Kontraste und welches äussere sind, kann aber nicht a priori gesagt werden. Um dies bestimmen zu können, ist es nötig, anzugeben, welche Organisationsebene als Bezugsgrösse gewählt wurde. Stellen beispielsweise Zellen die Bezugsgrösse dar, so sind Zellwände deren äussere Grenze; werden dagegen Pflanzen oder Tiere als Referenzgrösse beigezogen, so handelt es sich bei Zellwänden um innere Kontraste.

Ein jeder Organismus kann durch Neubilden von Kontrasten Komplexität, Reichhaltigkeit und Tiefe des Lebens dazugewinnen.

c. Das Eine, die Einheit

In dieser Arbeit soll die These stark gemacht werden, dass es neben Vielheiten auch Einheit gibt, ja dass Ersteres geradezu nach Letzterem ruft. Damit stehe ich zwar nicht alleine. Platon und Whitehead nennen beide die Einheit als eine der grundlegendsten aller grundlegenden Kategorien. Doch bin ich der Meinung, dass es ihnen nicht gelungen ist, verständlich zu machen, was Einheit ist. Platon zeigt zwar in seinem Parmenides-Dialog – in einer der schwierigsten Passagen seiner Philosophie – die Abgründe auf, in die man unweigerlich gerät, wenn man ‚Einheit' verstehen und fassen will.[72] Doch bleibt der Leser am Ende eher konsterniert und überwältigt als aufgeklärt zurück. Und Whitehead nennt ‚Einheit' zwar als eine seiner drei ‚Kategorien des Elementaren' (zusammen mit der Vielheit

71 H. Plessner, Die Stufen des Organischen und der Mensch, S. 100 ff. und 132 ff. und K. Köchy: Perspektiven des Organischen, S. 318 ff., besonders S. 323.

72 Platon: Parmenides, 142b ff.

und Kreativität), doch ist danach immer nur noch von Vielheiten, Gesellschaften und Nexūs die Rede. Bei anderen Autoren wiederum wird der Einheit die Ganzheit beigestellt, letztere dann im Detail beschrieben, währendem erstere am Ende so unfassbar bleibt wie zu Beginn.[73]

6. Das Sauerstoffatom als Organismus – ein Anwendungsbeispiel

a. Die Grundkategorien des Lebens im Sauerstoffatom

Weil es ungewohnt ist, Atome als Organismen zu konzeptualisieren, soll diese Behauptung noch einmal genauer besprochen und begründet werden. Dies ergibt zugleich die Gelegenheit, die verschiedenen, allen aE/aO zukommenden Elemente nochmals zu resümieren. Gerade bei den einfachen Organismen, wie dies die Atome sind, lassen sich deren grundlegende Kategorien besonders gut aufzeigen. Bei komplexeren Organismen drohen sie in der Fülle der anderen Elemente unterzugehen.

Ein Sauerstoffatom besteht stark vereinfacht und unter Nichtbeachtung einer Vielzahl von subatomaren Elementen aus acht Protonen, acht Neutronen und acht Elektronen. Die Protonen und Neutronen befinden sich im Zentrum des Atoms, das als ‚Kern' bezeichnet wird.[74] Es können auch neun oder zehn Neutronen sein – es besteht diesbezüglich ein gewisser Spielraum.[75] In grossem Abstand zum massereichen Zentrum finden sich die massearmen und bewegungsreichen Elektronen, deren Zahl beim Sauerstoffatom auf äusserst komplexe Art und Weise variieren kann.

73 Insbesondere Köchy K: Ganzheit und Wissenschaft, S. 46, 111, 127 ff., 332 ff.

74 Nicht nur das Zentrum der Atome wird als ‚Kern' bezeichnet, sondern auch dasjenige der nächst komplexeren Organismen, der Zellen. Auch die Alltagssprache scheint intuitiv die Verwandtschaft dieser beiden Organismus-Arten erkannt zu haben.

75 0.038 % der Sauerstoffatome besitzen 9 Neutronen und 0,2 % deren 10 (siehe z. B. J. Falbe/M. Regitz (Hrsg.): Rompp Chemie Lexikon, S. 4000) oder <http://www.seilnacht.com/Lexikon/6Sauerst.htm>.

Die in den vorangegangenen Kapiteln genannten Kategorien der Existenz lassen sich beim Sauerstoff wie folgt beschreiben:

Physische Daten und *physischer* Pol stellen in einer ersten Annäherung all diejenigen Elemente dar, welche gemeinhin Gegenstand der Atomphysik und der Chemie sind. Neben den soeben genannten Protonen, Neutronen und Elektronen ist eine grosse Zahl von weiteren subatomaren Teilchen bekannt.[76] Die wechselseitige kausale Abhängigkeit der Elementarteilchen bestimmt das Entstehen und Vergehen der Atome. Es sind dies Prozesse, die manchmal in sehr schnellen Rhythmen und manchmal nur langsam erfolgen und beispielsweise innerhalb von Sternen in Form von Kernfusionen ablaufen. Sind in den Werdens- und Vergehensprozessen die Elektronenhüllen und nicht die Kerne beteiligt, dann handelt es sich definitionsgemäss nicht um physikalische, sondern um chemische Prozesse.

Wichtig ist es in diesem Zusammenhang, darauf hinzuweisen, dass die Physik und die Chemie der atomaren Prozesse sich nicht in reiner Kausaldetermination erschöpften. In atomaren Prozessen spielen zusätzliche Elemente eine Rolle, auf die weiter unten eingegangen wird. Die Entwicklung und das Werden selbst von so einfachen Organismen, wie dies Atome darstellen, sind nicht restlos determiniert und vorausberechenbar. Dies hat *nicht* damit zu tun, dass es dem menschlichen Geist aufgrund seiner Beschränktheit unmöglich wäre, dazu nötige rechnerische oder gedankliche Leistung aufzubringen, sondern es ist prinzipieller Natur.[77] In dieser so entstehenden Determiniertheits-Lücke schiebt sich das, was hier als ‚geistiger Pol' bezeichnet wird, und welcher sich auch in Atomen festmachen lässt.

Ideen und der *geistige Pol* im (Sauerstoff-)Atom äussern sich in der eben genannten Unvorhersehbarkeit dessen, was das Atom in der Zukunft machen wird. Wird es beispielsweise mit einem Wasserstoffatom, welches sich in der Nachbarschaft aufhält, eine intensive Interaktion eingehen?

76 Siehe dazu beispielsweise: J. Beck-Neuhaus: Elementare Teilchen, S. 454 ff.; P. A: Tipler/ R.A. Llewellyn, S. 425ff, oder 742, 746 und 784 f. <http://de.wikipedia.org/wiki/ Datei:Overview_of_subatomic_particles_german.svg>.

77 Siehe dazu z. B. J. Beck-Neuhaus: Elementare Teilchen, 155 f., 162 f. oder D. Greenberg et al.: Compendium of Quantum Physics, S. 307 ff., 630. Man beachte, dass damit das Konzept eines allmächtigen Gottes im Sinne von Leibnitz, der alles, was existiert, kennt, *hinfällig* wird.

Wird es zu einem Elektronen- oder Photonenaustausch kommen oder wird es unverändert als Sauerstoffradikal weiterbestehen? Niemand kann dies im individuellen Einzelfall sicher vorhersagen. Niemand – ausser dem betreffenden Atom selber.[78] Was genau als Nächstes geschehen wird, dies hängt davon ab, welches Ziel es sich setzt; dabei ist es in seiner Wahl aber ziemlich eingeschränkt. Sein Horizont ist klein, die Auswahlmöglichkeiten an *Ideen*, auf welche sich ein Atom ausrichten kann, sind ebenfalls gering. Dies räumt aber nicht die Tatsache aus dem Weg, dass selbst bei Atomen das zukünftige Verhalten, wie dies für alle höheren Organismen sowieso gilt, höchstens in Form einer statistischen Wahrscheinlichkeit angegeben werden kann.

Wenn das zukünftige Verhalten von Atomen von deren jeweils eigener Zielsetzung abhängt, so wird letztere wiederum durch innere Vorgänge des Atoms bestimmt. Ob ein Ziel A oder B als das letztlich erstrebenswerte ausgewählt wird, hängt von der *subjektiven Gestimmtheit oder der affektiven Tönung* des jeweiligen Atoms ab. Diese wiederum zeichnen sich durch grosse Einfachheit aus und können z. B. mit einem ‚+' oder einem ‚–' bezeichnet werden. So scheint es beim Sauerstoffatom insbesondere so, dass in seinem Inneren die Idee einer Erhöhung seiner Elektronenzahl von 8 auf 10 und die dadurch verbundene Harmonisierung und Equilibrierung der Symmetrie seiner (Elektronen-)Hülle eine enorme (subjektive) Anziehungskraft besitzt.[79] Durch die Erhöhung der Elektronenzahl auf 10 scheint das Atom zu einem inneren Gleichgewicht zu kommen, einem Gleichgewicht, welches es mit grosser Energie anstrebt. Um dies zu erreichen, entreissen Sauerstoffatome anderen Atomen deren Elektronen. Ob sie solches auch tatsächlich tun können, hängt aber nicht allein von ihrer Zielsetzung ab. Es braucht zusätzlich einen handlungswirksamen Kraftaufbau, welcher dem Wunsch erst Wirksamkeit zu verleihen vermag. Wie bereits angedeutet, stellt dieser Punkt im Beispiel des Sauerstoffatoms kein

78 Dem in diesem und in nachfolgenden Sätzen offensichtlichen Anthropomorphismus möge vorerst keine allzu grosse Beachtung geschenkt werden. Auf den Anthropomorphismus und Anthropomorphismus-Vorwurf wird im nächsten Abschnitt eingegangen.

79 Siehe dazu z. B. J. Strähle, E. Schweda: Lehrbuch der analytischen und präparativen anorganischen Chemie, S. 5 ff. oder <http://de.wikipedia.org/wiki/Orbital>.

echtes Problem dar. Anders, als dies beim Menschen häufig der Fall ist, stehen dem Wunsch nach Erhöhung der Elektronenzahl keine nennenswerten anderen, ähnlich starken Wünsche entgegen. Letzterer ist in diesem konkreten Fall von einer solchen Wucht, dass es praktisch keine Sauerstoffatome gibt, welche sich die erwünschten Elektronen nicht tatsächlich beschaffen können. Es gibt nichts Gefährlicheres und Giftigeres als Sauerstoffatome (sog. Radikale), die auf der Suche nach Elektronen in komplexen Lebewesen ihr Unwesen treiben. Sie hinterlassen Zerstörung und Verwüstung. Nur wenige Atome können da gegenhalten: Gold ist eines von ihnen, das adelt es und macht es zum Edelmetall. Ist das Bedürfnis nach Vervollständigung der Elektronenhülle einmal befriedigt, so treten neue Ziele in den Vordergrund. Es sind dies Ziele, welche durch quantitativ schwächer ausgebildete affektive Tönungen motiviert werden, aber gerade dadurch qualitative Elemente aufscheinen lassen, welche die Grundlage für viele, hoch differenzierte Vorgänge innerhalb komplexer Organismen abgeben. So zeichnen sich Sauerstoffatome – haben sie sich einmal die benötigten zusätzlichen Elektronen z. B. durch das Eingehen einer Verbindung mit Wasserstoffatomen verschafft – als Teil von Wassermolekülen durch vielfältige und subtile Strebungen aus, welche sie zum Nährboden des komplexen Lebens der Pflanzen und Tiere machen.[80]

Ideen als Ausdruck reiner *Potentialitäten* sind als solche per definitionem in einer *aktualen* Welt in reiner Form nicht vorhanden. Zeichen, speziell in Form von Aussagen, bilden, wie bereits früher erwähnt, das natürliche Bindeglied zwischen der aktualen Welt und den reinen Potentialitäten. Die soeben genannte, vom Sauerstoff verfolgte *Idee* einer Symmetrierung und Harmonisierung der Form seiner Elektronenzahl ist an das Vorhandensein von Zeichen gebunden. Die Anzahl der in einem Atom vorhandenen *Protonen* setzt das *Zeichen* dafür, welche Ideen in einem Atom aktualisiert werden. Das sind im Fall des Sauerstoffs neben dem hier beschriebenen Bestreben nach einer Vervollständigung, Harmonisierung und Symmetrisierung der Elektronenwolken seine Form bei der Kristallbildung, seine Farbe u. a. m. Die acht Protonen sagen mit anderen Worten aus, wie ein Sauerstoffatom in seinen wesentlichen Zügen aufgebaut ist

80 Siehe z. B. auch S. Kiontke: Physik biologischer Systeme, S. 425 ff.

und wie es sich in den meisten Fällen verhält. Ist die Zahl der Protonen eine andere, z. B. „neun“, dann ändert sich auf einen Schlag alles; Bauweise und Eigenschaften des Atoms sind dann gänzlich verschieden und es folgt Verhaltensweisen bzw. zeigt Eigenschaften, welche gemeinhin unter dem Namen oder Begriff ‚Fluor‘ eingeordnet werden.

Atome folgen bei der Aktualisierung verschiedener Eigenschaften und Qualitäten einem *Code*, in welchem eine Zahl bestimmt, was zu geschehen hat. Er stellt mit anderen Worten einen Zahlencode dar. Die Protonen sind in diesem Code die Bedeutungsträger, welche auch ‚logische Subjekte‘ genannt werden.

Währendem die Zeichen im Atom-bestimmenden Zahlencode im Vergleich zur Gesamtmasse des Atoms sehr schwergewichtig sind, fällt seine äussere *Grenze* durch ihre gewaltige Ausdehnung auf. Sie ist räumlich gesehen viel ausgedehnter als der Rest des ganzen Atoms.[81] Es sind dies die Elektronen, welche *den* Bereich bilden, der zugleich die Abgrenzung und die Kontaktstelle zu anderen Atomen darstellt. Man könnte sagen, dass ein Atom in punkto Masse fast nur aus Code besteht und bezgl. Ausdehnung fast nur aus Grenze.

Die äussere Grenze des Sauerstoffatoms, soviel lässt sich hier noch nachliefern, stellt die Form eines Tetraeders dar, wobei zwei Schenkel des Tetraeders mit einem und zwei weitere Schenkel mit zwei Elektronen bestückt sind.[82] Diese Form erfährt aber in der Praxis Modifikationen dadurch, dass die beiden einfach besetzten Schenkel fast immer mit zusätzlichen Elektronen und dazugehörigen fremden Atomen besetzt sind. Grenzen kennt das Atom aber nur dann, wenn es als ein Seiendes und somit als Vielheit verstanden, konzeptualisiert und untersucht wird. In dem Masse, wie das Atom in Prozesse mit anderen Atomen eintritt und so zu einer Einheit wird, verschwinden seine Grenzen. Auf all diese Punkte wird in Kapitel VI zurückzukommen sein.

81 Bei genauerem Hinsehen ist es übrigens so, dass auch bei den komplexen Organismen die Grenzbereiche sehr stark ausgebildet sind. Nur, dass sie sich bei komplexen Organismen so stark auf verschiedene Elemente verteilen, dass die Sicht auf die zugrundeliegende kategoriale Einheitlichkeit gerne vergessen geht.

82 Siehe z. B.: H. R. Christen: Chemie, S. 67.

b. Spekulative Metaphysik und der Anthropomorphismus-Vorwurf

Der Begriff der Metaphysik, und besonders derjenige der *spekulativen* Metaphysik, standen im 20. Jahrhundert unter dem Vorwurf des sinnlosen Fabulierens und wurden als eines „nachmetaphysischen Zeitalters" (J. Habermas) unwürdig erachtet. Die in der zweiten Hälfte des 20. Jahrhunderts vorherrschende analytische Philosophie hat sich seit ihren Anfängen auf ihre Fahnen geschrieben, die Philosophie aus den Sümpfen der Metaphysik zu befreien und zu einer exakten, auf dem festen Boden der Wissenschaft stehenden Disziplin zu machen. Unterdessen hat sich gezeigt, dass selbst in der analytischen Philosophie ganz ohne Metaphysik kein Staat zu machen ist und seither wird die Ablehnung wieder schwächer.[83] Geblieben ist die Ablehnung von Spekulation. Doch beruht genau besehen jeder Versuch, die Zukunft ein Stück weit vorwegzunehmen, d.h. vorausschauend zu handeln, darauf, das bereits Bekannte so zu bearbeiten, dass daraus eine spekulative Hypothese für eine mögliche Zukunft entsteht. Spekulation darauf, was sich in der Zukunft ereignen könnte oder was unter verschiedenen, möglichen aber noch nicht aktual gewordenen Umständen ereignen wird, gehört zu unserem Alltag. Es handelt sich per se nicht um weltfremde, von aller Vernunft verlassene und Illusionen nachhängende Psychopathologien, sondern viel eher um mehr oder weniger gut fundierte Vermutungen. Verschiedene der hier vorgebrachten Thesen beruhen insofern auf Spekulation, als dass der Nachweis, ob sie sich als Bereicherung für die zukünftige Praxis bewähren werden, noch aussteht. Sollte es sich erweisen, dass diese Theorie grössere Inkohärenzen, Inkonsistenzen oder Probleme bei ihrer praktischen Anwendung und Umsetzung zeigen, so wäre sie entweder anzupassen oder zu korrigieren, gegebenenfalls sogar ganz aufzugeben.

Neben dem Vorwurf, dass die hier vorgestellte Theorie spekulative Metaphysik sei, steht derjenige des Anthropomorphismus im Raum. Vorwürfe dieser Art drängen sich geradezu auf, wenn Atomen beispielsweise affektive Tönungen oder ein subjektives Erleben zugeschrieben wird und werden noch verstärkt, wenn später bei einfachen Lebewesen, wie dies beispielsweise Bakterien sind, nicht nur von affektiven Tönungen oder

83 Siehe P. Bieri: Was bleibt von der analytischen Philosophie? S. 339f.

subjektivem Erleben, sondern auch von ‚Gedächtnis', ‚Bewusstsein' oder ‚Zeichengebrauch' die Rede sein wird. Die Anwendung solcher, in der Regel für den Menschen reservierter Kategorien in diesem Kontext erfolgt aber mit Bedacht und nährt sich von der allgemein akzeptierten Hypothese, welche postuliert, dass sich das Komplexe im Laufe seiner Entwicklung langsam und kontinuierlich aus dem Einfachen heraus entwickelt hat. Das heisst aber auch, dass wo immer sich im Einfachen die Wurzeln des Komplexen auffinden lassen, es möglich und erlaubt sein sollte, ebendiese einfachen Wurzeln mit dem daraus erwachsenden komplexen Formen begrifflich in Verbindung zu bringen.

Lässt sich beispielsweise bei Fischen, ähnlich wie bei Menschen, die Fähigkeit ausmachen, Neues zu lernen und wird diese Fähigkeit beim Menschen ‚Gedächtnis' genannt, so ist nicht einzusehen, weshalb dies bei den Fischen nicht ebenso heissen soll. Dieses Gedächtnis mag zwar in seinen feinen Ausformungen nicht demjenigen des menschlichen entsprechen; da es aber, wie dieses auch, zur Lernfähigkeit verhilft, wäre es verwirrend und dem Verständnis abträglich, diese grundlegende Gemeinsamkeit nicht mittels der Verwendung eines gemeinsamen Begriffs deutlich zu machen.

Oft bieten sich Begriffe, welche sonst im Bereich der Kultur ihre Heimat haben, auch dafür an, für Vorgänge ausgeliehen zu werden, welche sich im Reich der Tiere, Pflanzen oder sogar noch einfacherer Organismen finden. Dies kommt davon, dass Vieles, was in diesen Bereichen vorkommt, zum Teil eklatante Ähnlichkeiten mit dem zeigt, was sich im Bereich menschlicher Kultur abspielt. Da drängen sich Begriffe, welche im Zusammenhang ihre Verwendung finden, geradezu auf. Warum beispielsweise nicht sagen, dass die weissen Blutkörperchen Bakterien *angreifen*, wenn dadurch verständlich wird, was auf mikroskopischer Ebene der Phagozytose vorgeht. Die dabei ablaufenden geistigen Vorgänge innerhalb dieser Zellen werden sich stark von dem unterscheiden, was in einem Menschen vorgeht, wenn er jemanden angreift. Und natürlich wäre es möglich, den anthropologisch eingefärbten Begriff des ‚Angreifens' technisch zu umschreiben und beispielsweise zu sagen, dass sich mittels der Ausschüttung von Interleukinen und opsonierender Substanzen verschiedene Leukozytenpopulationen auf chemotaktischer Basis der Quelle der Substanzausschüttung nähern, um dort durch Freisetzung von Zytotoxinen und ähnlicher Substanzen Bakterien zu lysieren.

Eine solche Sprache ist aber so umständlich, dass sie in der Praxis auch von ausgekochten Physikalisten und Szientisten nicht durchgängig benutzt wird. Dies hat aber nicht nur mit der Bequemlichkeit der entsprechenden Autoren zu tun, sondern vielmehr mit der soeben genannten Ähnlichkeit vieler biologischer Prozesse mit Vorgängen im Bereich des Menschlichen.

Die Durchgängigkeit der Anwendbarkeit von wichtigen Kategorien durch alle Entwicklungsstufen der Organismen hindurch wurde in den vorangegangenen Kapiteln anhand der Kategorien des Geistigen, des Physischen, der affektiven Tönung, der Grenzbildung und der Zeichen bzw. Zeichensysteme durchgespielt. All diese Kategorien lassen sich auch bei Atomen nachweisen.

Es hat Wissenschaftler und Philosophen immer wieder zu erstaunen vermocht, dass menschliche Zeichen, werden sie auf Naturvorgänge angewendet, fähig sind, ebendiese Vorgänge adäquat einzufangen. Wie ist es beispielsweise möglich, mit mathematischen Formeln die Bahnen der Planeten wiederzugeben oder vorauszuberechnen? Warum passen die vom menschlichen Geist erfundenen Zahlen zu dem, was bei physischen Gegenständen vorgeht?

Dies könnte u. a. damit zu tun haben, dass der Mensch, bevor er die ihn umgebende Natur zu einer anthropomorphen machen konnte, von seiner Abstammung her ‚kosmomorph' ist. Die Voraussetzung, dass menschliche Erkenntnis überhaupt möglich ist, liegt möglicherweise darin, dass der Mensch in seinem Grund ein Vorwissen dessen hat, was er erkennt. Dieses Vorwissen stammt zum einen aus seinem phylogenetischen Geworden-Sein und zum anderen liegt es darin, dass er die von ihm erkannte Natur in Form von Myriaden von Lebensprozessen immer und ständig mit sich herumträgt. Oder in den Worten von C. S. Peirce:

> ...wenn das Universum [...] mit bestimmten stark vorherrschenden Gesetzen übereinstimmt und wenn der menschliche Geist sich unter dem Einfluss jener Gesetze entwickelt hat, sollte man erwarten, dass er über ein natürliches Licht oder Licht der Natur oder instinktive Einsicht oder Genie verfügt, das dahin tendiert, ihn die Gesetze richtig oder fast richtig vermuten zu lassen.[84]

Die Tatsache, dass Sprachzeichen fähig sind, die Natur in gewissen ihrer Aspekte „richtig oder fast richtig zu vermuten", hat verschiedentlich dazu

84 C. S. Peirce: Naturordnung und Zeichenprozess, S. 13.

verleitet, den Stellenwert der Sprache falsch einzuschätzen. Natürlich ist das menschliche Leben von einer Sprache durchtränkt, welche in ihrer Komplexität und in ihrem reichen Gehalt auf Erden wahrscheinlich nichts Vergleichbares kennt. Sie macht aber nur einen ganz kleinen Teil dessen aus, was Leben ist. Das unfassbar komplexe Geflecht des Lebens hat sich über weite Strecken ganz ohne menschliche Sprache zu formen vermocht.

Wenn sich jetzt der Naturphilosoph daranmacht, die Natur in ihrer weitgehenden Sprachlosigkeit zu untersuchen, geschieht dies wiederum im Medium der Sprache. Allzu gern geschieht es da, dass das Sprachmedium, welches ein Geflecht von *Erkenntniskategorien* darstellt, mit dem Geflecht der *Seinskategorien* im untersuchten Gegenstand verwechselt wird. Ein Beispiel dieser Art wurde in Kapitel I2 genannt, als es darum ging, aufzuzeigen, dass die Natur sich nicht an die Syntax indogermanischer Sprachen hält, mithin keine Substanzen und Akzidenzien (bzw. keine Subjekte und Adjektive) kennt.

IV. Ergänzung (1) Erkenntnistheorie

1. Erkenntnistheorie als Teil einer allgemeineren Theorie des Erfassens

Nachdem in den Kapiteln II und III die Rede davon war, wie Organismen in ihren Grundzügen zu verstehen sind und bevor in nächsten Schritten die Unterschiede zwischen einfachen und komplexen Organismen sowie diejenigen zwischen Gegenständen und Organismen herausgearbeitet werden können, sind zusätzliche Anstrengungen nötig, um Organismen bis hinab zu ihren einfachsten Formen zu verstehen. Es geht jetzt um die genauere Beschreibung von Zeichenprozessen, die immer zugleich Erkenntnisprozesse *und* Lebensprozesse sind. Oder anders gesagt: Erkenntnis lässt sich erst dann und nur dann verstehen, wenn sie als den Lebensprozessen zugehörig verstanden werden.

Wenn es gelingt, die Semiotik – die Philosophie und Wissenschaft der Zeichen – so zu konzipieren, dass Zeichen nicht als fixe und starre Dinge, sondern als Teil eines ständigen Werdens verstanden werden, lassen sich die Aporien, in welche die Erkenntnistheorien der Vergangenheit immer wieder gerieten, vermeiden. Von Whitehead wurde eine Erkenntnistheorie dieser Art entwickelt, sie hat aber bis heute nur wenig Echo gefunden. Ein Grund dafür könnte u.a. darin zu finden sein, dass sich der philosophische und erkenntnistheoretische Mainstream während vieler Jahrzehnte stark dem physikalistischen Monismus verschrieben hat und nur schwer wieder aus den Irrungen und Wirrungen, in welche diese Art des Denkens führt, herausfindet. Es kommt erschwerend hinzu, dass sich Whitehead (a) einer Sprache bedient, welche den darin enthaltenen, erkenntnistheoretischen Sprengstoff nur schwer erkennen lässt und dass seine Lösungsansätze (b) gewichtige Änderungen unserer Denkgewohnheiten nötig machen.

So hoffe ich, in den nachfolgenden Abschnitten die Stichhaltigkeit des Whiteheadschen Ansatzes aufzeigen zu können und dies auf eine Art und Weise zu tun, welche allgemein verständlich ist. Als Vorarbeit dazu wird es nötig sein, eine allgemeine Zeichenlehre zu skizzieren.[85] Diese wird sich in weiten Teilen auf die Arbeit von Charles Sanders Peirce stützen. Der amerikanische Pragmatismus, als deren Begründer Peirce anzusehen ist, war Whitehead v.a. durch die Philosophie William James bekannt. Die Verknüpfung der Peirce'schen Philosophie mit derjenigen von Whitehead wird durch die Tatsache erleichtert, dass beide Philosophen wichtige metaphysische Grundpositionen teilen. Dies gilt besonders für die erkenntnistheoretische Position des objektiven Idealismus, von dem bereits in Abschnitt III3a die Rede war.

2. Zeichenbeziehungen

Zeichen lassen sich, wie in Diagramm 2 graphisch dargestellt, unter vier Aspekten sehen

- als Beziehung zwischen einem *Objekt* und dem Zeichen selbst (sog. semantische Beziehung)
- als Beziehung zwischen einem *Interpreten* und dem Zeichen (sog. pragmatische Beziehung)
- als *Beziehung* der Zeichen *untereinander* (sog. Syntax) und
- als ein Gegenstand (der ‚Zeichen' genannt wird).

Diagramm 2:

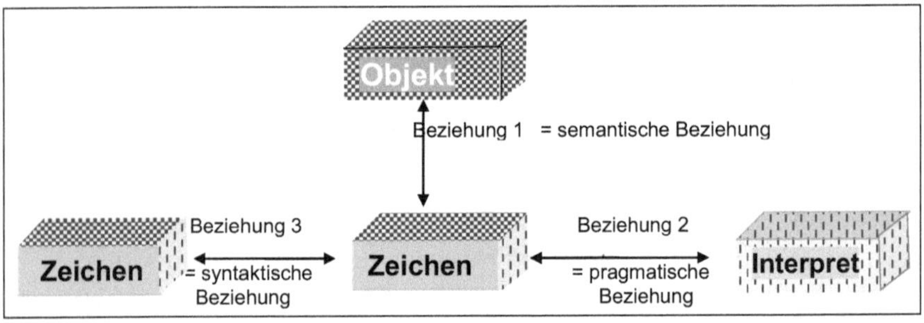

85 Siehe dazu auch P. van Spijk: Was ist Gesundheit? S. 97 ff. Um sich in der semiotischen Fachsprache zurechtzufinden, kann das Glossar am Ende dieser Arbeit hilfreich sein.

a. Zeichen und Objekte – die semantische Beziehung

Die Beziehung zwischen Zeichen und (bezeichneten) Objekten (Beziehung 1 in Diagramm 2) kommt dadurch zustande, dass die Ordnung, welche die Bedeutungsträger oder logischen Subjekte innerhalb der Zeichen aufweist, sich in einer gewissen, mehr oder weniger direkten Weise auf ein Objekt beziehen.[86]

An dieser Stelle ist es nötig, zu erklären, worin sich der Begriff des ‚Bedeutungsträgers' bzw. des ‚logischen Subjekts' von demjenigen des ‚Informationsträgers' unterscheidet: Logische Subjekte oder Bedeutungsträger sind physikalische Gegebenheiten, welche derart in eine Ordnung gebracht sind, dass sie für eine Idee stehen können. So sind die Tintenstriche, die auf einem Papierblatt zurückbleiben, wenn ich einen Satz fertig geschrieben habe, die logischen Subjekte des Satzes. Das Papierblatt dagegen ist der Informationsträger. Die Computer-CD ist der Informationsträger, die Mikrostruktur (Länge und Abstand) von kleinen Vertiefungen in der Polykarbonat-Scheibe bilden die logischen Subjekte der auf einer CD enthaltenen Aussagen.

Beim direktesten Bezug zwischen Zeichen und bezeichnetem Objekt spricht man von ‚Ikon'. Symbole dagegen beziehen sich auf das von ihnen bezeichnete Objekt nur mittelbar oder indirekt. Eine Mittelstellung nimmt der sog. ‚Index' ein.

Die Beziehung des *Ikon* zum bezeichneten Objekt geschieht (a) dadurch, dass es als ein Zeichen dem Objekt ähnelt und sich durch diese Ähnlichkeit als Ersatz anbietet.[87] Ein Ikon kann als Zeichen für ein Objekt stehen, weil die im Ikon enthaltenen, logischen Subjekte direkt und unvermittelt dieselbe Idee wachrufen, welche das Objekt selber mit sich trägt. Eine Puppe beispielsweise ist zuerst einmal einfach ein Gegenstand. Doch wird dieser durch seine formale Ähnlichkeit mit Menschen zu einem Zeichen, zu einem Ikon für Menschen allgemein oder, wenn die Puppe spezifische Züge trägt, sogar zu einem Ikon eines ganz bestimmten Menschen.

86 Logisches Subjekt: siehe Abschnitt III6a und Glossar.

87 C. S. Peirce: Kurze Logik in: Semiotische Schriften, Band 1, S. 205.

Insbesondere seit der Computerära werden eine Überfülle von Ikons produziert und es ist faszinierend zu sehen, welche grosse Karriere dieser von C. S. Peirce geprägte Begriff in den letzten rund 120 Jahren gemacht hat. So spielen Ikons beispielsweise auch in der Medizin eine immer grösser werdende Rolle; das Fachgebiet der Radiologie befasst sich fast ausschliesslich mit der Produktion von Ikons.

Die Beziehung zwischen Zeichen und Objekt geschieht (b) auch dadurch, dass ein Zeichen auf ein Objekt zeigt und es dadurch *indiziert.* Ein solcherart als *Index* oder Indikator fungierendes Zeichen ist real mit seinem Objekt verbunden und zwingt den Interpreten, die Aufmerksamkeit auf das indizierte Objekt zu richten. Wird ein Index durch einen Satz ausgedrückt, so ist er in Befehls- oder Ausrufeform zu setzen, z. B.: „Schau nach dort!“ oder „Gib Acht!“[88] Ein Index wird typischerweise verstanden, ohne dass ein Vorwissen besteht, und ohne dass er in seiner Bedeutung vorher erklärt werden muss; ‚Index‘ wird in der medizinischen Fachterminologie auch der Zeigefinger genannt, mit dem sich die Aufmerksamkeit geradezu beispielhaft auf all das lenken lässt, was einem gerade wichtig scheint.

In seiner differenziertesten Variante wird (c) die Beziehung zwischen Zeichen und Objekt als ‚symbolisch‘ bezeichnet. Ein *Symbol* enthält per se keinen Hinweis darauf, in welcher Beziehung es zum Objekt steht, sondern erhält seinen Bezug zum Objekt einzig durch eine Ermächtigung der Gesellschaft, in welcher dem Symbol eine spezifische Bedeutung gegeben wurde.

In Tabelle 1 findet sich eine Zusammenfassung der verschiedenen Zeichenaspekte. Die soeben besprochenen finden sich in der ersten Linie. Die Tabelle zeigt ausserdem sechs weitere Zeichenaspekte, welche es in den nachfolgenden Abschnitten zu besprechen gilt.[89]

88 C. S. Peirce: ibidem

89 C. S. Peirce: Phänomen und Logik der Zeichen, S. 123 ff.; C. S. Peirce: Semiotische Schriften I, S. 147 ff., 202 ff. und 255 ff.; Semiotische Schriften II, S. 48, 380 ff.; K. Oehler: Sachen und Zeichen – Zur Philosophie des Pragmatismus, S. 82 ff.

Tabelle 1: Semiologie.

Komplexitätsgrad der Zeichen / Zeichenaspekte	Zeichen als Qualität	Zeichen als ,Verweis auf ein Objekt'	Zeichen als Interpretation
Objektbezug von Zeichen	Ikon[90] oder Ähnlichkeit	Index oder Indikator	Symbol
Objektaspekt des Zeichens selbst	Qualizeichen oder Wandler[91]	Zeichen-Token (Sinzeichen, Replika)	Zeichen-Typ (Legizeichen)
Interpretenbezug von Zeichen	Begriff (Terminus oder Rhema), Wandlung[92] (Transmutation[92])	Dikent-Zeichen, Aussage[92] (Proposition[92])	Argument (Schluss-) Folgerung[92]

b. Zeichen und Interpret – die pragmatische Beziehung

Auch die Beziehung zwischen Zeichen und Interpret (Beziehung 2 in Diagramm 2) kann verschiedene Grade der Differenzierung aufweisen. Grundsätzlich ist es so, dass ein Drittes nur dann zum Interpreten werden kann, wenn es sog. ,geometrischer Ort' der logischen Subjekte eines zur Diskussion stehenden Zeichens ist. Geometrischer Ort zu sein heisst zweierlei: Erstens, dass die ,logischen Subjekte' oder ,Bedeutungsträger' vom Interpreten aufgenommen werden können (sog. ,physisches Erfassen') und zweitens, dass der Interpret, der immer zugleich eine aE/aO darstellt, fähig ist, die Idee, welche durch das Zeichen transportiert wird, zu verstehen, d.h. ihr eine Bedeutung zu geben.

Bedeutung bekommen Zeichen für einen Interpreten in erster Linie als (a) *Aussagen* oder *Propositionen.* Wenn in dieser Arbeit von Zeichen die Rede sein wird, so handelte es sich in der Regel um Zeichen, welche dem Interpreten gegenüber eine Aussage machen. Aussagen und Aussagensysteme (Codes) sind es, welche die eindrückliche Ordnung der aE/aO bestimmen.

90 Falls nicht anders bezeichnet, entsprechen die in der Tabelle eingesetzten Termini denjenigen, welche C. S. Peirce verwendet.

91 Vom Autor ergänzt.

92 Entsprechender Begriff bei Whitehead.

Der Aussagenaspekt der Zeichen vermittelt das So-sein der Objekte einem Dritten, dem Interpreten. Damit dies möglich wird, muss der Interpret, wie soeben gesagt, aber fähig sein, die vom Zeichen transportierte Idee zu erfassen. Dabei handelt es sich um eine spezielle und komplexere Form des Erfassens, um das sog. ‚*aussageartige (positive) Erfassen*'.[93]

Ein Interpret kann mittels von Zeichen Tatsachen erfassen. Er kann zusätzlich auch versuchen, zu erfahren, ob die Zeichen das Objekt adäquat vermitteln oder nicht. Dazu ist er gezwungen, Zeichen als das zu behandeln, was sie auch sind – Objekte. Dieser Aspekt der Zeichen ist in Tabelle 1 auf der zweiten Linie zusammengefasst und wird in den nächsten Abschnitten noch genauer besprochen werden. Hier vorerst nur so viel: Wird ein Zeichen selber als ein Objekt angesehen, so kann es ein weiteres Mal durch Zeichen vermittelt werden. Es sind dies Zeichen von Zeichen. Die Fähigkeit, Zeichen von Zeichen zu bilden, und als Folge davon Aussagen über Aussagen zu generieren, steht an der Basis der Fähigkeit zu *folgern*. Ob eine Aussage wahr oder unwahr ist, kann nämlich anhand einer einzigen Aussage nicht entschieden werden. Es werden dazu weitere gebraucht, welche die erste entweder bestätigen oder negieren. Erst wenn es dazu kommt, dass sich zwei Aussagen zu demselben Objekt widersprechen, ist der Interpret fähig (und in der gelebten Praxis auch genötigt) aus den verschiedenen Aussagen zu *folgern*, was nun tatsächlich und wahrhaftig Sache ist, bzw. welche Aussage für die Zukunft handlungsrelevant werden soll. *Folgerungen* (b) sind sozusagen Aussagen zweiter Ordnung. Eine Aussage beurteilt ein Objekt, eine Folgerung (auch ‚Schluss' genannt) beurteilt sich widersprechende (ein einziges Objekt betreffende) Aussagen.

Dem ist ergänzend beizufügen, dass sich Folgerungen nicht direkt in einer Aussage auszudrücken brauchen, sondern sich auch einzig durch eine Handlung äussern können, welche sichtbar macht, dass ein Organismus aus verschiedenen unterschiedlichen oder sich widersprechenden Aussagen eine einzelne als *handlungsrelevant* ausgewählt hat. Es scheint sogar so, dass ausserhalb der menschlichen Kultur Folgerungen einzig in Form von Handlungen sichtbar werden (sog. *natürliche* Zeichen von Folgerungen).

93 Genaueres zum Thema ‚Erfassen' siehe nächstes Kapitel.

Intentionale Zeichen von Zeichen zu schaffen nennt man Abstraktion und es scheint so, dass dies nur Menschen möglich ist.[94]

Es gilt auch, klarzustellen, dass nur Folgerungen, nicht aber Aussagen ein Wahrheitswert zukommt. Dies ist deshalb wichtig, weil viele Autoren Aussagen oder Propositionen bereits eine Wahrheitsfunktion zuordnen.[95] Diese Vermischung von Folgerung und Proposition wird hier abgelehnt. Es kann jetzt aber nicht darum gehen, in die Tiefen des Folgerns und der Logik einzudringen, sondern es wird einzig noch darum gehen, zu zeigen, wie tief im Biologischen einfache Formen des Folgerns verankert sind. So sind z. B. die Aussagen generierenden Bereiche eines Zellkerns fähig, zu kontrollieren, ob die vom genetischen Apparat gemachten Aussagen richtig oder falsch sind. Dies geschieht dadurch, dass spezialisierte Proteinmoleküle auf DNA-Sequenzen reagieren, die wahrscheinlich falsche Aussagen machen und letzteres dadurch manifestieren, dass sie sich nicht so in das Gefüge der anderen DNA-Sequenzen einordnen, wie dies üblicherweise der Fall ist. Abbildung 2 zeigt, wie sich die Stelle mit der falschen Aussage anders formt. An der fehlerhaften Stelle findet sich eine Unregelmässigkeit in der Doppelhelixstruktur, indem eine einzelne Pyrimidin- oder Purinbase nach aussen geklappt ist. Dieses Bild widerspricht dem genetisch vermittelten Wissen des Enzyms um die Form der DNA.

94 Zum Unterschied natürlicher zu intentionalen Zeichen siehe Abschnitt III3b und Glossar.

95 Die in der analytischen Philosophie auf Frege (Der Gedanke, S. 33f.) und Wittgenstein (Tractatus logico-philosophicus, 4.022ff.) zurückgehende Auffassung, dass das Tragen einer Wahrheitsfunktion für Aussagen (bei Frege allerdings ‚Gedanken' und bei Wittgenstein ‚Sätze' genannt) wesentlich sei, wird insbesondere von Peirce und Whitehead kritisiert (C.S. Peirce: Phänomen und Zeichen, S. 67f., A.N. Whitehead: Prozess und Realität, S. 344). Auch neuere, ebenfalls der analytischen Philosophie verpflichtete Autoren wie z.B. R.G. Millikan beginnen wieder davon abzurücken, Aussagen mit Wahrheitsfunktionen zu verknüpfen (siehe z.B.: R.G. Millikan: Die Vielfalt der Bedeutung, S. 109).

Abbildung 2: Fehlerhafter DNS-Abschnitt.

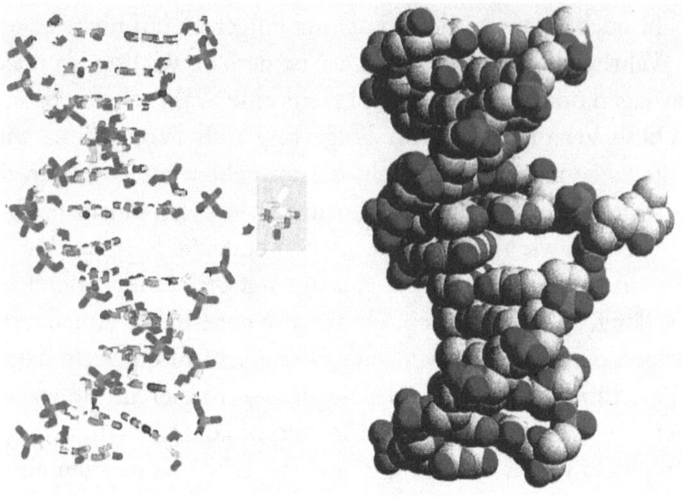

(A) (B)

Ein häufig auftretender Fehler in der Basensequenz der DNA besteht darin, dass die Base Adenosin weggelassen wird. So heisst es beispielsweise anstatt Cytosin-Adenosin-Cytosin (CytAdeCyt) CytCytThy, wobei für das weggefallene Ade Thymin (Thy) als arbiträr nachrückenden Base in die Triplette zu stehen kommt; dies, weil sie zufällig als Nächste auf der DNA aufgereiht ist. Die Übersetzung würde im Falle von CytCytThy die Aminosäure ‚Glycin' anstatt des ursprünglich intendierten ‚Valin' (= CytAdeCyt) bedeuten.

Es findet sich also formal gesehen die folgende Situation: Die Aussage 1 der DNA lautet auf CytCytThy. Der ‚Kontrolleur' (eine ‚DNA-Glycosylase' genanntes Enzym) erfasst den entsprechenden DNA-Bereich und sagt aus: „CytCytThy ist falsch". Damit steht die Zelle vor zwei sich widersprechenden Aussagen und muss entscheiden, welcher sie Recht geben will. Man könnte sogar so weit gehen, dies so zu formulieren: Sie hat zu entscheiden, für welche der beiden widersprüchlichen Aussagen bessere Argumente zur Verfügung stehen. Die Zelle behandelt diese konkrete Situation fast immer so, dass sie dem Kontrolleur Recht gibt'.[96] Entsprechend

96 Zum Anthropomorphismus-Vorwurf der hier verwendeten Sprache, siehe Abschnitt III6b.

wird sie sich sogleich daran machen, den Fehler mittels eines aufwändigen und ausgeklügelten Reparaturapparates zu korrigieren.[97]

Der soeben genannte Prozess aus der Zellbiologie steht übrigens für ein Beispiel dessen, was später unter dem Begriff ‚Bewusstsein' zur Sprache kommen wird. Nämlich Bewusstsein als *die* affektive Tönung, welche sich durch den Kontrast von zwei widersprüchlichen Aussagen einstellt.[98]

Als dritte und letzte Form der Beziehung zwischen Zeichen und Interpret ist (c) diejenige der ‚*Wandlung*' oder des ‚*Terms*' zu nennen. In diesem Fall wird dem Interpreten kein Objekt vermittelt, sondern es wird die *Gesamtheit der umgebenden Objekte* selektiv unter *einem ausgewählten Aspekt* erfasst und zu einem Muster oder Pattern geformt.

Um zu erklären, was ein Term ist, denke man an ein ausgewähltes, einzelnes Sprachzeichen, welches unter einem bestimmten Aspekt herausgepflückt und gebraucht wird. Es kann sich dabei beispielsweise um einzelne Begriffe handeln, welche in ein Lexikon aufgenommen und dort definiert werden oder es kann ein von jeglicher Aussage abgekoppelter Term sein, der Anlass für neue Aktivitäten ist. Dies ist z. B. dann der Fall, wenn der Lehrer seinen Schülern sagt: „Schreibt mir einen Aufsatz zum Thema ‚Lachen'!" In diesem Fall ist der Begriff ‚Lachen' ein Term oder allgemeiner ausgedrückt eine Wandlung im Bereich sprachlicher Zeichen. Ähnliches gilt es zu sagen, wenn es darum geht, dass wir unsere Umgebung qualitativ bewerten. Das ist dann der Fall, wenn wir z. B. ‚rot' oder ‚heiss' oder ‚sexy' sagen. Adjektive sind in der Regel Fälle, in denen wir *Mustern* der Umgebung eine Bedeutung geben, welche für uns in gewissen Situationen von Bedeutung – d. h. wichtig – sein kann.[99]

Gerade auf dem Gebiet der Sprache ist die Wandlung oder der Term etwas Abgeleitetes. Am Anfang steht die Aussage oder der Satz. „Nur der Satz hat Sinn."[100] Die Benutzung eines einzelnen Terms oder Begriffs ist dagegen etwas Sekundäres, durch Abstraktion Gewonnenes.

Mit dem Whiteheadschen Begriff der ‚Wandlung' wird der Peirc'sche Begriff des ‚Term' auf eine allgemeinere Ebene gehoben, und kommt auch in aussersprachlichen, d. h. allgemein-biologischen Bereichen zu Anwen-

97 B. Alberts: Molekularbiologie der Zelle, S. 307 ff.; Campbell N. A.: Biologie, 424 ff.

98 Siehe Abschnitt IV3e.

99 R. G. Millikan: Die Vielfalt der Bedeutung, S. 55 ff.

100 L. Wittgenstein: Tractatus logico-philosophicus, § 3.3.

dung. Wandlungen spielen u.a. bereits auf zellulärer Ebene d.h. in der Vermittlung von Qualitäten, wie beispielsweise derjenigen von Temperatur, elektrischem Potential oder auch von Licht oder Geräuschen, eine wichtige Rolle.

Wie eine sich auf zellulärer Ebene abspielende Wandlung zu verstehen ist, soll wiederum an einem konkreten Beispiel dargestellt werden: Es handelt sich um das von lebenden Zellen allerorts hergestellte sog. Ruhe-Membranpotenzial. Dieser Erfassens- und Integrationsprozess ist in Abbildung 3 schematisch dargestellt.

Abbildung 3: Die Zellmembran als Wandler.

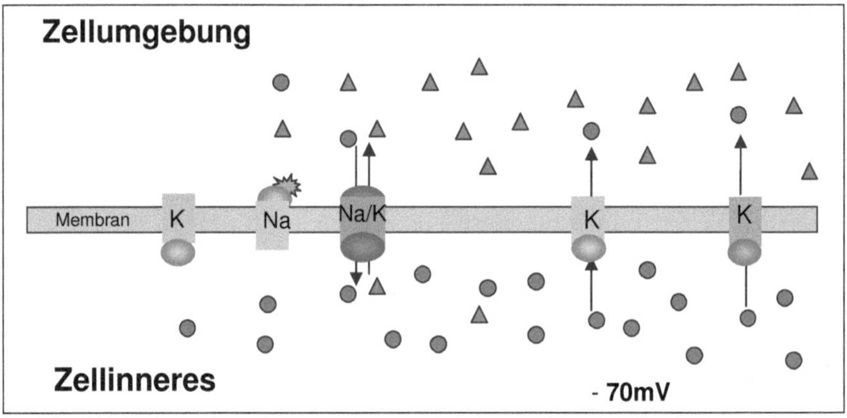

Legende:

= Na^+ Ion

= K^+ Ion

= Kanal bildendes Protein (KBP). KBP sind fähig, spezifisch Kalium- oder Natrium-Ionen zu erfassen. KBP sind fähig, spezifisch Kalium- (K) oder Natrium- (Na) Ionen zu erfassen. Das KBP in der Mitte erfasst beide Ionenarten.

= Acetylcholin; das Vorhandensein von Acetylcholin bewirkt, dass die Natrium-spezifischen KBP ihr Verhalten so ändern, dass sie im vorliegenden Beispiel die angesagten – 70 mV Spannungsdifferenz von Innen gegenüber Aussen nicht mehr als richtig ansehen, sich ausdehnen und vermehrt Natrium-Ionen ins Zellinnere gelangen lassen.[101]

101 S. zum Beispiel: G. Löffler: Basiswissen Biochemie, S. 682; N. Campbell: Biologie, S. 1487 ff.

Das Entscheidende in der in Abbildung 3 dargestellten Wandlung besteht darin, dass das *Verteilungsmuster* (oder Verteilungspattern) der Kalium- und Natrium-Ionen – Kalium innen, Natrium aussen – für die Zelle wichtig ist. Einerseits stellt sie solche und ähnliche Pattern selber aktiv her, andererseits macht sie ihre eigenen Tätigkeiten davon abhängig, welche Veränderungen des Musters sich als Folge der Tätigkeiten der umgebenden Zellen ergeben. Dies tut die Zelle mittels von grossen Proteinen, welche die ganze Membran durchbohren (KBP) und die sich so verhalten, dass die Zelle damit die Ziele erreichen kann, welche sie sich selber gesteckt hat. So können Muster in der Umgebung eines Organismus (in diesem Fall einer Zelle) zu einem Zeichen gemacht werden und eine bestimmte Bedeutung bekommen, ohne dass die Umgebung diese Muster als intentionale Zeichen absichtlich produziert hätte.[102] Die Bedeutung entsteht dadurch, dass ein Organismus die Umgebung unter bestimmten Aspekten oder unter dem Gesichtspunkt einer bestimmten Idee erfasst.[103]

Angesichts der Tatsache, dass Wandlungen eine grundlegende und häufige Tätigkeit von Zellen und Lebewesen überhaupt darstellen, angesichts der Tatsache auch, dass jede Beurteilung der Umwelt *einen Vergleich der vom Lebewesen mitgetragenen inneren Norm* mit den in der Umgebung vorgefundenen nötig macht, und angesichts der Tatsache, dass auf der Ebene menschlicher Sprache bei der Verwendung von Adjektiven jedes Mal eine Wandlung vorausgehen muss, veranlasst den Arzt und Philosophen P. Canguilhem dazu, zu sagen, dass „Leben letztlich eine normative Aktivität" sei.[104]

c. Das Zeichen als Objekt

Zeichen sind selber auch Objekte. In diesem Zusammenhang bedeutsam ist die Eigenschaft von gewissen Objekten (oder Nexūs), in ganz langsam ablaufende Prozesse verwickelt zu sein, so dass bei ihnen der Eindruck entsteht, keine Veränderungen in der Zeit aufzuweisen. Zeichen – v. a. intentio-

102 Sog. natürliches Zeichen (siehe Abschnitt III3b und R. G. Millikan: Die Vielfalt der Bedeutung, S. 55 ff.).

103 A. N. Whitehead: Prozess und Realität, S. 72 und 456 ff.

104 P. Canguilhem: Das Normale und das Pathologische, S. 82 und 85 f.

nale Zeichen – sind in vielen Fällen Nexūs, die sich nur langsam verändern. Dies hat den Vorteil, dass sie als ‚Bedeutungs'-Träger diese Funktionen so schnell nicht verlieren, dass sich somit die Gefahr des Verlusts von Zeichen und der mit den Zeichen transportierten Ideen verringert.

Die ‚Objekthaftigkeit' ist allen Zeichen gemeinsam und sie kennt jeder, welcher schon einmal damit beschäftigt war, Bibliotheken oder CD-Sammlungen zu ordnen oder gar zu zügeln. Auch die Informationsträger und Bedeutungsträger des genetischen Codes können als Objekte ins Gewicht fallen. Werden beispielsweise bei Krebsbehandlungen grosse Mengen von Zellen zerstört, so können die dadurch anfallenden Zeichen in Form von DNA und RNA, welche die Informations- und Bedeutungsträger des genetischen Codes bilden, die Ausscheidungskapazitäten der Niere übersteigen und zu Nierenversagen führen.

Zeichen können einzeln vorkommen. Es handelt sich in diesem Falle um (a) sog. ‚*Zeichen-Token*'. Sie sind häufig, kann doch fast jedes Eine für ein Anderes von Bedeutung sein und so verstanden als ein (natürliches) Zeichen fungieren.

Von (b) ‚*Zeichen-Typen*' kann dann gesprochen werden, wenn damit eine Art oder eine Klasse von Zeichen angegeben werden soll. Ob beispielsweise ‚A' ein Zeichen-Token oder ein Zeichen-Typ darstellt, lässt sich häufig ohne zusätzliche kontextuelle Angaben nicht entscheiden. Doch kann etwas vereinfachend gesagt werden, dass Zeichen immer dann als *Token* stehen, wenn sie Stellvertreter von Organismen oder Nexūs sind. Umgekehrt beziehen sich Zeichen-*Typen* in der Regel auf andere Zeichen.

Zeichen-Typen als Zeichen, welche sich auf andere Zeichen beziehen, sind im Gegensatz von Zeichen-Token ein seltenes Phänomen, welches, so scheint es, einzig im Bereich der spezifisch menschlichen Lebensweise anzutreffen ist und in engem Zusammenhang mit der Abstraktionsfähigkeit des Menschen steht.

Zeichen können (c) Sachen oder Gegenstände sein, welche für einen Aspekt oder eine Qualität einer Vielzahl von Objekten (eines Nexūs) stehen, und diese einem Interpreten vermitteln. Zeichen dieser Art heissen ‚*Wandler*'. Ein Wandler ist das Ding, welches es möglich macht, eine Umgebungsqualität zu erfassen. So ist z.B. das in Abbildung 3 beschriebene Kanal-bildende Protein (KBP) (genauer: dessen die Passage von spezifischen Ionen bestimmende Öffnungsgrad) ein Wandler. Er zeigt an, welches Verteilungsmuster von Natrium- und Kalium-Ionen im Bereich der Zellmembran vorliegt. Das Auge, um ein weiteres Beispiel zu nennen, erfasst die Umwelt vorzugsweise in Bezug auf elektromagnetische Wellen und deren Frequenzmuster; es wird dadurch zu einem Wandler, indem es elektromagnetische Wellen in ein Muster von aktivierten Fotorezeptoren verwandelt. Ein Thermometer, bzw. die Länge seiner Quecksilbersäule, stellt einen Wandler in Bezug auf ‚warm-kalt' dar, der allerdings einzig im Rahmen der menschlichen Kulturgemeinschaft Bedeutung produzieren kann.

3. Theorie des Erfassens

a. Allgemeines

Der Begriff des ‚Erfassens' (‚prehension') für das Verständnis von Leben ist von so zentraler Bedeutung, dass es nötig wird, ihn genauer zu explizieren.[105]

Das Erfassen kann auch als ein Erlebensprozess (‚occasion of experience') bezeichnet werden und stellt wie jeder Prozess eine Beziehung dar, in der ein Vergehendes (ganz oder teilweise) in ein Werdendes übergeht. Bei einem Erfassen lassen sich die folgenden Elemente unterscheiden: (i) das *erfassende Subjekt* und (ii) das *erfasste Objekt*, bzw. die erfassten Objekte. Es findet sich mit anderen Worten beim Erfassen immer ein teilweiser oder vollständiger Übergang von einem oder mehreren Objekten in ein erfassendes Subjekt. Als weiteres, notwendiges Element ist (iii) eine *emotionale Tönung* unabdingbar. Sie liefert als eine Art Motor die Motivation oder den Trieb, welche für das Zustandekommen eines jeden Prozesses unabdingbar ist.[106]

Ein altgedientes Modell, um die Erkenntnisrelation graphisch zur Darstellung zu bringen, ist in Abbildung 4a zu sehen. Dabei werden zwei Dinge deutlich: Zum einen bilden das Erkenntnisobjekt und das erken-

105 Die dazugehörige, ausführliche Theorie des Erfassens findet sich in A.N. Whitehead: Prozess und Realität, S. 222ff. und S. 401ff.

106 Siehe Abschnitt III4a.

nende Subjekt zwei feste Blöcke – Relata genannt –, die zwar in Beziehung stehen, für welche die Relation aber etwas Äusserliches, etwas Akzidentielles darstellt. Die beiden Relata sind als Substanzen oder Substrate in ihrer Essenz durch das In-Relation-Stehen nicht betroffen.

Abbildung 4a: Erkenntnisrelation (1).

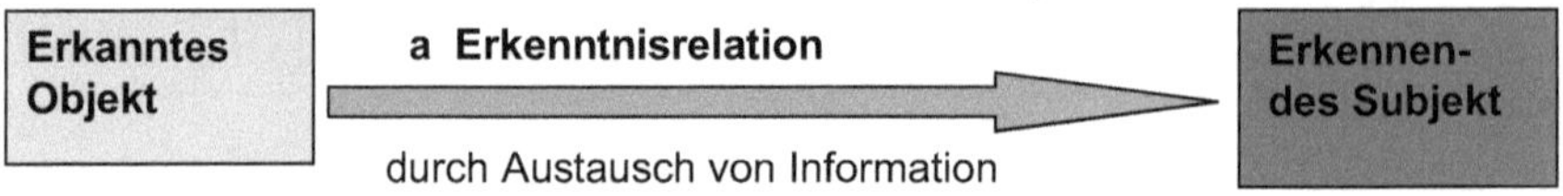

Diese Art von Erkenntnisrelation hat ihr Vorbild in einfachen Vorgängen, bei welchen beispielsweise ein Lieferant dem Adressaten eine Warenlieferung zuschickt (Abbildung 4b). Sie stellt eine Beziehung zwischen zwei Entitäten dar, welche durch den Austausch von Dingen – Information, Waren etc. – in Beziehung stehen.

Abbildung 4b: Erkenntnisrelation (2).

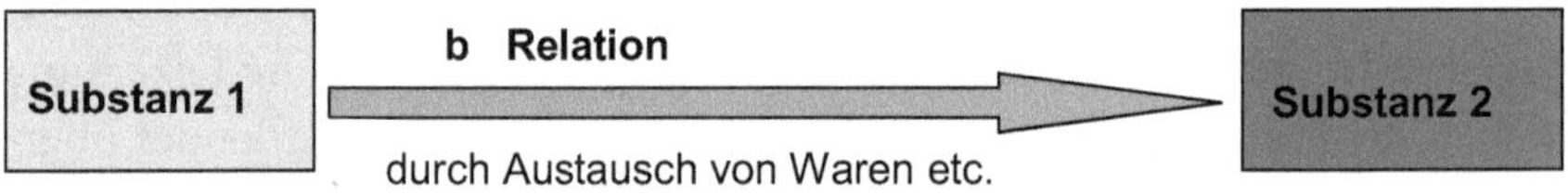

Zwar bestand seit jeher die Vermutung, dass es sich beim Erkennen nicht nur um einen Austausch von irgendwelchen Gegenständen handeln kann, doch vermochten die in diesem Zusammenhang seit Platon und Aristoteles ins Spiel gebrachten Vorschläge allesamt nicht zu überzeugen. D. Hume brachte diese Problematik schliesslich auf den Punkt, als er eingestand: „Die Sinneswahrnehmung entsteht in der Seele ursprünglich aus unbekannten Ursachen."[107]

Im Anschluss an Hume bestand ein zentrales Anliegen der Philosophie darin, das Zustandekommen von Sinneswahrnehmung und damit der Erkenntnis zu lösen. Dabei konzentrierte man sich v. a. auf das erkennende *Subjekt*; dies mit der Konsequenz, dass die Erkenntnisrelation

107 D. Hume: Ein Traktat über die menschliche Natur, Teil I, 2. Abschnitt.

weiterhin unverstanden blieb und sich darüber hinaus das *Objekt* zunehmend aufzulösen und in eine Fiktion zu verwandeln begann.

Das in den Abbildungen 4a & b gezeigte Modell von Beziehung führt in wesentlichen Belangen in die Irre. Es handelt sich um das bereits in I2 kritisierte substanzontologische Modell, welches sich bei der Beschreibung toter Gegenstände, wie dies insbesondere Maschinen sind, noch einigermassen bewährt, bei den komplexen Relationen der Lebewesen aber versagt. Wenn es darum geht, Lebewesen besser zu verstehen, lässt eine andere, aus dem Alltag bekannte Beziehung ein erstes Verständnis dessen wecken, wie sich (Erkenntnis-)Beziehungen auf neue Art und Weise verstehen lassen. Das Beispiel handelt von der Beziehung, welche die Katze mit der Maus, welche sie gerade dabei ist, zu fressen, unterhält. Hier stehen sich nicht zwei immobile und starre Blöcke oder Relata gegenüber, welche Gegenstände austauschen. In diesem Falle besteht die Beziehung in der für die Maus unangenehmen Tatsache, dass sie als das erfasste Objekt gänzlich in das erfassende Subjekt übergeht und so ein Teil von letzterem wird. Dieses Modell des teilweisen oder gänzlichen Gefressenwerdens sollte man sich vor Augen halten, wenn es in den nächsten Abschnitten darum gehen wird, Beziehungen und Prozesse in ein neues Licht zu stellen.

b. Das (physische) Erfassen

Das Erfassen lässt sich am besten graphisch zur Darstellung bringen, weshalb die folgenden Abbildungen 5 bis 8 für das bessere Verständnis wichtig sind. In Abbildung 5 ist mit aE/aO 1 ein erkennendes Subjekt, welches immer auch ein erfassendes Subjekt ist, dargestellt, zu sehen. Das Erkennen als Spezialfall des Erfassens stellt eine Beziehung dar. Weitere Formen des Erfassens sind – neben der Erkenntnisrelation – das Fressen, die sexuelle Vereinigung oder der mechanische Zusammenstoss.

Abbildung 5: Das Erfassen.

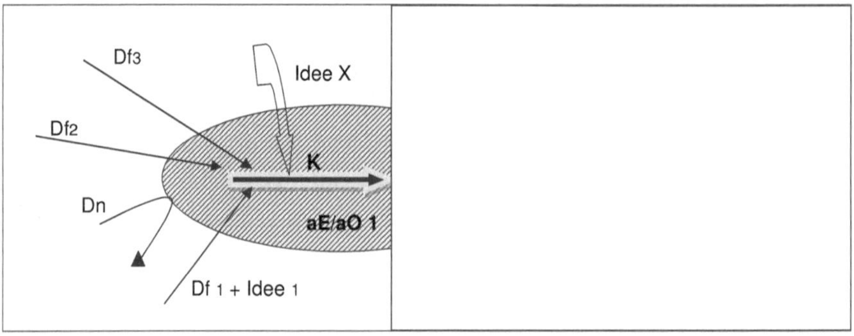

Legende:

Dn =	negativ erfasstes Datum	K	= Konkretisierung
Df =	gefühlte Daten oder positiv Erfasstes (inklusive hybrid erfasste Ideen 1)	Schraffierung	= subjektive Form oder affektive Tönung

Das Zusammenkommen von physischen Daten (Df1–3, Dn) mit einem Subjekt, welches sich in einer individuellen Verfassung befindet (in diesem und den zwei folgenden Schemata durch die gelbe bzw. rosa Farben dargestellt, ergibt ein ‚aktuales Ereignis' (aE/aO 1). Dieses Ereignis kann auch als ‚Geschehen', ‚Werden', ‚concrescence' oder ‚Konkretisierung' (K) bezeichnet werden. Es handelt sich ausserdem um einen Prozess, der von Anfang an auf ein Ziel hin ausgerichtet ist. Das Subjekt hat sich sein Ziel in Form einer Idee gesetzt, welche entweder hybrid (‚Df1 + Idee 1') übernommen werden kann oder neu eintritt (‚Idee X').[108] Dabei ist es so, dass einfache Organismen viele Daten von Anfang an eliminieren. Dies ist so, weil es nicht möglich ist, diese in die weitere Entwicklung der werdenden aE/aO zu integrieren (in Abb. 5 als Dn bezeichnet).[109] Umgekehrt sind komplexe Organismen, wie dies Zellen, Pflanzen oder Tiere darstellen, fähig, eine Vielzahl unterschiedlicher Elemente zu erfassen und in eine komplexe und kontrastreiche neue aE/aO auf ein Ziel hin auszurichten.

108 Wie dieses X zu verstehen ist, wird in Abschnitt e dieses Kapitels und in VIII 4 & 5 besprochen.

109 A.N. Whitehead: Prozess und Realität, S. 94f. und 401ff.

c. Die Erfüllung

Hat eine aE/aO ihr Ziel erreicht, wird dies ‚Erfüllung' (E) genannt. Im Moment der Erfüllung ist die aE/aO zu einem vollständig determinierten Sachverhalt geworden. Dieser Moment ist in Abbildung 6 festgehalten. Allerdings geht die Darstellung noch ein wenig weiter, indem sie mittels von Pfeilen bereits die darauf nachfolgende Phase andeutet, welche diejenige der Objektivierung ist. Der Moment der Erfüllung selber ist nämlicher ein virtueller, der, kaum ist er erreicht, augenblicklich in die nächste Phase eines immerwährenden prozessualen Geschehens übergeht.

Abbildung 6: Die Erfüllung

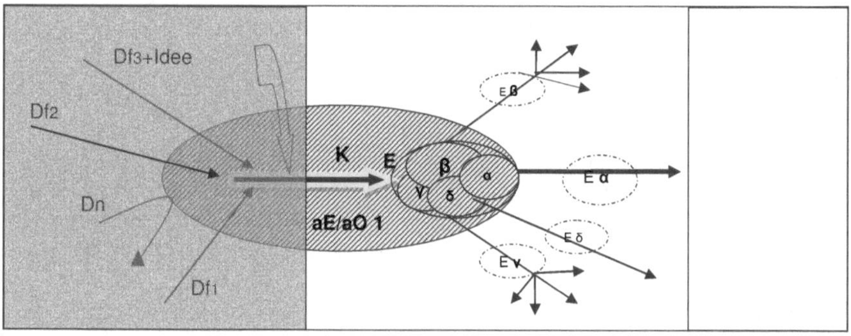

Legende:

aE/aO 1	=	zur Erfüllung gelangende aE/aO	K	=	Konkretisierung
E	=	Erfüllung	Schraffierung	=	subjektive Form oder affektive Tönung
Eα-δ	=	verschiedene Aspekte eines vollständig bestimmten Sachverhalts, vollständige Aktualisierung von aE/aO 1	Schattierung links	=	Vergangenheit

d. Die Objektivierung

Sobald eine aE/aO ihre Erfüllung erreicht hat, löst sie sich auf und bietet sich dar, um in anderen aE/aO objektiviert fortzudauern. Auf der rechten Seite des Schemas in Abbildung 7 wird deutlich, worin das Neue dieser Konzeption besteht: Das In-Relation-Stehen ist recht eigentlich ein Sich-

Ergiessen von aE/aO 1 in aE/aO 2 (und weitere, hier nicht abgebildete aE/aO). Eine aE/aO vergeht als selbstständige Entität, um ein Objekt anderer aE/aO zu werden, von ihnen objektiviert zu werden.

Abbildung 7: Die Objektivierung.

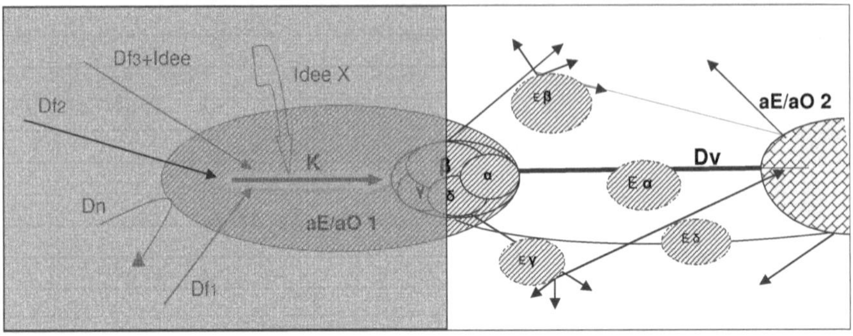

Legende:

aE/aO 2	=	objektivierende aE/aO	K	=	Konkretisierung
Eα-δ	=	(initiale) Daten von aE/aO 1, die objektiviert werden können	Schraffierung	=	subjektive Form oder affektive Tönung
			Schattierung links	=	Vergangenheit

Die Aufteilung, welche aE/aO 1 bei ihrer Objektivierung erfährt, darf nicht als eine geometrische oder mathematische missverstanden werden: Jeder Teil führt, einem Fraktal ähnlich, die gesamte aE/aO mit sich.[110] Dies ist durch die verschiedenen Blasen Eα, Eβ, Eγ und Eδ zur Darstellung gebracht, welche je einen anderen Aspekt von aE/aO 1 ausdrücken, dabei aber die wichtigen formalen Eigenschaften der ganzen Herkunfts-aE/aO beibehalten und weitergeben. Zwar steht in jedem der objektivierten Teile wieder ein anderer Aspekt von aE/aO 1 im Vordergrund. So kann beispielsweise Eα für die Stimme, welche von aE/aO 1 in die Umgebung übergeht, stehen. Dabei trägt der Schall der Stimme die Person als

110 Mit Fraktalen ist die Eigenschaft gemein, dass die Begrenzungslinie bzw. Oberfläche nicht glatt, sondern in charakteristischer Weise komplex strukturiert ist. Und zwar ähnelt die Begrenzung bei beliebiger Verkleinerung oder Vergrösserung ihrem eigenen Bild (= sog. Selbstähnlichkeit).

Ganze und als Individuum in sich. Er macht nicht nur (durch die Sprache vermittelte) Aussagen, sondern gibt die Individualität von aE/aO 1 als ganze weiter und verrät dabei insbesondere auch deren gegenwärtige subjektive Gestimmtheit. Aus diesem Grund wird es beispielsweise möglich, zu erkennen, welche Person spricht und ob ihre Stimmungslage eher gereizt, fröhlich oder traurig ist.

Eine zur Erfüllung gelangte aE/aO hat Auswirkungen auf viele andere aE/aO, d.h. sie wird durch viele andere aE/aO objektiviert. So wird, wenn in Abbildung 7 Eα eine sprachlich/stimmliche Aussage bezeichnet, letztere von ein paar anderen aE/aO *verstanden*, nämlich von all denen, welche der Sprache, welche aE/aO 1 spricht, mächtig sind. *Gehört* wird sie dagegen in der Regel von einer sehr viel grösseren Zahl von aE/aO; nämlich von all denen, welche Ohren besitzen und von den Schallwellen erreicht werden können.

Wenn Eβ die Auswirkung der erfüllten aE/aO 1 in Form von Gravitation bezeichnet, so wird erst recht ersichtlich, dass für den praktischen Gebrauch dieser von einem einzelnen aE/aO ausgehende Effekt zwar häufig unbedeutend sein mag, dass er nichtsdestotrotz faktisch, d.h. in minimalem Ausmass, *alle* anderen aE/aO erreicht. (Ich habe dies in Abbildung 7 mit der Aufsplitterung der Pfeile bei Eβ darzustellen versucht) Es besteht so zumindest über gewisse Kanäle eine faktische *Allverbundenheit* der aE/aO untereinander; die Gravitation gehört zu den allverbindenden Kanälen, das Aufstellen von sprachlichen Aussagen gehört nicht dazu.

e. Der Konkretisierungsprozess

In den Abbildungen 5 und 7 werden die Eckpunkte im Werden einer jeden aE/aO dargestellt: das anfängliche Erfassen von Daten zu Beginn und die Erfüllung am Schluss. Dazwischen liegt ein dem Blick von aussen entzogener Prozess, während welchem eine aE/aO zu dem heranwächst, was sie ist. Dieser Vorgang nennt sich ‚Konkretisierung ' und wird in Abbildung 8 schematisch dargestellt.[111]

111 Abbildung adaptiert nach D.W. Sherburne: A Key to Whitehead's *Process and Reality*, S. 40.

Abbildung 8: Der Konkretisierung.

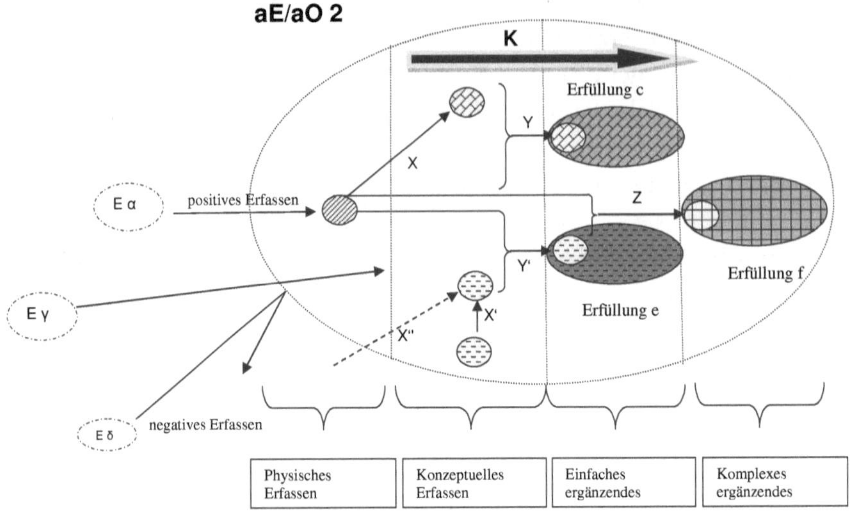

Legende:

aE/aO 2	= objektivierende aE/aO	X - Z	= Herkunft der Daten
Eα + Eδ	= initiale Daten von aE/aO 1, die objektiviert werden können	a - f	= verschiedene Konkretisierungsschritte
Schraffierung	= subjektive Form oder affektive Tönung	a + b	= initiales Erfassen
K	= Konkretisierung	a, b + c	= reaktives Erfassen (es kommen keine eigenen Ideen dazu)
		e	= aussagenartiges Erfassen
		f	= vergleichendes Erfassen

Es handelt sich dabei um einen Blick ins *Innere* einer werdenden aE/aO, in der sich eine ganze Reihe von Teilprozessen abspielt. Die Konkretisierung unterliegt Regeln (sog. kategoriale Verbindlichkeiten).[112]

Die erste Phase des Erfassens ist links im Schema dargestellt und entspricht im Wesentlichen Abbildung 5. Es handelt sich um das sog. physische Erfassen. Dabei werden Daten – im angegeben Fall Eα – unverändert aufgenommen und dem weiteren Werden von aE/aO 2 zur Verfügung gestellt. Dieser erste Schritt geschieht nie isoliert, sondern ist zumindest von *einem* zusätzlichen Schritt begleitet. Denn jedes noch so einfache Er-

112 A. N. WhiteheadProzess und Realität, 71 ff.

fassen bleibt nie rein physisch, sondern erzeugt augenblicklich einen dazu passenden mentalen Pol. Dieser Vorgang ist in Abbildung 8 mit ‚X' bezeichnet, der korrespondierende mentale Pol kommt mit ‚b' zur Darstellung und die darin enthaltene affektive Tönung drückt sich in den unterschiedlichen Schraffierungen der Kreisflächen aus.

Im geistigen Pol wird eine Idee, welche als Ziel des weiteren Werdens der aE/aO fungiert, im Fall von ‚b' quasi frei Haus durch das erfasste Datum X mitgeliefert und telquel übernommen. Viele einfache aE/aO zeigen nur eine einfache Entwicklung, bei welcher der mentale Pol rein *reaktiv* zusammen mit dem physisch Erfassten übernommen wird. Die unverändert von dem Vorgänger aE/aO übernommenen Ideen werden aber immer auch mit einer affektiven Tönung versehen, welche in diesen einfachen Organisationsformen ganz primitiver Art ist, und sich einzig in Form eines ‚+' (Attraktion, Verstärkung, Affinität) oder eines ‚–' (Repulsion, Abschwächung, Aversion) äussert. Dabei bedeutet ein ‚+', dass sich die aE/aO mit dem, was von Vorgänger-aE/aO reaktiv übernommen wurde, solidarisiert. Ein ‚–' bedeutet umgekehrt, dass sie sich mit dem Erfassten nicht solidarisiert und so die Einflüsse von außen und die Verbundenheit mit dem umgebenden Nexus schwächt; es bedeutet, dass sie sich tendenziell daraus löst und den Nexus-inhärenten Leitideen nur in abgeschwächter Form oder gar nicht mehr Folge leisten wird.

Diese Vorgänge lassen sich anhand der Nexusbildung innerhalb menschlicher Sozietäten veranschaulichen: Der Nexus sei in Form einer Fangemeinschaft einer Fussballmannschaft in einem grossen Stadium gegeben. Ein ‚+' – reaktives Erfassen der Leitideen der Fangemeinde wird sich in einem automatischen Mitmachen äussern, wenn beispielsweise die Hola-Welle durch das Stadium wogt. Ein ‚–' – reaktives Erfassen zeigt sich umgekehrt darin, dass ein Mitglied der Fangemeinde bei der Welle sitzen bleibt, weil es von der ganzen Sache doch nicht so begeistert ist und vielleicht sogar daran denkt, das Stadium frühzeitig zu verlassen.

Der Vorgang der unveränderten Übernahme des physisch Erfassten mitsamt der darin enthaltenen Ideen, welch letztere subjektiv entweder *auf-* oder *abgewertet* werden, heisst *‚physische Zwecksetzung'* und ist in Abbildung 8 mit ‚c' bezeichnet. An diesem Punkt kommen viele einfache Organismen bereits zum Abschluss der Entwicklung, sie kommen zu ihrer Erfüllung.

Im unteren Teil der Abbildung 8 wird mit ‚d' eine Entwicklung angezeigt, in welcher neben der in ‚a' sowieso enthaltenen Idee eine zusätzliche in ‚a' per se nicht enthaltene Idee dazukommt. Letztere ist in der werdenden aE/aO deshalb vorhanden, weil es sich – dies ist im Schema mittels Eγ angedeutet – bei einem Konkretisierungsprozess in der Regel um die Integration von ganz *vielen verschiedenen* Daten handelt. In jedem verwendeten Datum sind Ideen enthalten, welche sich wieder neu kombinieren lassen. Dabei entspricht die Neukombination immer auch einem kreativen Akt, der dazu führt, dass es für Aussenstehende schwierig ist, vorauszusagen, wie das Resultat eines solchen Prozesses aussehen wird. Manchmal ist es sogar so, dass von der werdenden aE/aO auch Ideen dazugegeben werden, welche ganz neu sind.

Das Eintreten ganz neuer Ideen ist ein Vorgang, der einerseits von grossem allgemeinem Interesse ist, da es sich dabei um die relativ seltenen, wichtigen Momente handelt, durch welchen in der Welt genuin Neues aktualisiert wird. Das Entstehen neuer chemischer Elemente kurz nach dem Urknall oder des genetischen Codes und die Erfindung des Rades sind markante Beispiele dafür.

Das Zusammenkommen von ‚a' und ‚d' in Y' ergibt eine komplexe Art des Erfassens und der Konkretisierung; es ergibt ein sog. *‚aussagenartiges Erfassen'* (e). Aus der Kombination von physisch Erfasstem mit Ideen, welche nicht direkt im physisch Erfassten enthalten sind, entstehen somit Aussagen.

Worin besteht der Unterschied zwischen dem aussagenartigen Erfassen (e) und einer physischen Zwecksetzung (c)? Was heisst es konkret, wenn neben der Idee, welche im Erfassten sowieso enthalten ist , von der werdenden aE/aO eine zusätzliche Idee beigegeben wird? Das folgende konkrete Beispiel soll diesen Prozess anschaulich werden lassen: Ein Chinese spricht mit einem anderen Chinesen, während Herr Meier gerade an den beiden vorbeigeht. Herr Meier hört, dass die beiden miteinander sprechen, das heisst, er erfasst das gesagte physisch. Da er Chinesisch aber nicht versteht, wird er sehr wahrscheinlich das Gehörte bzgl. der Wertigkeit für seine eigene weitere Entwicklung als unwichtig einschätzen und er wird innert Sekunden vergessen haben, dass da zwei Chinesen miteinander sprachen. Es handelt sich in diesem Fall um eine (subjektiv) abgewertete physische Zwecksetzung. Oder anders gesagt: Herr Meier hört, dass da etwas gesprochen wird, doch hat dieses für ihn keine Wichtigkeit, weil er, des Chinesischen nicht kundig, nicht fähig ist, das physisch Erfasste mit zusätzlichen Ideen zu versehen. Das Gehörte hat für ihn keine *Bedeutung*. Das ändert sich, wenn Herr Meier die chinesische Sprache zu verstehen vermag, weil er die Bedeutung dieser Lautzeichen memorisiert hat und bei Bedarf abrufen kann. Erst in diesem Fall werden die Worte, welche die beiden vorbeigehenden Chinesen austauschen, zu Aussagen und der Zeichenprozess setzt sich nicht nur in der Richtung von Chinese 1 zu Chinese 2, sondern auch von Chinese 1 zu Herrn Meier fort.

Zusätzlich sei noch darauf hingewiesen, dass im Rahmen von erfassten Aussagen immer ein physisch Erfasstes (im obigen Beispiel sind es die chinesischen Sprachlaute) gibt. Nur wo dieses geschieht, kann anschliessend noch zusätzlich eine Bedeutung beigegeben werden. Ist Herr Meier beispielsweise gehörlos, kann er das Gespräch der Chinesen trotz perfekter chinesisch Kenntnisse nicht verstehen. Laute besitzen im gehörlosen Herrn Meier keinen sog. ‚geometrischen Ort'.

In Abbildung 8 ist mit ‚f' eine noch komplexere Art des Erfassens dargestellt: Das *‚vergleichende Erfassen'*. In diesem Fall wird physisch Erfasstes (‚a') mit einer bereits bestehenden Aussage (‚e') verbunden. Dies ist in mindestens zwei verschiedenen Situationen möglich. Nämlich erstens, wenn aE/aO 1 (d. h. das erfasste Objekt) über mehr als einen Kanal erfasst wird. Diese Möglichkeit wurde im Schema 8 dadurch angedeutet, dass hier nicht nur Erfüllung α ($E\alpha$), sondern auch Erfüllung γ ($E\gamma$) positiv erfasst werden, wobei sowohl $E\alpha$ als auch $E\gamma$ von aE/aO 1 stammen. Erfasst beispielsweise aE/aO 2 mit der Aussage: „Ich höre eine Katze fauchen" ($E\alpha$) und kurz darauf erfasst sie unter $E\gamma$ visuell etwas, das ganz und gar nicht zur soeben gemachten Aussage passt, z. B. , dann stimmt das physisch Erfasste mit der Aussage, welche sich auf den Erfassungskanal des Gehörs abstützte, nicht überein. Es entsteht ein durch die Ungereimtheit verursachtes Gefühl der Spannung.

Eine weitere Möglichkeit, wie vergleichendes Erfassen zustande kommt, besteht darin, dass die erfassende aE/aO bereits eine fixe (erlernte oder ererbte) Aussage kennt. Passt das neu Erfasste nicht zum bereits Vorhandenen, dann kommt wiederum der ganze Werdensprozess so lange ins Stocken, bis die Differenz behoben ist.

Die Theorie des Erfassens macht hier einen Bogen zur Zeichenlehre zurück. Das ist deshalb so, weil das vergleichende Erfassen mit dem Aufstellen von Argumenten zusammenfällt. Zu diesem Zweck sei Abbildung 2 nochmals in Erinnerung gerufen und in Abbildung 9b graphisch etwas anders wiederholt. Die Zelle besitzt ein ererbtes Wissen davon, wie eine DNA-Doppelhelix richtig aussieht; sie trägt ein Bild der Art mit sich, das demjenigen in Abbildung 9a entspricht. Erfasst sie nun, wie in 9b dargestellt, (physisch) ein abweichendes Bild, so entsteht die bereits oben beschriebene Spannung zwischen physisch Erfasstem und bereits vorhandenen Aussagen.

In den beiden genannten Beispielen ist die Auflösung der Spannung zwischen Aussage und physisch Erfasstem einfach zu bewerkstelligen. Im ersten Fall, demjenigen der fauchenden Katze (bzw. Schlange) korrigiert das Gesehene die Aussage, welche sich aufgrund des Gehörten ergeben hat, denn das Gehörte – das Fauchen – ist auch mit dem Gesehenen – der Schlange – kompatibel, währendem die umgekehrt nicht der Fall ist –  ist mit einer Katze nicht kompatibel. Anhand dieses Beispiels zeigt sich zudem ein erstes Aufscheinen von einfachen logischen Mustern.

Im zweiten Beispiel ist die Auflösung genetisch vorgegeben. Die Spannung wird immer zugunsten der vorgegebenen, der genetisch memorisierten Aussage entschieden. Diese Spannung zwischen der in Abbildung 9a und 9b dargestellten zwei Möglichkeiten äussert sich als eine affektive Tönung, welch letztere im hier erläuterten theoretischen Bezugsrahmen ‚Bewusstsein' genannt wird.

Abbildung 9a: DNS-Abschnitt.

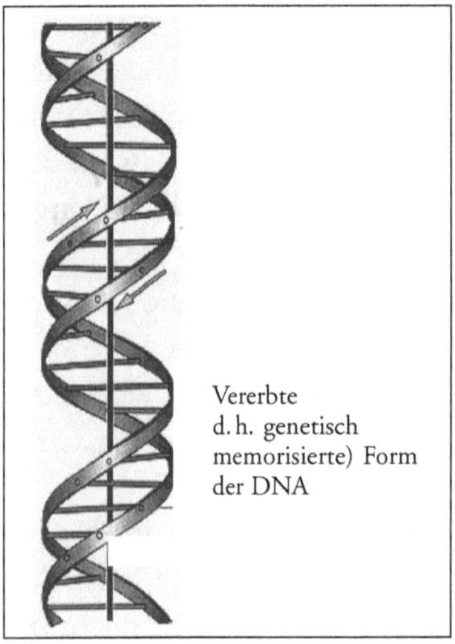

Abbildung 9b: Fehlerhafter DNS-Abschnitt.

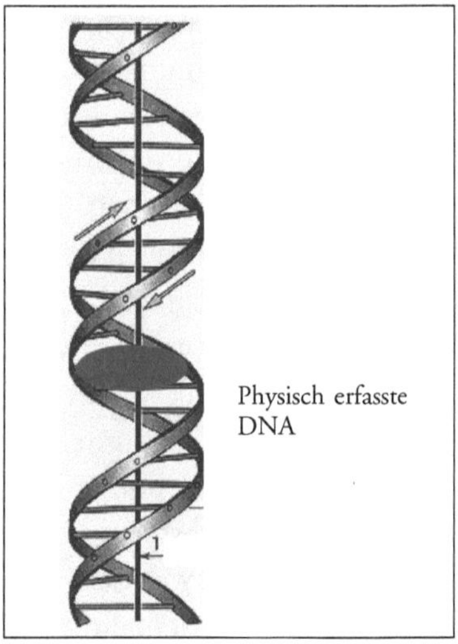

Bewusstsein wird als ein subjektives Erleben verstanden, das immer dann entsteht, wenn es zu Differenzen zwischen im Gedächtnis vorhandenen Aussagen und neuem physisch Erfasstem kommt. Das heisst mit anderen Worten, dass Bewusstsein nicht einfach mit den subjektiven Formen oder affektiven Tönungen, welche ja allen Organismen zukommen, gleichzusetzen ist. Bewusstsein ist ein engerer Begriff und umfasst nur ganz bestimmte affektive Tönungen, welche erst dann entstehen können, wenn so komplexe Formen des Erfassens im Spiel sind, wie dies beim vergleichenden Erfassen der Fall ist. Selbst das Erfassen des Menschen, so komplex und hoch differenziert es im Vergleich zu den meisten anderen Lebewesen ist, erfolgt meistens ohne Bewusstsein.

V. Einfache und komplexe Organismen

1. Der Code

a. Allgemeines

Der Begriff des ‚Codes' wurde v.a. im Rahmen der allgemeinen Systemtheorie in den wissenschaftlichen und philosophischen Diskurs eingeführt. Er bezeichnet ein zusammenhängendes und geordnetes System von Zeichen. Dieses System unterliegt Ordnungsegeln, welche besagen, *wie* die Zeichen miteinander verbunden werden müssen, damit dadurch ein geordnetes Ganzes entsteht. Diese Regeln werden Syntax genannt. Die in einem Code enthaltenen Zeichen sind absichtlich geschaffen, es handelt sich um *intentionale* Zeichen. So wurde denn auch der Codebegriff zuerst für Zeichensysteme gebraucht, welche von Menschen geschaffen wurden (z.B. Morsecode oder Geheimcodes in der Spionage). Im Gegensatz dazu sind natürliche Zeichen erratisch und nicht Teil eines Systems.[113]

Auf die Bedeutung von Codes innerhalb der Natur wurde man erst richtig aufmerksam, als im Laufe der 60iger Jahre des letzten Jahrhunderts der sog. Gencode entschlüsselt und in seiner für alles Leben enormen Bedeutung erkannt wurde. Seither steht der genetische Code als Exempel dafür, wie Zeichensysteme das Geschick von Lebewesen bestimmen und wie es bei Störungen der codevermittelten Produktion von Aussagen zu biologischen Katastrophen (z.B. zu schweren Erbkrankheiten) kommen kann.

Der Gencode war zu Lebzeiten Whiteheads noch nicht bekannt. Und doch finden sich bei ihm verschiedene Vorläufer und Vorgriffe auf kommende biologische Entdeckungen.[114] Sie genügen aber nicht, um als

113 Natürliche versus intentionale Zeichen siehe Abschnitt III3b) und Glossar.

114 Dazu gehören insbesondere seine Begriffe des ‚gemeinsamen Formelements' und des ‚herrschenden' oder ‚uneingeschränkt lebenden Nexus' (A.N. Whitehead: Prozess und Realität, S. 84f. und 200f.).

Grundlage einer zeitgemässen Konzeption der Ordnung innerhalb der Organismen zu dienen. Aus diesem Grund wird es in den nächsten Kapiteln nötig sein, auf der Basis wissenschaftlicher Erkenntnisse der letzten Jahrzehnte zu zeigen, in welcher Weise Organismen ihre Ordnung schaffen und aufrechterhalten und welche Rolle Zeichensysteme – Codes – dabei spielen.

In den vorangegangenen Kapiteln war von Kategorien die Rede, die allem Leben gemeinsam sind – Codes gehören dazu. Dies darf aber nicht darüber hinwegtäuschen, dass gerade in dieser Hinsicht zwischen einfachen und komplexen Organismen grosse Unterschiede bestehen. So folgen Atome gemäss dem heutigen Stand des Wissens nur einem einzigen Code, währendem bei Tieren zusätzlich ein genetischer, ein humoraler und ein neuronaler Code aktiv sind (Tabelle 2). Von diesem einfachen, quantitativen Unterschied, welcher sich an der Anzahl Codes innerhalb eines Organismus festmachen lässt, leitet sich die enorme Differenz zwischen dem relativ einfachen Bau eines Atoms einerseits und der unglaublichen Komplexität eines tierischen Organismus andererseits ab.

Die Herstellung und Verbreitung der in einem Code enthaltenen Zeichen untersteht einer speziellen, dafür verantwortlichen, sog. ‚herrschenden Untergesellschaft'. Hier werden die Zeichen produziert und dem Gesamtorganismus zur Verfügung gestellt. Jedem einzelnen Mitglied eines Organismus wird codevermittelt der ihm zukommende, spezifische und individuelle Platz zugewiesen.[115] Dabei besteht eine wesentliche Herausforderung darin, sicherzustellen, dass die Zeichen mit ihrer Information auch dorthin gelangten, wo es für das Leben des Organismus wichtig und nötig ist.

Die ordnende Macht eines Codes zwingt die aE/aO, welche dessen Aussagen verstehen können, zur Unterwerfung. Eine Code generierende Gesellschaft macht die den Code erfassenden aE/aO zu Untertanen, welche so ihrer Wahlfreiheit verlustig gehen. Diese straff organisierte Ordnung findet sich überall dort, wo Lebewesen zu finden sind, und lässt die Frage aufkommen, ob es im Bereich des Lebens, wo Codes diese herrschende Rolle spielen, noch so etwas wie Freiheit geben kann, und wenn ja, wo sie sich in diesem Falle versteckt zu halten pflegt.

115 A.N. Whitehead: Abenteuer der Ideen, S. 370 und: Wissenschaft und moderne Welt, S. 98.

Die Frage der Freiheit ist komplex. An dieser Stelle sei nur so viel gesagt: Die Unterwerfung der in einem Organismus integrierten aE/aO ist zum einen nicht vollständig. Die Macht des Codes auf die Mitglieder eines Organismus, so gross sie manchmal auch erscheinen mag, wird durch verschiedene Gegenspieler relativiert. Dies ist beispielsweise die Wirkung anderer Codes, welche gleichzeitig im Spiel sind, zudem existieren Einflüsse aus der Umwelt, welche die Mitglieder einer Gesellschaft zu autonomem Handeln zwingen. Es entstehen auch immer wieder eigene, autochthon entstandene Zielsetzungen innerhalb des eigenen, geistigen Pols von aE/aO. Diese Tatsache macht sich immer wieder schmerzlich bemerkbar, wenn sich beispielsweise einzelne Zellen eines menschlichen Organismus dem genetischen Code, welchem sie unterstellt sind, entziehen und weitgehend autonom zu handeln beginnen. Sie regeln dann insbesondere ihr Wachstum selber und bilden, sich der Ordnung des Gesamtorganismus entziehend, formlose Tumore, welche zuerst das Leben des Wirtes und zuletzt ihr eigenes Leben in maligner Art und Weise bedrohen.

Bei komplexen, mehreren Codes unterworfenen Organismen geht die Handlungsfreiheit von *der* Teilgesellschaft aus, welche den jeweils *herrschenden Code* generiert. Dies sind bei Pflanzen die Phytohormone generierenden Untergesellschaften, bei Tieren und Menschen das ZNS. Bei den Menschen und anderen sprachbegabten Lebewesen spielen als weitere herrschende Instanzen die Sozietäten, in welchen sie leben, eine wichtige Rolle, auf die hier nicht genauer eingegangen werden soll. Die von der jeweils herrschenden Untergesellschaft ausgehenden Aktivitäten sind selber nicht wieder Code gesteuert, sondern erzeugen ihr jeweiliges Handlungsziel autonom und spontan. Es ist dies der Ort, wo Freiheit in erster Linie gesucht werden kann und sich festmachen lässt.

Als Nächstes sollen die fünf gegenwärtig bekannten, natürlichen Codes in knapper Form vorgestellt werden; danach wird es darum gehen, in groben Zügen zu zeigen, wie die verschiedenen Zeichensysteme in Beziehung zueinander stehen und welch immense Komplexität diese Zeicheninteraktionen erzeugen.

b. Atomarer Zahlencode

Bereits rund hundert Jahren vor der Entdeckung des Gencodes wurde ein anderes, mindestens ebenso wichtiges Aussagensystem entdeckt: das Periodensystem der Elemente.

Während beim genetischen Code dessen Aussagencharakter offensichtlich ist, und sich ein Vergleich mit dem Sprachcode in vielerlei Hinsicht geradezu aufdrängt, ist dies beim Periodensystem anders. Auf den ersten Blick werden darin die verschiedenen chemischen Elemente gemäss ihrer Atommasse in einer aufsteigenden Reihe geordnet. Bei genauerer Betrachtung wird aber ersichtlich, dass es sich dabei um eine sehr strikte und keineswegs selbstverständliche Ordnung handelt. Und diese sieht wie folgt aus: Jedem Element wird eine und genau eine natürliche, ganze Zahl beigegeben. (Oder umgekehrt ist jedes einzelne Element mit genau einer und nur einer Zahl vollumfänglich definiert). So bedeutet in diesem Zusammenhang die Zahl 16 beispielsweise ‚Sauerstoff', die Zahl 76 bedeutet ‚Osmium' und die Zahl 92 ‚Uran'. Diese Ganzzahligkeit der Zuordnung ist keinesfalls selbstverständlich und steht in direktem Zusammenhang mit der Anzahl positiv geladener Atomteilchen, den Protonen im massereichen Atomkern. Oder anders gesagt, die Zahl der Protonen diktiert den genauen Aufbau eines Atoms. Die Gesellschaften von subatomaren Teilchen erweisen sich, je genauer sie erforscht werden, als komplex. Sämtliche Eigenschaften der Gesellschaft subatomarer Teilchen werden einzig durch die *Zahl* der im Atom vorhandenen Protonen bestimmt. Ändert man letztere – wofür häufig ein grosser Energieaufwand nötig ist –, so ändern sich die im betreffenden Atom ablaufenden Vorgänge schlagartig und das Atom verändert sein Wesen und seinen Charakter vollständig.

c. Der Gencode

Bei diesem Code fällt dessen Ähnlichkeit mit dem menschlichen Sprachcode auf. Besonders eindrücklich ist die Tatsache, dass der genetische Code, als ein Code, der allen bekannten Einzellern und Bakterien gemeinsam ist, das komplexe Phänomen der *Zweigliedrigkeit* aufweist. Mittels nur gerade vier logischer Subjekte, nämlich den vier verschiedenen Purin- und

Pyrimidinbasen Cytosin, Adenin, Guanidin und Thymidin, ist es möglich, eine grosse Zahl von Aussagen zu generieren. Dies wird dadurch möglich, dass sich die vier Basen, Buchstaben gleich, in verschiedenen Kombinationen auf einer als Support dienenden Polynucleotidkette so anordnen, dass sie ‚Wörter' bilden, welche jeweils aus drei ‚Buchstaben' (sog. Basen-Tripletten oder Codons) bestehen. Mittels der so möglichen Kombinationen können maximal $4^3 = 64$ Wörter gebildet werden. Die *Ordnung* der auf der Polynucleotidkette aufgereihten Basen bildet den Inhalt oder das sog. ‚Prädikat' der Aussage, welches eine Idee aktualisiert.[116]

Damit nicht genug der Verwandtschaft des Gencode mit der menschlichen Sprache: Nicht nur, dass im Gencode eine Art drei-buchstabige Wörter gebildet werden; diese Wörter werden darüber hinaus zu Wortkombinationen zusammengestellt, welche, Sätzen gleich, für eine fast unbeschränkte Zahl von verschiedenen, z.T. äusserst komplexen Aussagen stehen. Zudem wird ein Teil der Basentripletten dazu verwendet, Interpunktionen zu generieren, bzw. die Sätze syntaktisch zu ordnen.

Der Gencode ist wie die menschliche Sprache eine Symbolsprache. Damit ist gemeint, dass die Bedeutung, welche jedes einzelne Codon trägt, eine willkürliche ist. So bedeutet beispielsweise die Basentriplette ‚Uracil – Cytosin – Adenosin', dass die Zelle die Aminosäure Serin und die Basentriplette ‚Cytosin – Uracil – Guanin', dass sie Leucin herstellen soll. Dies wurde irgendeinmal im Laufe der Naturgeschichte als Konvention in das grosse Reich der komplex aufgebauten Lebewesen eingeführt und wird seither von Generation zu Generation weiter vererbt. Diese Zuordnungen sind jedoch willkürlich und es gibt keinen zwingenden Grund, weshalb beispielsweise die Triplette ‚Cytosin – Uracil – Cytosin' nicht ‚Leucin' bedeuten soll. Und tatsächlich ist es so, dass diese Triplette ebenfalls ‚Leucin' bedeutet. Leucin ist nämlich, wie viele andere Aminosäuren auch, multipel codiert.

Jedem einzelnen Lebewesen wird die Bedeutung der Gencode-vermittelten Zeichen quasi in die Wiege gelegt; jedes Abweichen von den im Gencode verankerten Konventionen und Vorschriften hat die fehlerhafte Produktion von Eiweissmolekülen zur Folge, was wiederum deren Funktion gefährdet oder verunmöglicht. Es ist somit eine Frage von Leben und Tod, sich streng an diese Konventionen zu halten.

116 A.N. Whitehead: Prozess und Realität, S. 67.

Ein weiterer Hinweis, der für alle Code-gesteuerten Abläufe innerhalb von Organismen gleichermassen gilt: Jedes einzelne, vom Code gesteuerte Element tritt als ein einzelnes Individuum in Erscheinung und spielt in einem grossen, ungemein komplex gebauten Orchester von eng aufeinander abgestimmten Prozessen eine unverzichtbare Rolle; als Individuum ist es nicht auswechselbar, sein Versagen kann für das ganze Lebewesen katastrophale Folgen zeitigen und geht nicht in einer Vielzahl gleicher oder ähnlicher Prozesse statistisch gesehen einfach unter. Die unverwechselbare und unverzichtbare Bedeutung eines jeden einzelnen Mitglieds eines Organismus, die Tatsache, dass alle unverzichtbare Individuen sind, von deren Mittun alles abhängt, macht Organismen aus und unterscheidet sie von allem Nicht-Organischen in fundamentaler Art und Weise.

d. Der humoral vermittelte Code

Dieser Code, welcher die Kommunikation von *vielzelligen* Lebewesen bestimmt, kennt als Informations- und Bedeutungsträger mittelgrosse Moleküle. Diese transportieren Aussagen, indem sie in Lösungsmittel verteilt, passiv zum Interpretanten gelangen und – soweit bis heute bekannt – erst wenn sie in unmittelbare Nähe von Interpreten gelangen, aktiv erfasst werden können. Die Pflanzen sind entwicklungsgeschichtlich auf dem humoral vermittelten Organisationsniveau stehengeblieben; pflanzliche Zellverbände werden einzig humoral organisiert. Welche wichtige Rolle dieser Code auch im menschlichen Organismus spielt und wie komplex sich sein Zusammenspiel in den Organismen gestaltet, wurde im Laufe des 20. Jahrhunderts Schritt für Schritt entdeckt. Die Forschung auf diesem Gebiet bildete während Jahrzehnten den fast ausschliesslichen Beschäftigungsbereich der Humanphysiologie und der Biochemie. Botenstoffe, Hormone, Mediatoren, Enzyme, Antikörper, Interferone, Interleukine und vieles mehr steuern und regulieren die riesige Zahl von verschiedenen, in Lebewesen anlaufenden Prozesse bis hin zur hintersten Zelle eines Organismus. Diese humoral vermittelten Prozesse sind von einer Vielfalt und Komplexität, die zu beschreiben auch heute noch nur in Ansätzen möglich ist.

Formal gesehen regulieren und ordnen aus verschiedenen Regionen eines Lebewesens humoral abgegebene Moleküle durch *Konzentrationsän-*

derungen das Zusammenleben der Untergesellschafen innerhalb von Pflanzen, Tieren und Menschen. Im Gegensatz zum Gencode, bei dem die Prädikation einer Aussage durch eine zweigliedrige Organisation der logischen Subjekte erfolgt, ist die Prädikation auf humoraler Ebene einfacher. Für jede einzelne Aussage steht ein je anderes Moleküle. Manchmal ist dies ein ganz einfach gebautes, wie z. B. das Adrenalin mit einer Molekularmasse von 180 Dalton, oder dann wiederum komplexer, wie dies beim Insulin der Fall ist, welches aus 61 Aminosäuren besteht und immerhin eine Molekularmasse von rund 5700 Dalton aufweist.

e. Der neuronal vermittelte Code

Der neuronal vermittelte Code findet sich einzig bei Tieren und Menschen, und zeichnet sich dadurch aus, dass er es ermöglicht, die Geschwindigkeit tierischer Prozesse stark zu beschleunigen. So erlangen Tiere und Menschen gegenüber anderen Lebewesen durch die Fähigkeit von raschem Handeln einen Überlebensvorteil. Die herrschende Gesellschaft, das Zentralnervensystem (ZNS), steuert den Zeichen- oder Informationsfluss dadurch, dass sich bei bestimmten Nervenzellen das Zellmembran-Potential in konzertierter Abfolge und in bestimmten Rhythmen während kurzer Zeit so ändert, dass die anderen Organe des betreffenden Lebewesens daraus Aussagen herauslesen können.

Anhand des neuronal vermittelten Codes kann gut ersehen werden, wie die verschiedenen Codes aufeinander aufbauen. An entscheidender Stelle greifen die Neuronen nämlich auf humoral vermittelte Aussagen zurück. Die Weitergabe einer Aussage von einer (Nerven-)Zelle auf die nächste erfolgt humoral vermittelt. Die dort wirkenden sog. Neurotransmitter sind nichts anderes als Hormone, welche allerdings, da die Wegstrecke von Nervenendung bis zur nächsten Nervenzelle extrem kurz ist, sehr schnell wirken.

Die Prädikation der Aussagen im neuronalen Code erfolgt nicht durch eine Konzentrationsänderung von Botenstoffen, wie dies beim humoralen Code der Fall ist, sondern durch eine *Rhythmisierung der Membranpotenziale* von Nervenzellen. Um dies zu bewerkstelligen, ist es nötig, dass die Zellen in rascher Abfolge Wandlungen vornehmen, wie dies in Abschnitt IV2b und Abbildung 3 beschrieben wurde.

f. Der Sprachcode

Ermöglichen der neuronal und humoral vermittelte Code vor allem das Schaffen von Ordnung *innerhalb* einzelner Lebewesen, so steht der Sprachcode für die Ordnung, welche Tiere und Menschen benutzen, um Ordnung im *Zusammenleben der verschiedenen Individuen* innerhalb einer Gattung zu erreichen. Der Sprachcode kennt als seine logischen Subjekte *Teile* des *Lebensausdrucks* eines einzelnen tierischen oder menschlichen Lebewesens. Diese Ausdrucksweisen sind vielfältig und betreffen akustische Laute, Körperbewegungen, Gerüche, Berührungen und anderes mehr. Als Erfassungsinstrumente spielen Gehör-, Gesichts-, Tast- und Geruchssinn eine entscheidende Rolle. Tiersprachen verstehen wir Menschen nicht oder nur beschränkt. Es scheint sich bei ihnen aber, ähnlich wie bei der menschlichen Sprache, mindestens z.T. auch um Symbolsprachen zu handeln. Dies ist jedenfalls bei den Bienen und in einfacher Form bei grünen Meerkatzen nachgewiesen worden.[117] Es ist zudem möglich, Tieren eine einfache Symbolsprache beizubringen, indem man ihnen mittels Indices die Bedeutung einfacher menschlicher Sprachsymbole beibringt. Der Hundehalter sagt beispielsweise ‚sitz!' und drückt gleichzeitig das Gesäss des Hundes zu Boden. Dieser Druck dient als taktiler Index, der die Bedeutung des Symbols ‚sitz!' anzeigt.

Selbstverständlich bestehen zwischen Tiersprachen und der menschlichen Sprache neben Gemeinsamkeiten auch wichtige Unterschiede. Diese Unterschiede bestehen hauptsächlich darin, dass die menschliche Sprache (i) Symbole mit Symbolen zweiter Ordnung belegt und so die Schaffung einer zusätzlichen (abstrakten) Symbolwelt ermöglicht und dass sie (ii) ein Symbol für das sprechende Subjekt kennt. Mit dem Wort ‚ich' wird es so möglich, das *aussagende Subjekt* gleichzeitig zu einem *Objekt* zu machen.

Ich habe Bewusstsein als *die* affektive Tönung definiert, welche dann entsteht, wenn sich eine Spannung zwischen dem auftut, was eine aE/aO memorisiert hat und dem, was sie neu erfasst. Mit dem Auftauchen einer Sprache, in welcher sich das *bezeichnende Subjekt* gleichzeitig zum *bezeichneten Objekt* macht, entsteht zwangsläufig eine Spannung zwischen dem, wie es sich *selber subjektiv erlebt* und dem, was es von sich *objektiviert.*

117 J.L. Gould, C. Grant Gould: Bewusstsein bei Tieren S. 179ff., S. 112ff.; D.R. Griffin: Wie Tiere denken, 208ff., 221ff.

Diese dauernde Spannung nenne ich das durch (menschliche) Sprache vermittelte Bewusstsein.[118] Mit diesem Begriff wird auch angezeigt, dass Bewusstsein kein Privileg des menschlichen Erlebens ist, dass es aber beim Menschen in Form des spezifisch menschlichen, sprachvermittelten Bewusstseins in besonderem Mass entwickelt ist, und eine eigene und besondere Ausprägung erfährt.

In Tabelle 2 sind die verschiedenen Codes und deren Eigenheiten in eine systematische Ordnung gebracht. Die erste Spalte nennt die verschiedenen Organismus-Klassen. Die zweite Spalte listet den für die jeweilige Organismen-Klasse spezifischen, neu dazukommenden Code auf. Die dritte Spalte gibt die jeweiligen logischen Subjekte und die vierte gibt die Art der Ordnung an, welche die logischen Subjekte zeigen müssen, um zu Bedeutungsträgern zu werden.

Tabelle 2: Organisationsebenen und ihre Codes.

Klasse von Organismen	Neu dazukommender Code	Logische Subjekte der Aussagen	Zustandekommen der Prädikation durch:
Atome	Atomarer Zahlen-Code	Protonen	*Anzahl* (und Anordnung) der Protonen (1–94 für die natürlichen Elemente)
Zellen	Gen-Code	Auf DNA platzierte Pyrimidin- und Purinbasen	*Abfolge* von 4 verschiedenen Basen (‚Buchstaben') innerhalb von Tripletten (‚Wörtern') und Abfolgen dieser Tripletten innerhalb von Genen (‚Sätzen')
Mehrzellige Lebewesen (Pflanzen, Tiere, Menschen)	Hormonales Regulationssystem oder Hormonaler Code	Verschiedene mittelgrosse Moleküle (Hormone, Transmitter, Botenstoffe)	*Veränderungen* der Hormonkonzentrationen und der Hormonkonzentrationsmuster
Lebewesen mit ZNS (Tiere und Menschen)	Neuronaler Code	Polarisierte bzw. depolarisierte Neuronenmembranen	Polarisations- bzw. Depolarisations*muster* der Neuronen
Tierische und menschliche Gesellschaften	Sprache	Schallwellen, Schriftzeichen etc.	*Abfolge* von Schall- bzw. Lauteinheiten (Phonemen), Buchstaben (Graphemen)

118 Genaueres dazu siehe P. van Spijk: Was ist Gesundheit? – Anthropologische Grundlagen der Medizin, Abschnitte II1c und III2d.

2. Genealogie der Codes

Die heute vorherrschende naturwissenschaftliche Sichtweise wird sich nicht scheuen, sowohl die Entstehung des humoral als auch des neuronal vermittelten Codes im Rahmen eines Überlebensvorteils derjenigen Lebewesen zu interpretieren, bei welchen sich dieses neue Zeichensystem ausgebildet hat. Die Biologie wird z.B. davon ausgehen, dass der Zusammenschluss von vielen Einzelzellen zu einem neuen Organismus mit humoral vermittelter Steuerung einen Überlebensvorteil gegenüber einfacheren Lebewesen zu schaffen vermochte. Um sich die Entstehung des humoral vermittelten Codes vorzustellen, braucht es in der Tat wenig Phantasie: Die Tatsache, dass Zellen überflüssige und nicht mehr benötigte Stoffwechselprodukte aus dem Zellinnern herausschaffen, hat seit jeher chemische Fährten erzeugt, an welchen sich Freund und Feind in der Umgebung orientieren konnten. Der nächste Schritt, diese Substanzen zusätzlich zu Organisationszwecken zu nutzen, liegt auf der Hand und lässt sich als ein Evolutionsprozess in Richtung einer neuen, in diesem Falle humoral vermittelten Ordnung verstehen. In dieser Ordnung wird es neu möglich, ökologische Nischen zu suchen, in welchen es möglich ist, vom bisherigen Überlebenskampf unbehelligt zu wachsen, zu gedeihen und sich zu vermehren.

Dem neuronale Code liegt die Idee zugrunde, Information durch eine elektrische Spannungsveränderung, welche entlang einer in die Länge gezogenen Zellmembran verläuft, besonders schnell weiterzugeben. Dies bedeutete nur einen kleinen Schritt weg vom bereits Vorhandenen und Etablierten. Die Zellmembranen waren schon vorher elektrisch geladen, denn damit war es den Zellen möglich, den Austausch mit der Umgebung aktiv zu gestalten und zu formen. So kann man sich das Entstehen eines neuronalen Codes als Fortsetzung schon vorher vorhandener und dem Ionentransport verpflichteter Stoffwechselvorgänge verstehen.

Ähnliches gilt es vom sprachvermittelten Code zu sagen: Auch dieser Code dürfte sich in kleinen Schritten auf schon vorhandenen Lebensäusserungen von Tieren (z.B. der Sexualität oder der Revierverteidigung dienend) aufgepfropft haben und er dürfte die Handlungen der Tiere mittels besserer Kooperation leistungsfähiger gemacht und deren Überlebenschancen verbessert haben.

Währendem sich beim hormonalen, neuronalen und durch Sprache vermittelten Code die kleinen Schritte eines Lebewesens hin zu einem neuen Zeichensystem problemlos nachzeichnen lassen, ist dies im Falle des genetischen Codes anders. Bis jetzt liegt das Entstehen des genetischen Codes als ein hochdifferenziertes, zweigliedriges Zeichensystem im Dunkeln.[119] Die Lücke, welche sich zwischen den einfachen Molekülen und dem komplexen System des genetischen Codierungsapparates auftut, ist ähnlich gross wie diejenige zwischen den einfachen, aus der Miller'schen Ursuppe entstandenen Molekülen und den ersten Zellen. Und in beiden Fällen stellt sich insbesondere das Problem der sog. ‚irreduziblen Komplexität'.[120] Mit diesem Begriff wird darauf hingewiesen, dass komplexe Prozesse, bei welchen zwei Prozesse voneinander abhängen, nicht je für sich in kleinen Evolutionsschritten haben entstehen können. Das Hauptproblem, welches sich bei der evolutionstheoretischen Erklärung der Entstehung des Gencodes nämlich stellt, ist das folgende: Es ist (i) davon auszugehen, dass der Gencode nicht von Anfang an so komplex ausdifferenziert war, wie er es heute ist. Wie aber war es möglich, dass ein einfacherer, früherer Code durch einen späteren, komplexeren hat abgelöst werden können, ohne, dass die Kommunikation in den damaligen einfachen Lebewesen gänzlich zusammengebrochen ist? Oder anders gesagt, damit eine Mutation sich durchsetzen kann, ist es nötig, dass sie dem Träger einen Überlebensvorteil bringt, dies ist aber bei einer jeden Veränderung eines Codesystems per se nicht der Fall. Um diese Aussage zu prüfen und zu plausibilisieren, nehme man irgendeine noch so kleine Veränderung an unserer Sprache vor; man ersetze beispielsweise ‚e' durch ‚u' oder Interpunktionen durch einen x-beliebigen Buchstaben. Wenn solche Änderungen auch auf lange Sicht einen Nutzen bringen können, so verursachen sie zumindest eine gewisse zeitlang derart schwere Kommunikationsstörungen, dass das betreffende Individuum im Überlebenskampf benachteiligt ist.[121]

Es ist mit anderen Worten bis heute auf dem Boden der vorhandenen evolutionstheoretischen Kenntnisse nicht möglich, zu erklären, wie sich

119 R. Junker und S. Scherer: Evolution, S. 114ff.

120 M. J. Behe: Darwins Black Box, S. 87ff. R. Junker und S. Scherer: Evolution, S. 157ff. und 306f.

121 R. Junker und S. Scherer: Evolution, S. 123ff.

das komplexe Zusammenspiel ausbilden konnte, welches sich abspielt, wenn der Gencode aktiv ist.

Natürlich liegt auch die Entstehung des atomaren Zahlencodes gänzlich im Dunkeln. Immerhin korrespondiert seine Einfachheit gut mit der Tatsache, dass er am Ursprung einer verhältnismässig einfachen Ordnung, der atomaren Ordnung steht. Ist er tatsächlich – was aber keineswegs sicher ist – Anfang und Grundlage alles aktual Seienden, so wird es dem menschlichen Geist nur schwerlich möglich werden, anzugeben, was die Prinzipien sind, die ihn so und nicht anders haben entstehen lassen

3. Code und Erkenntnis

a. Die Hierarchie der Codes und ihre Interaktionen

aE/aO bilden häufig geordnete Vielheiten, sog. Gesellschaften, welche sich in einem weiteren Schritt wiederum zu geordneten *Vielheiten von Gesellschaften* zusammenschliessen können. Es bilden sich so komplexe Ordnungen höherer Hierarchiestufen.

Zwischen den verschiedenen Ordnungsebenen besteht eine komplexe wechselseitige Abhängigkeit. Zuerst ist es nötig, dass es eine untere, gut funktionstüchtige Gesellschaftsebene geben muss, auf welcher eine hierarchisch übergeordnete Gesellschaftsebene entstehen kann. So gesehen ist die übergeordnete Gesellschaft von der untergeordneten abhängig. Andererseits ist es aber so, dass die übergeordnete Ebene der untergeordneten den ordnenden Code zur Verfügung stellt und damit aussagt, was genau in der unteren Gesellschaftsebene zu geschehen hat.

So kommt man zu einem Stufen- oder Schichtenbau der Naturprozesse, in welchen in einer dialektischen Beziehung einfachere Ordnungstypen die Basis für komplexere abgeben, wobei aber die komplexen Ordnungstypen erst das Fundament bauen, welches Voraussetzung für ihre eigene Existenz ist.

Dass die Natur Schichten aufweist und dabei die einfacheren den komplexeren Schichten die Grundlage schaffen, um komplexere, reichhaltigere und intensivere Lebensäusserungen zu ermöglichen, ist bereits von Aristoteles beschrieben worden und gehört zum Grundbestand der Naturphilosophie des 20. Jahrhunderts.[122] Was jetzt neu dazukommt, und früher entweder noch nicht (Aristoteles) oder nur teilweise (Hartmann, Scheler, Plessner) bekannt war, ist die Tatsache, dass neben der eben genannten Interdependenz der verschiedenen Gesellschaftsschichten jede einzelne Schicht auch an ein je eigenes Aussagensystem gekoppelt ist.

Informationen, so scheint es, werden zwischen Organismen ausgetauscht: Es gibt Organismen, welche Information generieren und andere, welche ebendiese wieder empfangen und verarbeiten. In früheren Abschnitten wurde bereits darauf hingewiesen, dass dieses statische Modell von Substanzen, welche ihnen äusserliche Dinge – die Informationen – untereinander austauschen, nicht haltbar ist, und dass statt dessen jeder Information, jedem Erfassen von Aussagen ein Vergehen einer früheren aE/aO vorangehen muss.[123] Informationen oder Aussagen werden nämlich immer nur insofern erfasst, als dass bei diesem Vorgang immer auch Teile von soeben zur Erfüllung gekommenen Vorgänger-aE/aO in die neu entstehende, erfassende aE/aO übergehen.

Soll dieses Konzept an konkreten Beispielen anschaulich gemacht werden, so ergeben sich allerdings Schwierigkeiten, welche nur gelöst werden können, wenn die oben genannten, unterschiedlichen Systemebenen unterschieden werden.

Erfasst beispielsweise ein Sauerstoffatom zwei Wasserstoffatome, so bedeutet dies zugleich das Vergehen eines Sauerstoffatoms und den Übergang in ein neues Sauerstoffatom, welches jetzt im Verbund mit Wasserstoffatomen ein Wassermolekül bildet. Durch diesen Erfassungsprozess ist

122 Aristoteles: Über die Seele 414b–415a; N. Hartmann: Der Aufbau der realen Welt, S. 157ff.; M. Scheler: Die Stellung des Menschen im Kosmos, S. 11ff.; H. Plessner; Die Stufen des Organischen und der Mensch, S. 185ff.

123 Siehe Kapitel IV3. ‚Information' und ‚Erfassen von Aussagen' wird hier synonym verwendet. Die beiden Begriffe lassen sich einer zusätzlichen Unterscheidung zuführen, wenn man Information als das Erfassen von Aussagen auffasst, welche im weiteren Werden einer aE/aO von Bedeutung sind („einen Unterschied ausmachen"). Dabei ist es nötig, dass sie im Laufe eines Konkretisierungsprozess eine subjektives Aufwertung durch die werdende aE/aO erfahren (A. N. Whitehead: Prozess und Realität, S. 463).

etwas ganz Anderes entstanden. Von einer Erkenntnisrelation kann in diesem Zusammenhang allerdings noch nicht gesprochen werden. In diesem einfachen Fall des Erfassens ist es so, dass sich der Erkenntnisakt von anderen Prozessarten noch nicht unterscheiden lässt.

Dies wird – um ein anschauliches Beispiel zu nennen – beim Erfassen von Bakterien durch Leukozyten anders. Auf den ersten Blick ist die Situation nicht viel anders als beim Beispiel des viel einfacheren Atoms. Auch hier wird vorerst einmal das Werden und Vergehen ganzer Organismen im Rahmen eines Erfassensprozesses deutlich sichtbar: Der Leukozyt beginnt ein in den tierischen Organismus eingedrungenes Bakterium unschädlich zu machen, indem er dieses phagozytiert, d.h. mittels Zellwandausstülpungen umfasst und so ins Innere der Zelle aufnimmt. Durch diesen Erfassensvorgang verändert sich der Leukozyt vollständig: Er ist vergangen und aus ihm ist ein gänzlich Neuer geworden. Neu entstanden ist jetzt eine Zelle, die neu Leukozyt *und* Bakterium in Einem ist und wo das Bakterium durch eine innere Grenze (oder einen inneren Kontrast) vom Rest des Leukozyten abgegrenzt ist.

Es bleibt bei der eben beschriebenen Phagozytose durch sog. immunkompetente Zellen, wie es Leukozyten sind, die Frage, wie die Zelle denn weiss, dass sie das Bakterium phagozytieren, d.h. fressen muss? Wie kann sie sicher sein, dass sie sich mit diesem Akt in den Dienst der grossen Gesellschaft, des tierischen Organismus, dem sie angehört, stellt?

Bevor ein Leukozyt dazu übergeht, das Bakterium zu verschlingen, muss offensichtlich ein Prozess stattfinden, der gewährleistet, dass er das Richtige tut. Wenn er den vermeintlichen Eindringling bereits gefressen oder gar verdaut hat, ist es zu spät. Der deshalb nötige und *vorgängige Erkenntnisprozess* läuft im Gegensatz zur Phagozytose nicht auf dem zellulären, sondern auf einem tieferen Organisationsniveau ab. Die Leukozyten besitzen zu diesem Zwecke von Geburt her genetisch vermittelt Proteine, sog. Antikörper (AK), welche sich mit molekularen Bestandteilen von Bakterienzellwand chemisch verbinden. Der Erfassensprozess findet in diesem Fall also nicht auf zellulärer, sondern auf molekularer Ebene statt. Die Aktivitäten sind nicht durch eine Zellmembran und deren Bewegungen, sondern durch elektromagnetische Kräfte zwischen grossen Molekülen innerhalb der Bakterienzellwand und den Leukozytenrezeptoren (bzw. des Antikörpers) verursacht.

Dieser erkenntnisbringende Erfassungsprozess läuft wie folgt ab:

i. Befindet sich ein Leukozyt in der Nähe eines Bakteriums, so wird ein auf dem Leukozyten angebrachter Rezeptor (sog. Pattern Recognition Rezeptor) durch die Nähe bestimmter Moleküle (sog. Antigene) in seiner molekularen Tertiärstruktur verändert.
ii. Letzteres wird von der Zelle als Signal dafür erkannt, dass Fremdes zugegen ist. Das feindliche Bakterium ist erkannt worden.
iii. Dadurch beginnt die Zelle die Aktivitäten ihrer Zellmembran derart auszurichten, dass sie das Bakterium mittels Pseudopodien zu umschliessen, d.h. zu phagozytieren beginnt.

Bei diesem Erfassensprozess, der zugleich ein Erkenntnisprozess ist, spielt sich letzterer unter Punkt (i) und (ii) ab. Der Leukozyt erkennt bestimmte Oberflächenmoleküle des Eindringlings als fremd (und daher gefährlich); *wie* er dies genau tut, bleibt an dieser Stelle unberücksichtigt. Was dagegen wichtig ist, das ist die Tatsache, dass das Werden und Vergehen von Molekülen – der Pattern Recognition Receptor geht von seiner Konfiguration ‚passiv' zur Konfiguration ‚aktiv' über – für die Zelle selber nur ein gänzlich untergeordneter Vorgang darstellt. Damit lässt sich eine Tendenz erkennen, welche sich in fast allen Erkenntnisprozessen zeigt: Zellen und erst recht Pflanzen, Tiere und Menschen vergehen als *Organismen* nicht, wenn sie sich in Erkenntnisprozesse eingeben. Letztere finden auf *untergeordneten Ebenen* statt und bilden als Erkenntnisrelationen *nur einen Teil der umfassenderen Prozesse*, die den ganzen Organismus betreffen.

Das Ganze soll nun noch an Erkenntnisprozessen erläutert werden, die auch im menschlichen Leben eine wichtige Rolle spielen. Es handelt sich um das Sehen und um das Tasten. Geht es beim Sehen darum, die Form, Farbe, Grösse etc. eines Objekts (Erkenntnisgegenstands) zu erkennen, so sind dies Erkenntnisse, welche durch atomare und molekulare Prozesse an der Grenzschicht zur Umgebung zustande kommen. Dabei laufen die folgenden Teilprozesse ab:

i. Wird ein Objekt einer Lichtquelle ausgesetzt, so interagieren die oberflächlichen Atome des Erkenntnisobjekts mit den eintreffenden Photonen. Sie fangen diese ein, d.h. sie erfassen sie.

ii. Anschliessend geben gewisse dieser Atome als in Erfüllung gelangte atomare Prozesse auch wieder (qualitativ veränderte) Photonen ab. Diese werden im Auge des Betrachters in einem anschliessenden Prozess derart erfasst, dass sie dort die Tertiärstrukturen von speziellen Molekülen (Sehpigment-Molekülen wie z.B. Rhodopsin) verändern.
iii. Als Folge von (ii) werden, ähnlich wie dies oben im Falle der Leukozyten beschrieben wurde, eine ganze Kaskade von nachfolgenden Prozessen initiiert. An deren Ende steht eine Handlung: das Fressen des Bakteriums beim Leukozyten, die Flucht der Antilope vor dem Löwen, den sie soeben gesehen hat usw.
iv. Im visuellen Erkenntnisprozess tritt ein zusätzliches Element in den Vordergrund, welches beim Leukozyten leicht übersehen wird: Es ist dies die Tatsache, dass eine jede Handlung – sei es das Phagozytieren eines Bakteriums oder das Erjagen einer Antilope – es nötig macht, dass sich der Akteur ein Bild darüber schafft, *wo* sich das anvisierte Objekt im Vergleich zum erkennenden Organismus befindet. Dieser Vorgang wird ‚vergegenwärtigende Unmittelbarkeit' genannt und kann als Konstruktion eines räumlichen Bildes verstanden werden.[124]

Es gilt also beim Beispiel des visuellen Erkenntnisprozesses, dass er auf unterster, atomarer Systemebene stattfindet. Eine grosse Zahl derartiger Prozesse bildet zusammen einen einzigen Erkenntnisakt des Gesamtorganismus. Die untergeordnet ablaufenden, (sub-)atomaren Prozesse werden nicht einzeln, sondern nur zusammen handlungsrelevant.

Prozesse wie Sehen, Hören und Riechen erlauben es Tieren und Menschen, ein anderes Lebewesen zu erfassen, ohne dass es dies selber bemerkt. Entsprechend verhelfen ein guter Gesichts-, Gehör- und Geruchssinn zu einem Überlebensvorteil.

Bei anderen Erfassensprozessen, wie beispielsweise dem Tastsinn, läuft der Erfassensprozess ohne zwischengeschaltetes Medium (oder Nexus) ab. Er erfolgt praktisch ungefiltert von Neuron zu Neuron. Dadurch bekommt das Tasten eine qualitative Dimension, welche dem Sehen abgeht und die wir alle aus persönlicher Erfahrung gut kennen. Sei es im Negativen das Geschlagen- und Gestossen-werden oder umgekehrt im Positiven. Das

124 A.N. Whitehead: Prozess und Realität, S. 232ff.

Berühren, Umarmen oder Küssen können buchstäblich unter die Haut gehen. Beim Tastsinn wird offensichtlich, was beim Gesichtssinn gerne vergessen wird: Erkenntnisakte sind Prozesse, in welche Erkanntes und Erkennendes in einen *gemeinsamen* Prozess eingebunden sind.

b. Das vorrangige Erfassen

Organismen werden und vergehen. Die Tatsache aber, dass jeder Organismus auch und zugleich eine komplexe Gesellschaft von vielen ineinander verschachtelten, nebeneinander ablaufenden und hierarchisch übereinander geordneten Prozessen darstellt, hat zur Folge, dass sich das Vergehen einer aE/aO innerhalb eines Organismus meist in vorgegebenen Bahnen bewegt, welche es in diesem Abschnitt zu besprechen gilt.

Reden wir im Alltag von ‚Vergehen', so ist damit fast immer gemeint, dass etwas Bestehendes in all seine Bestandteile zerfällt, und dass dieses sich anschliessend in alle Richtungen zu zerstreuen beginnt. Paradigmatisch für diese Art von Prozess ist der Verwesensprozess. Der Organismus beginnt sich zu zersetzen, seine Bestandteile werden von anderen Organismen erfasst, weggetragen und zerstreuen sich in alle Windrichtungen. Nach einer gewissen Zeit ist vom verstorbenen Lebewesen nichts mehr zu sehen. Man kann dann sagen, dass der verstorbene Organismus von anderen Organismen *radiär erfasst* worden ist.

Häufig geschieht der Vergehensprozess jedoch anders: Es ist dann so, dass ein zu Ende kommender Prozess von anderen, unter- und übergeordneten Prozessen begleitet wird, welche nicht gleichzeitig ihren Abschluss finden, sondern andauern und dadurch das Vergehen des soeben zum Abschluss gekommenen Prozesses stark beeinflussen. Wie aus Abbildung 10 ersichtlich wird, vergeht im Moment ‚M' zwar aE/aO 1 auf der oberen, sprachvermittelten Ebene, doch ist es so, dass in diesem Moment ganz viele untergeordnete Prozesse andauern und deshalb der Gesamtorganismus als *Gesellschaft* oder als organisierte Vielheit weiterhin Bestand hat.

Abbildung 10: Vorrangiges Erfassen.

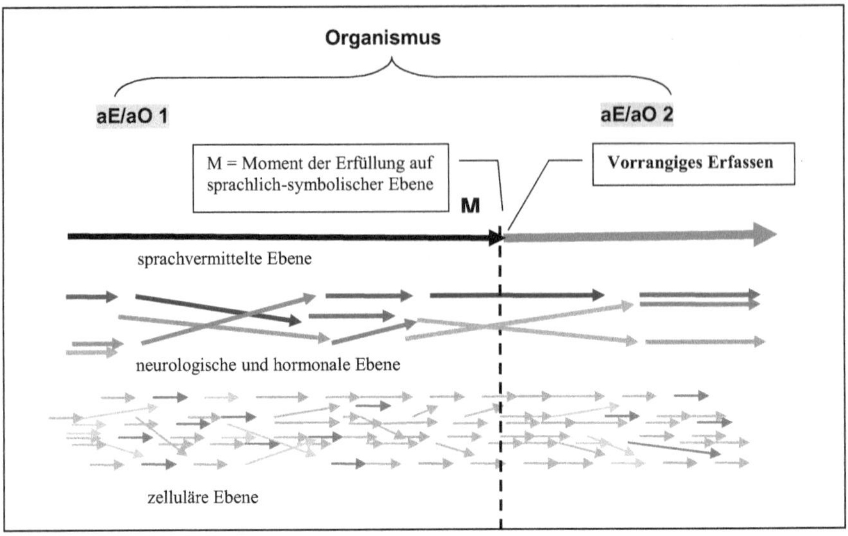

Das Vergehen von aE/aO1 erfolgt innerhalb eines lebenden Gesamtorganismus nur in eine Richtung. Das Werden ist zwar – wie in Abbildung 10 ersichtlich – in einem reichen Geflecht von untergeordneten, werdenden aE/aO eingebettet, doch ist dieses Geflecht nicht Spinnennetz-förmig in alle Richtungen hin ausgebreitet, sondern es erfolgt wie einem geflochtenen Seil folgend in eine ganz bestimmte Richtung. Eine neu entstehende aE/aO 2 wird in ihrem Werden durch die untergeordnet weiterlaufenden Prozesse so beeinflusst, dass sie vornehmlich aE/aO 1 erfasst und als Grundlage für ihr neues Werden benutzt. Sie nimmt aE/aO 1 praktisch vollständig in sich auf. Dies besagt, dass eine zur Erfüllung gelangte aE/aO als eine organisierte Gesellschaft von Untergesellschaften in aller Regel von ihrer Nachfolgerin *‚vorrangig'* erfasst wird. Es handelt sich dabei um eine durch die weiterlaufenden, untergeordneten Ebenen erfolgende Kausaldetermination. Die werdende wird von der vorangegangenen in eine bestimmte Richtung gezwungen. Ähnliches geschieht dann, wenn beispielsweise das Tal einer Wasserwelle als Nächstes einen dazugehörigen Wellenberg fordert und veranlasst. Allerdings ist der Wellenberg ein extrem einfaches Gebilde und praktisch unfähig, durch eigenes Dazutun seinem weiteren Werden einen eigenen Stempel aufzudrücken. Dies ist bei komplexen Organismen anders.

Doch besitzen auch sie diese Kausaldetermination, physischer Pol genannt, der ihre Entwicklung eine bestimmte Richtung drängt.

An dieser Stelle zeigt sich ein weiterer Unterschied zwischen einer aE/aO und einem Organismus: Neben der in Kapitel II4 genannten Autarkie des Organismus zeigt es sich hier, dass er im Gegensatz zu einer aE/aO dauerhaft ist. Seine Dauerhaftigkeit entsteht durch vorrangiges Erfassen einer vergehenden durch eine entstehende aE/aO.

Vorrangiges Erfassen ist aber nie vollständig. Teilaspekte der zerfallenden aE/aO 1 werden auch radiär objektiviert und von einer Vielzahl von umgebenden aE/aO erfasst. Dies soll eine bereits früher benutzte und hier nochmals übernommene Graphik (Abbildung 11) veranschaulichen: Die Aspekte α bis δ der zur Erfüllung (E) gelangten aE/aO 1 verteilen sich z.T. radiär (Eβ bis Eδ), z.T. vorrangig auf eine einzige aE/aO (Eα). Um das vorrangige Erfasst-werden durch eine nächste aE/aO darzustellen, wurde der Pfeil bei Eα fett eingezeichnet.

Abbildung 11: Die Erfüllung.

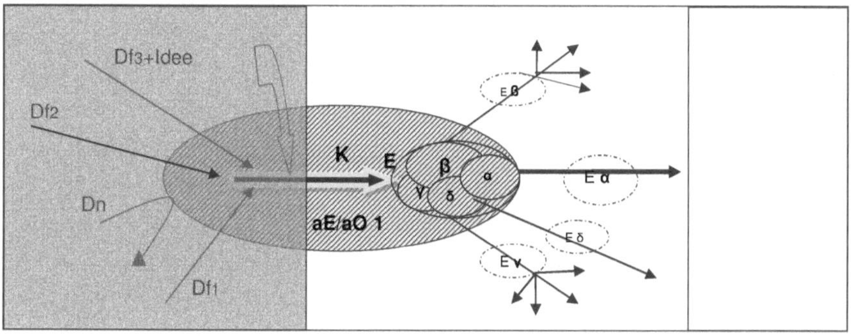

Legende:

aE/aO 1	=	zur Erfüllung gelangende aE/aO	K	=	Konkretisierung
E	=	Erfüllung	Schraffierung	=	subjektive Form oder affektive Tönung
Eα-δ	=	verschiedene Aspekte eines vollständig bestimmten Sachverhalts, vollständige Aktualisierung von aE/aO 1	Schattierung links	=	Vergangenheit

Nochmals zusammengefasst heisst dies: Vorrangiges Erfassen führt dazu, dass Gesellschaften von zopfartig hintereinander geflochtenen Prozessen sowohl subjektiv als auch objektiv als andauernd wahrgenommen werden.[125] Im Gegensatz zu den aE/aO zerfallen Organismen nicht und setzen sich anschliessend wieder neu zusammen, sondern sie dauern.

Beispielhaft für das Phänomen des vorrangigen Erfassens einer vergehenden durch eine werdende aE/aO steht das Erwachen eines Menschen nach dem Schlaf. Die fortgesetzten und in sich zopfartig verflochtenen Prozesse auf unterer Ebene garantieren, dass der Mensch nach dem Erwachen noch derselbe zu sein scheint, der er vorher war. Die Lebensdauer des Organismus als ganzer vergrössert sich durch die Verschachtelung und Verflechten der in ihm ablaufenden Prozesse. Sie zieht sich in diesem Beispiel über die Nacht hinaus bis in den nächsten und viele weitere Tage hinein. Es entspricht auch dem von uns allen subjektiv erlebten Gefühl, eine *personale Identität* und eine *zeitliche (und räumliche) Einheit* zu bilden und als solche von der Umgebung abgegrenzt zu sein. Und dieses Gefühl bezeichnen wir als ‚Selbst'.

Das Vorhandensein eines Selbstgefühls wird hier als Hypothese und per extensionem auch bei Tieren und sogar bei noch einfacheren Lebewesen postuliert. Dies wird durch die Beobachtung einerseits und die logische Notwendigkeit andererseits gestützt, dass selbst einfache Organismen in der Lage sind und sein müssen, sich selbst von dem, was Umgebung ist, abzugrenzen. Dementsprechend lässt es sich selbst bei Pflanzen beobachten, dass sie in der Lage sind, Eindringlinge in Form von Bakterien oder Viren etc. als fremd zu erkennen und zu eliminieren.[126] Solches ist nur dann möglich, wenn sie spiegelbildlich zum Erkennen des Fremden auch fähig sind, zu erkennen, was nicht fremd, sondern zu ihnen selber gehörig ist, wenn sie mit anderen Worten ein (allerdings nicht sprach-vermitteltes) Wissen ihrer räumlichen und zeitlichen Einheit, mithin ihres Selbst besitzen.[127]

125 Whitehead nennt dies ‚Reichtum der Vererbung in einer sog. ‚personalen' Gesellschaft (Prozess und Realität, S. 86, 200ff., S. 211, Abenteuer der Ideen, S. 366ff.; R. L. Fetz: Prozessdenken und Substanzmetaphysik, S. 143).

126 Z. B.: N. A. Campbell: Biologie, S. 1283ff.

127 Anzufügen gibt es hier, dass weder das Wissen um die eigene räumliche und zeitliche Einheit noch das dazu gehörige subjektive Gefühl mit Selbst*bewusstsein* gleichgesetzt werden kann. Wie bereits an anderen Stellen (Abschnitte IV2b, IV3e und V1f) erörtert, kann auch in diesem Zusammenhang nur dann von ‚Bewusstsein' gesprochen werden, wenn sich durch den Kontrast von zwei widersprüchlichen Aussagen ein subjektives Gefühl von Spannung einstellt.

Es besteht – um auf das oben genannte Beispiel des schlafenden Menschen zurückzukommen – ein interessantes Phänomen darin, dass die Stunden des Schlafes, die Zeitspanne vom letzten Gedanken vor dem Einschlafen bis zum ersten am nächsten Morgen, obwohl er einige Stunden umfassen kann, nur gerade als ein einziger Augenblick erlebt wird. Das Leben bereichert sich gemäss der Anzahl von Erfahrungseinheiten und nicht nach der von Uhren gemessenen Zeit. Deshalb vergeht die Zeit über Nacht, in der es (bei traumlosem Schlaf) zu nur einer einzigen Erfahrungseinheit kommt, wie ein einziger Augenblick, währendem umgekehrt reichhaltiges Leben, in welchem sich ein Erlebnis und eine Erfahrungseinheit an die andere reiht (und damit ganz viele Augenblicke ausmacht), für uns auch subjektiv länger dauert.

Auf das, was Erfahrungseinheiten sind, soll im nächsten Abschnitt zum Thema ‚Gestalt und Gestaltbildung' die Rede sein.

c. Gestalt und Gestaltbildung

In Abbildung 10 entspricht jede einzelne Pfeilspitze einem zur Erfüllung gelangten Ereignis, das gerade dabei ist, über sich hinauszuweisen und sich in einem neu bildenden Ereignis zu objektivieren. Auf der obersten, sprach-vermittelten Ebene, ist das Phänomen, dass sich das Leben nicht kontinuierlich, sondern von Ereignis zu Ereignis forthangelt, besonders durch die Gestalttheorie (sowie die Gestaltpsychologie und die Gestalttherapie) beobachtet und beschrieben worden.[128] In diesen Disziplinen wird allerdings nicht von Ereignissen oder Erfahrungseinheiten, sondern von Gestalten und Gestaltbildung gesprochen.[129]

128 Siehe dazu beispielsweise: W. Metzger: Gestalt-Psychologie, S. 124 ff. H.-J. Walter: Gestalttheorie und Psychotherapie, besonders S. 65 ff. Und F. Perls, R. Hefferline, P. Goodman: Gestalt-Therapie: Lebensfreude und Persönlichkeitsentfaltung, besonders S. 13 ff.

129 Um mit unterschiedlichen Nomenklaturen nicht allzu viel Verwirrung zu stiften, werde ich in diesen Abschnitten, wenn immer nötig, den Bezeichnungen aus der Gestalttheorie die entsprechenden Begriffe des hier verwendeten (Whiteheadschen) Bezugsrahmens beifügen. Allgemein kann gesagt werden, dass sich die Gestalttheorie ausschliesslich auf den Menschen bezieht, währenddem der hier verwendete Begriffsrahmen weit darüber hinausgreift.

Die Gestalttheorie betont die Tatsache, dass im (menschlichen) Erleben alles auf einmal oder gar nicht geschieht. Wahrnehmung z.B. wird nicht durch Addition von einzelnen Sinnesdaten zusammengesetzt, sondern als Ganzes, als sog. Gestalt erfasst. Und ein Erlebnis setzt sich nicht aus einer unendlichen Zahl von punktförmigen Einzelelementen zusammen, sondern entsteht auf einmal und als Ganzes.

Die Gestalttheorie legt zudem Wert auf den folgenden Punkt: Das Verständnis dessen, was Menschen tatsächlich sind, lässt sich nicht allein mittels abstrakter Theorie und wissenschaftlicher Beobachtung anderer Organismen gewinnen. Es muss das Element des eigenen, phänomenalen Erlebens dazugenommen werden. Die Gestalttheorie bemüht sich deshalb um die Beschreibung subjektiver Erlebnisse, welche zusätzlich und nachträglich durch die menschliche Sprache intersubjektiv vermittelt werden. Phänomenologisch ist es offensichtlich so, dass sich in unserem Erleben der Reihe nach Bedürfnisse in den Vordergrund drängen, welche uns dazu bringen, Aktivitäten zu entfalten. Diese ermöglichen die Erfüllung dieser Bedürfnisse und damit wird eine Gestalt geschlossen. Doch wird sich sogleich ein weiteres Bedürfnis – eine weitere offene Gestalt – in den Vordergrund schieben und so immer weiter.

Im Zusammenhang mit Gestaltbildungen gilt es verschiedene Situationen zu unterscheiden:

In *Wahrnehmungsakten* entstehen (i) ständig offene Gestalten, die es zu schliessen gilt. Auch in Abbildung 12, diesem berühmten Kippbild, mit dem die Besonderheit der Gestaltbildung herausgestrichen werden kann, ist dies der Fall: Es lässt sich darin nämlich gleichermassen das Bild einer jungen, schönen und dasjenige einer alten, hässlichen Frau erkennen. Hat man eine der beiden Gestalten einmal gebildet, so fällt es oft schwer, diese durch die andere zu ersetzen. Die Graphik hat die Eigenheit, für die zu Beginn offene Gestalt *zwei gleichwertige Erfüllungen* zuzulassen – aber immer nur eine aufs Mal. Die Gestaltbildung der jungen schliesst diejenige der alten Frau aus (und umgekehrt).

Der Wahrnehmungsakt findet auf einmal oder gar nicht statt. In jedem dieser Akte wird dabei eine je wieder andere Idee aktiviert. Im vorliegenden Fall kommen mehrere, sich sogar widersprechende Ideen in Frage: die Idee der „jungen Schönheit‘ oder der ‚alten Hexe‘.

Von einem allgemeineren, theoretischen Standpunkt aus gesehen lässt sich sagen, dass es sich im genannten Beispiel um die Bildung von *neuronal* vermittelten Gestalten handelt. Sie werden in der hier vorliegenden Situation erst in einem zweiten Schritt auf das Niveau sprachlicher Vermittlung gehoben. Die sprachliche Vermittlung von Sinneswahrnehmungen geschieht nur in Ausnahmefällen. Die allermeisten Wahrnehmungen bleiben auf der neuronalen Ebene stehen. (Ob man neuronal vermittelte Ereignisse auch ‚Gestalten' nennen will oder diesen Begriff für Ereignisse reservieren will, die durch die Sprache vermittelt werden, bleibe an dieser Stelle dahingestellt.)

Abbildung 12: Kippbild junge versus alte Frau.

Eine Gestalt kann (ii) mit einer *Aussage* geschlossen werden. Ein Beispiel dafür bildet der folgende Satz: „Was wollen wir jetzt machen?" Ist er fertig ausgesprochen, ist das Bedürfnis, andere Menschen in den Entscheidungsprozess darüber einzubinden, was als Nächstes geschehen soll, zum Abschluss gekommen. Das Aussprechen eines Satzes, die Aussage, bildet auf der sprachvermittelten Ebene die Grundeinheit der Gestaltbildung. Die Satzbildung stellt zudem den Prototyp und den paradigmatisch erlebbaren Vorgang des Werdens oder der Konkretisierung der Art von aE/aO dar, die wir immer dann sind, wenn wir uns als sprachfähiges Subjekt erleben.

Dieser paradigmatische Vorgang der Gestaltbildung, welcher in einem und zugleich dem Konkretisierungsprozess einer sprachfähigen aE/aO entspricht, lässt das ‚Alles oder Nichts-Gesetz' erkennen, welches beim Wahrnehmungsakt schon genannt wurde. Als Sätze sprechendes Subjekt kann es eine sich bildende Gestalt nur dann zur Erfüllung bringen, wenn es ihm möglich ist , den Satz zu Ende zu sprechen. Mit den Termen, „was wollen wir j" ist nämlich nicht die Hälfte des Satzes gesagt, obwohl die Hälfte der Buchstaben oder der Phoneme berücksichtigt wurden. Es ist damit im Gegenteil noch gar nichts gesagt. Das Entstehen oder die Konkretisierung von Sätzen zeigt ausserdem eine weitere typische Eigenheit allen Entstehens von Gestalten (und von aE/aO): Damit der Anfang entstehen kann, muss das Ende schon bekannt sein, doch das Ende kann nur entstehen, wenn der Anfang stark und solide dasteht. Es ist nicht zuletzt dieses wechselseitige Bezogen-Sein einer jeden werdenden aE/aO als Einheit, die es nötig macht, die Vorstellung einer linear auf einer Achse verlaufenden Zeit immer dann aufzugeben, wenn es darum geht; organisches Werden zu verstehen.

Es kann (iii) auch sein – und dies ist die Situation, welche besonders die praktisch ausgerichtete Gestalttherapie interessiert – dass eine Gestalt erst durch eine *komplexe Handlung* zu ihrer Erfüllung gelangt. Eine solche Handlung kann beispielsweise durch die Worte oder Gedanken, „ich habe Hunger und werde jetzt etwas essen" begonnen werden. Die Gestalt wird erst dann geschlossen, wenn die betreffende Person satt geworden ist und das Bedürfnis, den Hunger zu stillen, durch ein neu erwachtes Bedürfnis abgelöst wird. Dabei handelt es sich genauer besehen um ein ungemein komplexes Geschehen, welches es nötig macht, dass verschiedene Systemebenen koordiniert handeln, dass eine ganze Armada von kleinen Ereignissen auf dem Niveau der Zellen und der Organe auf das grosse Ziel hin zusammenfliessen und so das Stillen des Hungers ermöglichen. So integriert die betreffende Person Milliarden und Abermilliarden von Molekülen und wird nach Abschluss des Prozesses eine andere sein. Dies äussert sich schliesslich auch darin, dass sie sich subjektiv anders fühlt, satt und behaglich und dass so selbst auf der obersten, sprachvermittelten Ebene ein Etwas – eine Gestalt oder eine aE/aO – zur Erfüllung gelangt ist, und in eine neue aE/aO übergeht. Letztere wird sich augenblicklich ein neues Ziel setzen, in welcher mit anderen Worten eine neue, unfertige Gestalt auf Erfüllung drängt.

Die Sache wird im Falle des Menschen durch eine zusätzliche Gegebenheit kompliziert: Menschen vermögen als Folge der Abstraktionsfähigkeit, welche ihnen durch das Instrument der Sprache gegeben ist, Ziele zu entwickeln, welche nicht an ein unmittelbares neuronal oder humoral vermitteltes Bedürfnis gebunden sind, und manchmal weit in der Zukunft liegen können. Die Erfüllung dieser Bedürfnisse, das Schliessen solcherart Gestalten, wird nicht immer unmittelbar erfolgen, sondern viele Zwischenstationen benötigen. Doch bleibt auch in diesen komplexen Fällen die Grundsituation dieselbe: Es erfolgen der Reihe nach das Schliessen einer einfachen Gestalt nach der anderen. Auch diese Person, die hier und jetzt beschliesst, später einmal Arzt oder Jurist zu werden, wird, kaum ist dieser Satz gesprochen, ein neues, vielleicht weit weniger strategisches Ziel anpeilen, wird beispielsweise einen Schluck Wasser trinken, um den trockenen Mund zu befeuchten oder einen Schritt aus der prallen Sonne in den kühlenden Schatten machen. Das einmal gesetzte strategische Ziel wird aber immer und immer wieder für kurze Momente als unfertige Gestalt in den Vordergrund treten und jedes Mal einer *provisorischen Zwischenlösung* zugeführt werden, die es erlaubt, dieses Thema (vorübergehend) wieder in den Hintergrund treten zu lassen.

Dieses Kapitel handelte von Vielheiten, welche mittels eines Codes verbunden werden und damit eine Gesellschaft zu bilden beginnen. Gesellschaften können auch als Ganzheiten gesehen werden. Diesen ist eigen, dass, wie dies in Abschnitt V3a gezeigt wurde, eine reziproke Abhängigkeit der oberen und unteren Organisationsebenen besteht.

Ganzheiten können auseinanderbrechen. Paradigmatisch dafür steht das Ereignis des Todes. Aber auch die Geburt eines neuen Lebewesens geht mit dem Auseinanderbrechen einer zuvor innigen Verbindung zwischen Mutter und dem neugeborenen Kind einher. Jeder Apfel, der vom Baum fällt, jedes Blatt, das im Herbstwind fliegt, jedes Haar im Kamm zeigt die *Relativität* der ganzheitlichen Verbundenheit innerhalb von Organismen an.

So wie in diesem Kapitel vom Vielen ausgegangen wurde, und es anschliessend darum ging, zu zeigen, wie es sich verbinden kann, um als Gesellschaft oder Ganzheit zu bestehen, so soll im nächsten Kapitel gezeigt werden, wie wichtig es ist, Einheit zu verstehen, um überhaupt zu einem adäquaten Verständnis von Leben zu gelangen. Im Laufe des 20. Jahrhunderts ist es im Bereich der Physik zu neuen Erkenntnissen und Konzepten von Einheit gekommen, die nach meiner Ansicht dem Verständnis von Leben entscheidende neue Impulse zu geben vermögen.

VI. Ergänzung (2): Organismen als Einheit

1. Der Teil, das Ganze und die Einheit

a. Der Begriff der ‚Einheit'

Es soll nachfolgend die These stark gemacht werden, dass Quantenobjekte und darüber hinaus auch makroskopische Organismen (d. h. Tiere, Menschen etc.) auch als *unteilbare Einheiten* verstanden werden können. Damit stehe ich in Übereinstimmung mit mehreren neueren, Whitehead rezipierenden Autoren, welche ebenfalls fordern, Makroorganismen als Einheiten zu konzeptualisieren, diese Forderung und das dazugehörige philosophische Programm dann allerdings ebenso wenig in die Tat umsetzen, wie dies bei Whitehead selber der Fall war.[130]

In diesem Zusammenhang ist es als erstes nötig, eine genauere Begriffsklärung von Einheit vorzunehmen. Dabei ist mir wohl bewusst, wie riskant ein solches Unternehmen ist, hat doch die Vergangenheit wiederholt gezeigt, dass der Einheitsbegriff und die durch diesen Begriff bezeichneten Objekten schwer zu fassen sind.[131] So gemahnen die Erfahrungen der Vergangenheit zur Vorsicht: Dem will ich Rechnung tragen, indem ich vom Gegenteil der Einheit – der Vielheit – herkommend, versuche, mich dem Themenkomplex Schritt für Schritt zu nähern. Vielheiten sind uns allbekannt, sie kommen überall und immer in reichlichem Ausmass vor und bevölkern in reichem Masse unsere alltägliche Lebenswelt. Sie unterscheiden sich untereinander in der Art und Intensität ihrer Verbundenheit.

130 R. L. Fetz: Prozessgedanken und Substanzmetaphysik, S. 258 ff.; I. Leclerc: Process and Order in Nature, S. 132 f. und J. Klose: Die Struktur der Zeit in der Philosophie Alfred North Whiteheads, S. 131 ff. H.-P. Dürr: Inanimate and animate Matter, S. 152.

131 Eine kurze Zusammenfassung der Geschichte des Einheitsverständnisses siehe K. Gloy: Einheit im gegenwärtigen Denken, S. 157 ff.

b. Stufenleiter der Verbundenheit

(i) Die lockerste Form der Verbundenheit von ansonsten für sich alleine stehenden Entitäten ist das, was Whitehead *‚unsere kosmische Epoche'* nennt. Diese ist von maximaler Ausdehnung und enthält alles, was wir erfassen, denken und vorstellen können. Sie beherbergt auf der einen Seite ein maximales Ausmass an Vielfältigkeit und ist doch in dem Wortsinne *‚ein* Kosmos' oder *‚eine* Welt', indem es gar nicht möglich ist, die Welt ohne dieses Minimum an Verbundenheit zu denken.

Der Begriff ‚unsere kosmische Epoche' bezeichnet eine Ansammlung von Elementen, ein Verbund oder einen *Nexus* von maximaler Ausdehnung und minimaler Verbundenheit. Letztere wird durch einfachste Ideen von grösster Allgemeinheit geformt, welche von sämtlichen Mitgliedern geteilt und wechselseitig erfasst werden. Gemeinhin werden Raum und Zeit als diese minimal nötigen, gemeinsamen Ideen angesehen. Dies heisst mit anderen Worten – der Alltagsverstand schliesst sich in der Regel zwanglos dieser Ansicht an –, dass nur das zu unserer kosmischen Epoche gehören kann, was mindestens in einem örtlichen oder zeitlichen Bezug zum Rest der Welt steht.

(ii) Wird die Ordnung durch intensiveres wechselseitiges Erfassen vergrössert, so finden sich dadurch enger begrenzte, fester gefügte und stärker geordnete Vielheiten, welche hier *‚korpuskuläre Nexūs'* genannt werden. Mit dieser Benennung weiche ich von derjenigen Whiteheads ab, der in diesem Fall von ‚korpuskulären Gesellschaften' spricht.[132] Diese Abweichung kommt zustande, weil ich der Meinung bin, dass die Unterteilung Whiteheads in Nexus und Gesellschaft Ungereimtheiten zeigt, welche daher rühren, dass damals wichtige Erkenntnisse der Biologie – insbesondere die Entdeckung des Gencodes – noch fehlten. Die Naturwissenschaften haben unterdessen ein Verständnis biologischer Ordnungen entstehen lassen, welche es erlaubt, in diesem Bereich die Grenzen etwas anders zu ziehen, als dies Whitehead damals tun konnte.[133]

132 A. N. Whitehead, Prozess und Realität, S. 86, 133, 367.

133 Immerhin weist Whiteheads Rede von einer ‚dominierenden personalen Untergesellschaft' darauf hin, dass er wahrscheinlich bereit gewesen wäre, diese mit einer ‚Code-bildenden Untergesellschaft' zu identifizieren.

Ideen, welche in korpuskulären Nexūs eine Rolle spielen, sind neben den oben genannten Ideen räumlicher (ineinander, nebeneinander etc.) und zeitlicher Bezogenheit (vorher, nachher, gleichzeitig) auch Formen komplexerer räumlicher Bezogenheit wie z. B. diejenige der Hexagonalität von Wasserkristallen, die Ringformen von Zucker oder die Kugelform von Sternen und Planeten. Formen der *zeitlichen* und *räumlichen* Bezogenheit sind in der Regel eng miteinander verbunden, wie dies beispielsweise Spiralformen von Galaxien, die Trichterform von Wasserwirbeln oder die raum-zeitliche Wachstumsdynamik und Formbildung von Kristallen zeigen.

Korpuskuläre Nexūs können ihre formgebenden Ideen auch von aussen zugefügt bekommen. Dies ist insbesondere bei vielen menschlichen Artefakten der Fall – bei Gebrauchsgegenständen, Schmuck, Kunstwerken und anderem mehr. Korpuskuläre Nexūs der soeben beschriebenen Art werden, sofern es sich um Nexūs mit vielen Mitgliedern – sog. ‚grosszahlige Nexūs – handelt, *‚Dinge‘* oder *‚Gegenstände‘* genannt. Fels- und Eisblöcke oder Wassertropfen sind Beispiele dafür; aber auch Stern, Planeten, Seen und Meere lassen sich unter diese Kategorie einreihen.

Es gibt Nexūs, welche sich aus einer einzigen Art von Organismen zusammensetzen. Dies gilt beispielsweise für einen Goldklumpen, dessen Mitglieder allesamt Goldatome sind. Auch Fischlaich stellt ein Beispiel für einen korpuskulären Nexus dar. Die einzelnen Elemente eines solchen Nexus sind als Organismen für sich allein lebensfähig und von den anderen Mitgliedern nicht abhängig. Der Nexus kann jederzeit aufgelöst oder geteilt werden, ohne dass sich dadurch etwas Wichtiges ändern würde. Es ändern sich dadurch nämlich nur Äusserlichkeiten, wie z. B. die Grösse des Verbundes oder dessen sowieso einigermassen beliebige äussere Form. Es ist in all diesen Fällen eine sog. homogene Teilung möglich.

(iii) Andere Nexūs sind als ein Verbund zu verstehen, der seinerseits wieder durch kleinere Nexūs gebildet wird. Dies ist z. B. bei Maschinen der Fall: Eine Maschine stellt als Ganze einen Nexus dar; seine Bestandteile sind selber auch wieder Nexūs. Dasselbe gilt für Steinmauern ebenso wie für Vogelnester. Diese, durch Tiere oder Menschen intentional geformten Nexūs zeigen im Gegensatz zu den nicht intentional geformten, wie dies beispielsweise Goldklumpen oder Felsbrocken darstellen, die Eigenart, dass sie sich nicht homogen, sondern nur heterogen teilen lassen. Das heisst, es kommt durch die Teilung nicht nur zu einer quantitativen Veränderung des Nexus, sondern es geht in einem und zugleich auch dessen einende und formgebende Idee verloren. Alleine schon die Tatsache, dass dieser Art von Nexus eine Intention oder eine Funktion zukommt, dass sie mit anderen Worten ‚für etwas da sind', zeigt an, dass ihrer Verbundenheit eine den ganzen Verbund durchdringende geistige Dimension besitzt. Diese neue Stufe auf der Leiter zunehmender Verbundenheit besteht darin, dass sich einzelne Organismen so zusammenschliessen, dass sie sich gegenseitig spezielle Aufgaben zuordnen und so eine *Arbeitsteilung* im Dienste der erfolgreichen Bewältigung von Herausforderungen, welche das Leben stellt, erlangen. Die dazu nötige Spezialisierung kann verschieden weit gehen. In ihrer rudimentärsten Form übernehmen einzelne Mitglieder des Nexus, welche sich von den anderen Mitgliedern ansonsten nicht unterscheiden, bestimmte Aufgaben, welche sie jederzeit auch abgeben können. So bilden beispielsweise Fischschwärme oder Vogelzüge Verbände, die sich dadurch auszeichnen, dass sie als Ganze einen *organisierten Nexus* mit einer intendierten und festgefügte Form bilden, in welcher jedes einzelne Mitglied einen beliebigen Teil der Form einnehmen kann (Abbildung 13).

Abbildung 13: Kranichzug.

Auch die ersten embryonalen Stadien eines neu entstehenden Lebewesens sind Nexūs, welche eine Ordnung aufweisen, in welcher jeder Teil eine spezifische Funktion innehat, diese aber bei Bedarf auch wieder abgeben kann. So wächst beispielsweise eine Morula, wenn sie entzweigeschnitten wird, rasch wieder zu einer neuen Morula mit derselben runden Form nach.[134]

(iv) Nimmt die Verbundenheit weiter zu, so weisen die implizierten Organismen neben der Arbeitsteilung auch eine Spezialisierung der Mitglieder auf. Diese kann nur noch in ganz speziellen Fällen – schwere Traumata des Gesamtorganismus gehören dazu – rückgängig gemacht werden. Dies führt dazu, dass der Zusammenschluss dieser Organismen wiederum eine einfache Form von grösserem Organismus zu bilden beginnt. Infusorien und ähnliche, *einfache Lebewesen* wie Würmer haben die Fähigkeit, wenn sie zweigeteilt werden, die fehlenden Teile wieder zu ergänzen. Sie orientieren sich an den Schnittstellen gezielt neu und füllen die Lücken, welche durch die Verletzung entstanden sind, auf.

v) Die nächste Stufe der sich immer enger verbindenden Vielheiten stellen *komplexe Organismen* oder *Lebewesen* dar, deren Teilnehmer einen Spezialisierungsgrad aufweisen, welcher es ihnen nicht mehr erlaubt, abgetrennt Teile vollständig zu ersetzen. Dies hat zur Folge, dass der Fluss vorrangigen Erfassens durch eine Trennung empfindlich gestört wird.[135] Es resultieren ein vollständiges Abbrechen aller Prozesse und ein nur noch *radiärer Übergang* der solcherart unterbrochenen Prozesse in nachfolgende aE/aO. Dies bedeutet den Tod des betreffenden Organismus und wird in Abbildung 14a graphisch zur Darstellung gebracht.

134 Morula: siehe Glossar.

135 Zum vorrangigen Erfassen s. Abschnitt V3b und Glossar.

Abbildung 14 a: Tod eines komplexen Lebewesens.

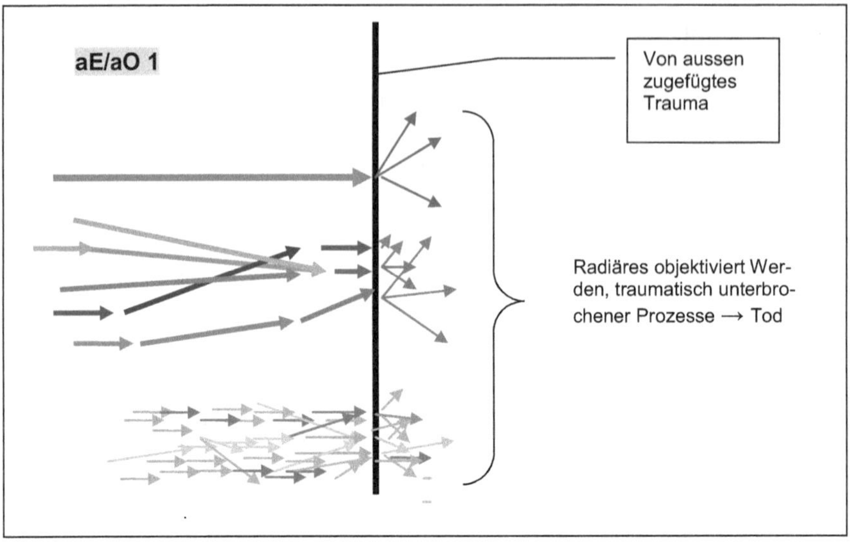

Wenn das Trauma weniger stark ist, kommt es zum Unterbruch einer kleineren Zahl von Prozessen und zu einem teilweisen Absterben von Teilen des Makroorganismus (Abbildung 14b). Bei der sehr engen Verbundenheit, die sich bei komplexen Lebewesen findet, ist eine Teilung also nur noch bedingt möglich. In Abbildung 14b wird zudem am unteren Rand des lädierten Organismus das Grenzproblem ersichtlich, welches sich bei einem kleineren Trauma ergibt: Die am Rand der Verletzung liegenden Prozesse drohen ihr Eingebunden-Sein in den Organismus zu verlieren und durch radiäres Übergehen in die Umgebung buchstäblich in diese auszulaufen.

Abbildung 14b: Verletzung eines komplexen Lebewesens.

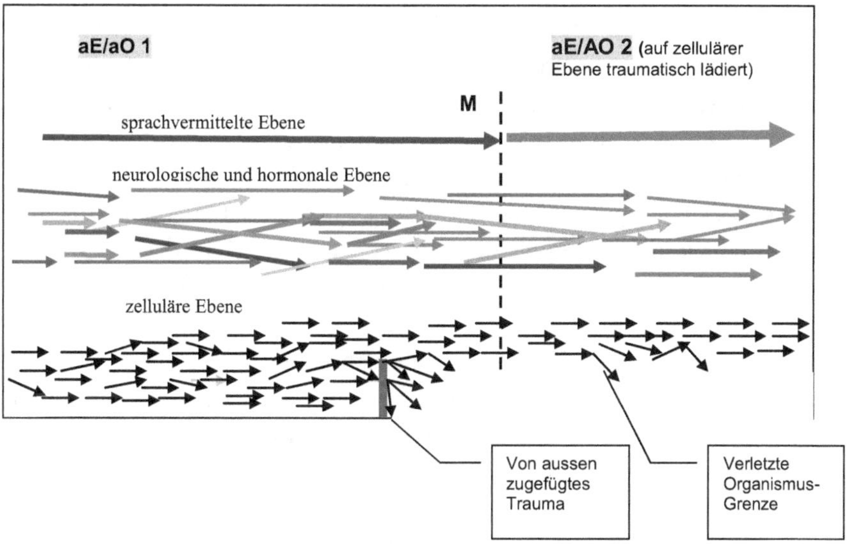

Die verschiedenen Stufen der Verbundenheit von aE/aO und deren jeweiligen Besonderheiten sind in Tabelle 3 noch einmal zusammengefasst.

Tabelle 3: Stufen der Verbundenheit.

Organisationsgrad	Beispiele	Physische Teilbarkeit
(i) allgemeinste Nexusbildung	‚unsere kosmische Epoche'	?
(ii) korpuskulärer Nexus	Gegenstände (z. B. Steine, Wasserpfützen etc.), Zellzucht, Froschlaich	homogene Teilbarkeit
(iii) organisierter Nexus	Fisch- und Vogelschwärme, menschliche Artefakte (Maschinen), tierische Artefakte (z. B. Nester)	heterogene Teilbarkeit
(iv) einfache Lebewesen	Infusoren, Würmer, Rhizome	Teilbarkeit mit restitutio ad integrum beider Teile
(v) komplexe Lebewesen	Tiere, Mensch	Teilbarkeit nicht gegeben (Absterben mindestens eines Teiles)

c. Von der Vielheit zur Ganzheit und Vereinheitlichung

Zunehmende Verbundenheit kann sich auf zwei verschiedene Weisen zeigen. Dies kann erstens eine immer komplexer werdende Verflochtenheit der beteiligten Elemente sein. Dabei sind die Nexūs am lockersten verflochten – Stufen (i) und (ii) im vorhergehenden Abschnitt. Höhere Grade von Verbundenheit, in welchen das Miteinander-verflochten-Sein komplexer geworden ist, nannte ich in Kapitel V ‚Gesellschaften' oder ‚Systeme'. Manchmal werden sie auch Ganzheiten genannt. Die drei Begriffe – Ganzheit, Gesellschaft und System – können mehr oder weniger synonym gebraucht werden. (Eine gewisse zusätzliche Unterscheidung lässt sich schaffen, wenn ‚Ganzheit' als Überbegriff angeschaut wird. Der Begriff des ‚Systems' wird eher dann gebraucht, wenn es sich beim Code, der in einem gegebenen Fall im Spiel ist, um einen von Menschen geschaffenen handelt, wohingegen ‚Gesellschaften' eher naturgegebenen Codes folgen.[136])

Schon beim Verbundenheitsgrad eines organisierten Nexus (Stufe iii im vorherigen Abschnitt) und erst recht bei einfachen oder sogar bei den komplexen Lebewesen (Stufe iv und v) nimmt jeder Teil in Bezug auf eine übergeordnete Ganzheit einen je *individuellen Platz* ein. Der Teil ist hier nicht etwas Beliebiges und problemlos Auswechselbares, sondern tritt als ein Individuum auf und besetzt seinen eigenen, unverzichtbaren Platz. Es ist Teil eines Netzes, in welchem es in multiplen Interaktionen mit allen anderen Individuen steht, und so mithilft, ein übergeordnetes Ganzes zu bilden, welch letzteres sich von seinen Teilen in grundlegender Art unterscheidet und z. T. völlig neue Eigenschaften aufweist.

Das Individuum als Teil einer Ganzheit muss sich in deren Dienst stellen, denn es besteht eine wechselseitige Abhängigkeit: Das Ganze ist vom konstituierenden Beitrag seiner Teile ebenso abhängig, wie die Teile, ohne vom Ganzen gesteuert zu werden, nicht existieren können. Die Tatsache, dass die Teile vom Ganzen in ihrem Verhalten (Code vermittelt) gesteuert und befehligt werden, scheint auf den ersten Blick der Tatsache zu widersprechen, dass die Teile als Befehlsempfänger je eigene Individuen darstellen. Doch gilt es zu beachten, dass die Befehle, welche das je einzel-

136 Dabei kann es offen bleiben, ob menschliche Gesellschaften als Menschen- oder Natur-gegeben anzusehen sind.

ne Individuum entgegennimmt, genau dem angepasst sind, was das Individuum zu leisten vermag, und wozu es von Anfang an als Teil des Ganzen existiert hat. Seine Unterordnung erfolgt zudem nicht auf beliebige Art und Weise und im Rahmen willkürlicher Entscheide fremder Instanzen, sondern erfolgt im Hinblick auf eine, dem ganzen Organismus gemeinsame Idee, eine Idee, welche dem Werden des Organismus eine Ausrichtung gibt, und welche in jedem einzelnen Teil als Ziel vorhanden ist. Die Repräsentation des gemeinsamen Ziels in den Teilen hat damit zu tun, dass in jedem einzelnen Teil das Ganze mit-repräsentiert ist. Umgekehrt kennt das Ganze alle seine Teile in einer Art, die es ihm möglich macht, jedem einzelnen dessen spezifische auf ihn zugeschnittene Aufgabe innerhalb der Ganzheit des Gesamtorganismus zuzuordnen.

Zunehmende Verbundenheit kann sich zweitens aber nicht nur in einer immer komplexer werdenden Verflochtenheit der Teil oder Elemente äussern, sondern es existiert als Alternative dazu die Möglichkeit, dass sich die immer enger eingebundenen Teile zugunsten des Ganzen, das sie bilden, aufzulösen beginnen. Ihre Abgrenzungen weichen sich auf, die einzelnen Teile verschwimmen und werden zu einem einzigen Einen, zu einer Einheit.

d. Ganzheit versus Einheit

Die obigen Bemerkungen haben bereits erahnen lassen, dass die beiden Begriffe ‚Einheit' und ‚Ganzheit' zu Unrecht häufig als Synonyme gebraucht werden. Die Unterschiede sind beträchtlich. Währendem sich bei der Herausbildung von Ganzheiten, Systemen oder Gesellschaften eine zunehmende Komplexität entwickelt, so entsteht Einheit dadurch, dass Vielheit nicht immer komplexer, sondern umgekehrt einfacher wird. Und Einheit ist dann erreicht, wenn diese Einfachheit total geworden ist. Besteht Eines oder Einheit, so ist es nicht mehr möglich, von den Teilen herkommend, irgendetwas über die besagte Einheit auszusagen. Wo keine Teile (mehr) sind, helfen sie auch nicht mehr für das Verständnis von Einheit weiter. Bei der Ganzheit ist dies anders: Ohne Teile kein Ganzes (und ohne Ganzes keine Teile).

Auf der Ebene der Empirie besteht eine Besonderheit und ein grosses Problem von Einheit darin, dass sich deren Existenz nicht feststellen lässt, weil sie – liesse sie sich feststellen – nicht mehr Eines sein kann. Die Erklärung dafür ist die folgende: Der Begriff der ‚Einheit' verweist auf etwas, das ohne *Teile ist.* Doch alles Erfassen setzt voraus, dass es dadurch, dass es erfasst wird, teilbar sein muss. Die Problematik der Unfassbarkeit von Einheit lässt sich am Beispiel des realistischen Erkenntnismodells in Abbildung 15 ersehen. Dies gilt aber in demselben Masse auch für die Whiteheadsche Theorie des Erfassens, wie ich sie in Kapitel IV vorgestellt habe. Um dies klar zu machen, greife ich in Abbildung 16 auf eine Graphik zurück, die ich in Abschnitt IV3 schon benutzt habe, und welche die Whiteheadsche Erkenntnisrelationen schematisch zur Darstellung bringt.[137]

Abbildung 15: Erkenntnisrelation.

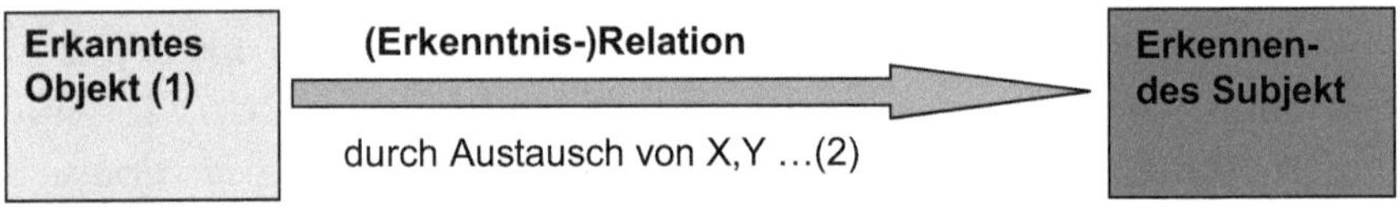

Der in den realistischen Erkenntnistheorien stattfindende Austausch von X, Y..., in der Regel in Form eines (Ab-)Bildes, lässt das erkannte Objekt automatisch in mindestens zwei Teile zerfallen: das erkannte Objekt oder Original (1) und das (Ab-)Bild (2).

Nicht viel anders stellt sich das Problem beim Whiteheadsche Modell des Erfassens in der nachfolgenden Abbildung dar.

Abbildung 16: Die Erfüllung.

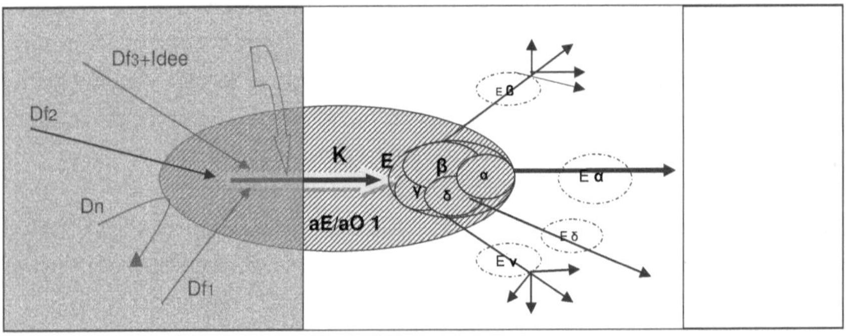

137 Auf idealistische oder subjektivistische Erkenntnistheorien möchte ich hier auch deshalb nicht eingehen, weil ich sie schon vom Ansatz her für verfehlt ansehe.

Auch hier zerfällt die zur Objektivierung bereitstehende, das heisst öffentlich werdende aE/aO mindestens in ebenso viele Teile, wie es öffentliche Instanzen rundherum gibt. Sie alle erfassen nämlich die zerfallende aE/aO. Solange dieses Zerfallen aber nicht stattgefunden hat, ist es anderen aE/aO nicht möglich, die Einheit irgendwie zu erfassen. Damit entsteht die nicht triviale Situation, dass *Einheit für ein adäquates Verständnis der Welt nötig, empirisch aber nicht fassbar ist*: Physisch erfasst werden kann nur, was teilbar ist.

Platon hat ganz zu Beginn des abendländischen Denkens eine ganze Reihe von Problemen, welche sich im Dunstkreis des Einheitsgedankens und einer real existierenden Einheit ergeben, in radikaler Weise auf den Punkt gebracht.[138] Er war es, der sich wohl auch als Folge der von ihm aufgezeigten Schwierigkeiten dem zugewendet hat, was Hegel später ‚konkrete Einheit' genannt hat, und was eine mögliche Antwort auf die Einheitsproblematik darstellt.[139] Es handelt sich um den Versuch, Einheit zu relativieren und sie innerhalb einer konkreten Welt in ein dialektisches Verhältnis nicht nur zu ihrem Gegenteil, der Vielheit (oder der Keinheit), sondern auch zu anderen Grundkategorien zu setzen.[140] Auch Whitehead versucht, das Eine zu relativieren, wenn er sagt:

> Der Terminus ‚eins' steht nicht für ‚die ganze Zahl eins', bei der es sich um einen komplizierten Spezialbegriff handelt. Er steht für die allgemeine Vorstellung, die in dem unbestimmten Artikel ‚ein', in den bestimmten Artikeln ‚der, die, das', in den Demonstrativpronomen ‚dieses oder jenes' und in den Relativpronomen ‚welches, ‚was' oder wie' zum Ausdruck kommt. Er steht für die Einzigartigkeit eines Einzelwesens. Der Terminus ‚viele' setzt den Terminus ‚eins' voraus und umgekehrt.[141]

W. James fühlt sich angesichts der Sperrigkeit dessen, was Einheit darstellt, ebenfalls bemüssigt, zu relativieren.[142] Im Kontext, in welchem er sich bewegte, kam es ihm nicht so sehr darauf an, Einheit in allen ihren

138 Platon: Parmenides, 142bff.

139 G.F.W. Hegel: Enzyklopädie der philosophischen Wissenschaften, § 257, 336, 443 und 449.

140 Platon: Parmenides, 254bff. Als Ausdruck der Relativierung des Einen kommt es an dieser Stelle zur Wandlung des (absolut) Einen zum (relativen) Demselben.

141 A.N. Whitehead: Prozess und Realität, S. 62.

142 W. James: Der Pragmatismus, S. 79ff.

theoretischen Abgründen zu fassen, sondern es ging ihm vielmehr darum, Einheit als nützliches Hilfsmittel derart einzusetzen, dass damit das Lösen der Probleme, welche das Leben uns stellt, erleichtert wird. Derart entschärft, konnte der Begriff der ‚Einheit' dann wieder als ungefähres Synonym für ‚Ganzheit' benutzt werden.

In eine ähnliche Richtung zielt auch der Hinweis D. Galins, dass das, was unter ‚Einheit' verstanden wird, auf Konventionen beruhe und es immer nur ein Mehr oder ein Weniger an Verbundenheit gebe.[143]

Ich möchte mich insbesondere den beiden letztgenannten Relativierungstendenz nicht anschliessen, und das Problem unter anderem so angehen, dass ich den Begriff der ‚Einheit' als Chiffre im Sinne von K. Jasper benütze.[144] Es ist dies ein ähnlicher Ansatz, wie ihn die Mathematiker im Umgang mit der Chiffre des Unendlichen (∞) tun. Sie rechnen mit dem Unendlichen, obwohl sich dieses weder vorstellen lässt und nie jemandem gesehen oder sonst wie empirisch erfasst worden ist. Sie führen mit Hilfe von Chiffren abstrakte Differenzial- und Integralrechnungen durch und erhalten am Schluss durchaus praktische und nützliche Resultate, welche beispielsweise angeben, wie gross die Fläche unter einer gebogenen Kurve ist. In ähnlicher Art und Weise möchte ich mit der Chiffre von ‚Einheit' umgehen, indem ich postuliere, dass sich diese abstrakte Einheit nicht direkt fassen, sondern nur indirekt oder per deductionem aufweisen lässt.

Alle Mühen, Einheit zu verstehen, machen aber nur dann Sinn, wenn es gute Gründe dafür gibt, anzunehmen, dass dies auch mithelfen kann, Leben zu verstehen. Und so gilt es jetzt zu begründen, weshalb Leben nur als Einheit richtig begriffen werden kann. Es sind dies die nachfolgenden Argumente:

1. Organismen und Lebewesen sind seit der Antike als Einheit verstanden worden.[145] Besonders in der Romantik haben verschiedene Autoren diese Sichtweise gepflegt und systematisch ausgebaut; dies nachdem zu Beginn der Neuzeit – insbesondere bei R. Descartes, F. Bacon und T. Hobbes – das Interesse fast ausschliesslich auf die Teile gerichtet war. Vieles davon, was die Philosophen, Forscher und Ärzte der Romantik – Namen wie F. J. W. Schelling, Novalis, C. G. Carus und L. Oken

143 D. Galin: Untangling „Self," „Person," and „I", S. 323.

144 K. Jaspers: Was ist der Mensch? S. 248 f.

145 Platon: Timaios, 31b ff.

stehen dafür – zum Thema ‚Ganzheit' und ‚Einheit' erkannten, ist bis heute wichtig und gültig geblieben.[146] Ende des 19. Jahrhunderts und in grossen Teilen des 20. Jahrhunderts war das Interesse wiederum auf die Teile und das Teilen fokussiert. Als Ausdruck davon zerfielen die grossen Wissenschaftsdisziplinen in hunderte von Unterdisziplinen und auch die Medizin wurde von dieser Entwicklung miterfasst. In den letzten drei Jahrzehnten ist es aber erneut zu einer Umkehrbewegung gekommen. Und so wird heute vieles, was die Naturforscher und Philosophen der Romantik herausgearbeitet haben, wieder aufgenommen und ist z.T. sogar zu gedanklichem Allgemeingut geworden. Die Ganzheitsmedizin und weitere sog. ‚ganzheitliche Betrachtungsweisen' stehen für diese bis in die Gegenwart anhaltende Strömung.

2. Im 20. Jahrhundert arbeitet Whitehead an einem Konzept von Einheit. Dessen wichtigste Züge habe ich in Abschnitt IV3e dargestellt.[147] Der Einheitsaspekt der darin beschriebenen Vorgänge kam bis jetzt aber noch nicht genügend zur Darstellung. Es gilt dies in den nachfolgenden Abschnitten nachzuholen.
3. Die Physik der letzten fünfzig Jahren hat den Begriff der ‚Einheit' mit neuem Inhalt gefüllt. Die im Rahmen quantenphysischer Forschungen entdeckten, sog. ‚verschränkte Zustände' zuerst von Photonen und Elektronen, unterdessen auch von grösseren Gebilden, macht es möglich, Einheit neu und besser zu konzeptualisieren. Diese Entdeckungen sind auf Quantenebene gut etabliert und es wird bereits intensiv an deren praktischen Nutzung gearbeitet. Es steht jetzt die Frage im Raum, inwiefern diese oder ähnliche Formen von Einheit auch bei makroskopischen Organismen anzutreffen sind.
4. Neben diesen neuen philosophischen und naturwissenschaftlichen Erkenntnissen, welche Einheit besser verständlich machen, gibt es eine seit jeher *phänomenologisch erlebte Einheit*: Wir erleben uns als eins, als ein zeitlich und räumlich zusammenhängendes Eines (und Gan-

146 Siehe dazu die Zusammenfassungen von K. Köchy: Ganzheit und Wissenschaft – Das historische Beispiel der romantischen Naturforschung, S. 97ff.; K. Gloy: Das Verständnis der Natur II – Die Geschichte des ganzheitlichen Denkens, S. 74ff.; W. Leibbrand: Romantische Medizin, S. 40ff.

147 A.N. Whitehead: Prozess und Realität, S. 64, 162, 176, 245.

> zes). Geht diese subjektiv erlebte Einheit verloren, wird dies von uns als persönliche Katastrophe empfunden.[148] Eine Philosophie, welche dieses allgegenwärtige Erleben der Menschen als Illusion abzutun gezwungen ist, steht auf schwachen Beinen.

Dies alles reicht genau besehen nicht aus, um einwandfrei zu rechtfertigen, dass selbst Makroorganismen wie Pflanzen, Tiere und Menschen (auch) als Einheiten konzeptualisiert werden können. Ich möchte sie denn auch durch den für mich vielleicht wichtigsten Punkt ergänzen: Es ist dies ein ästhetisches Bedürfnis nach Symmetrie grundsätzlichster Kategorien des Lebens. Dass sich gerade die immer wieder in den Vordergrund schiebende Kategorie des Einen oder der Einheit bei einem angemessenen Verständnis von Leben einfach so in Luft auflösen soll, widerspricht meiner Intuition.

2. Einheit in der Philosophy of Organism

a. Werdens- und Konkretisierungsprozesse als Einheit

Bei der Beschreibung von Erkenntnisprozessen lag der Schwerpunkt in Kapitel IV darin, die verschiedenen Phasen dieser Prozesse aufzuzeigen, deren Abfolge zu nennen und verständlich zu machen, wie sie im Laufe der Konkretisierung zusammenspielen und welchen Regeln sie dabei unterworfen sind. Jetzt gilt es noch darauf hinzuweisen, dass diese Beschreibungen, obwohl selber komplex, so doch auf eine Einheit verweisen, die im wörtlichen Sinne ohne Teile – unteilbar – ist. Dabei ist es nötig, auf den Konkretisierungsprozess der aE/aO, wie er in Abschnitt IV3e und in Schema 8 erläutert wurde, zurückzugreifen.

148 Das Leiden, welches Ausdruck gestörten Einheitserlebens ist, lässt sich auch durch die Aussenstehenden beobachten und beschreiben. Sie rangieren unter dem Oberbegriff der dissoziativen Erkrankungen (ICD-10 F 44.0-9).

Abbildung 17: Die Konkretisierung.

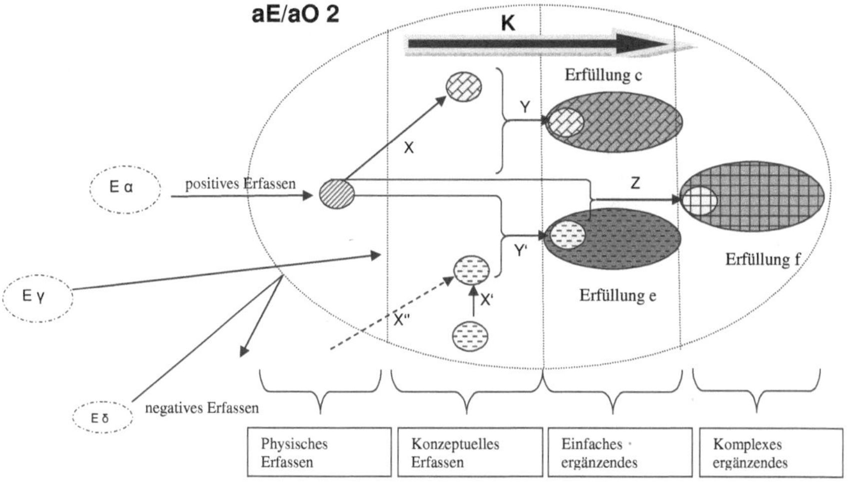

Dieses komplexe Schema weist eine stattliche Anzahl von Teilelementen auf. Dabei sollte es gemäss der oben aufgestellten Hypothese eine Einheit darstellen, d.h. ohne Teile sein. Dieser Widerspruch lässt sich dadurch lösen, dass auf die schon früher benutzte Unterscheidung zwischen sog. Erkenntniskategorien und Seinskategorien zurückgegriffen wird.[149] Einheit als eine Seinskategorie ist ohne Teile. Die vom menschlichen Geist aufgebotenen Erkenntniskategorien können dagegen sehr vielfältig und komplex sein; sie alle versuchen, in einem (fast) unmöglichen, immer nur teilweise erfolgreichen Unternehmen, Einheit verständlich zu machen.

Wenn sich in Schema 17 ein von links nach rechts verlaufender Pfeil findet, der mit ‚K' (für ‚Konkretisierung') beschriftet ist, so ist mit Nachdruck darauf hinzuweisen, dass dieser Pfeil keine Zeitachse bezeichnet und wenn in demselben Schema mit ‚a', ‚b', ‚c' etc. verschiedene Areale bezeichnet sind, so gilt auch da, dass diese Areale keine räumlich festgelegten oder festlegbaren Bereiche sind.

Um dies zu verstehen, muss in den nächsten Abschnitten eine Erläuterung dessen gegeben werden, wie Raum und Zeit im Lichte der hier dargestellten Theorie zu konzeptualisieren sind.

149 Siehe Abschnitt I2, III2–4 und III6b und ausserdem: N. Hartmann: Der Aufbau der realen Welt, S. 5ff., 298; Grundzüge einer Metaphysik der Erkenntnis, Kapitel 47, S. 341 ff. und: Die Erkenntnis im Lichte der Ontologie, S. 145 ff.

b. Raum und Zeit – absolut und relativ

Isaac Newton hat vor rund 350 Jahren eine Konzeption von Raum und Zeit in die Physik eingeführt, welche die folgenden Merkmale zeigt:

- Zeit und Raum sind etwas Reales, Substanzielles, vom Menschen und dem menschlichen Geist Unterschiedenes;
- Zeit fliesst von Natur aus regelmässig und gleichförmig und der Raum verharrt unbeweglich;
- Zeit und Raum sind leer. Sie bilden das Behältnis für alles, was sich empirisch erfassen lässt. Sie sind in ihrer Ausdehnung unendlich, sie umfassen alles empirisch Fassbare und sind aus diesem Grund einmalig und absolut;
- Raum und Zeit sind immer und überall gleich (homogen), unendlich teilbar (kontinuierlich) und lassen sich messen, sie sind quantifizierbar.[150]

All diese Punkte scheinen dem unbefangenen Menschenverstand einsichtig, drängen sich ihm sogar auf. Dies dürfte, neben seiner Nützlichkeit für die Lösung von Problemen der Mechanik, mit dazu beigetragen haben, dass sich das Newtonische Raum-Zeit-Modell während langer Zeit als das einzig richtige hat durchsetzen können. Es existieren aber seit jeher auch Alternativen. So stellte sich schon Aristoteles die Frage, ob Raum und Zeit unabhängig vom menschlichen Bewusstsein existieren und demnach überhaupt Objektivität zukomme. Zeit ist nach Aristoteles

> (1) „die Messzahl von Bewegung […] (und) Mass von Bewegung und Ruhe."[151]

Aus der Tatsache, dass die Zeit mit einer (Mess-)Zahl und dadurch mit Messen und Zählen zu tun hat, folgert er scharfsinnig:

> (2) „Der Untersuchung wert sind auch (die Fragen), wie sich denn die Zeit zum Bewusstsein verhält…" und „wenn nichts anderes von Natur begabt ist zu zählen als das Bewusstsein (des Menschen), und von diesem (besonders) das Verstandesvermögen, dann ist es unmöglich, dass es Zeit gibt, wenn es Bewusstsein (davon) nicht gibt…."[152]

150 I. Newton: Mathematische Prinzipien der Naturlehre, S. 25ff. K. Gloy: Geschichte der Zeit, S. 127.

151 Aristoteles: Physik, 219b/1–2.

152 Ibidem, 223a/21–22.

Auch wenn Aristoteles am Schluss doch einer Zeitauffassung den Vorrang gibt, welche bewusstseinsunabhängig ist, so ist mit der eben zitierten Passage schon früh in der Philosophiegeschichte eine Konzeption in die Welt gesetzt, welche Zeit direkt vom Bewusstsein des Menschen abhängig macht.[153]

Im 11. Buch von Augustins ‚Bekenntnissen' taucht ganz am Ende der Antike noch einmal eine Gedankenführung auf, welche in eine ähnliche Richtung zielt. Augustin beantwortet dort die Frage nach dem Wesen der Zeit wie folgt:

> Aber wie kann es geschehen, dass das Zukünftige vermindert und aufgezehrt wird, das doch noch nicht ist, und dass das Vergangene wächst, das doch bereits nicht mehr ist? Nur so, dass der Geist, in dem dies vorgeht, ein Dreifaches tut. Er erwartet, merkt auf und erinnert sich. [...] Also ist nicht etwa die zukünftige Zeit lang, die vielmehr überhaupt nicht ist, sondern lange Zukunft ist nichts anderes als lange Erwartung der Zukunft, auch ist nicht die vergangene Zeit lang, die überhaupt nicht ist, sondern lange Vergangenheit ist lange Erinnerung an das Vergangene.[154]

Die Zeit wird so eindeutig in direkte Abhängigkeit vom menschlichen Geist und seinen Tätigkeiten des Erwartens, Merkens und Erinnerns gebracht. Besonders Leibniz hat ausdrücklich und in expliziertem Widerspruch zu seinem Zeitgenossen Newton betont, dass es sich bei Raum und Zeit *nicht* um eine ausserhalb des Menschen auffindbare, objektive Realität handeln könne. Für Leibniz sind Raum und Zeit nichts anderes als Ordnungssysteme des menschlichen Geistes.[155]

Später hat I. Kant Raum und Zeit als Kategorien der Anschauung, die dem Menschen apriori gegeben sind, konzipiert. Er verstand sie nicht wie Newton als Seinskategorie, sondern ähnlich wie Leibniz als menschliche Erkenntniskategorien.[156] Kants diesbezügliche Argumente fasst K. Gloy wie folgt zusammen:

> Beide Annahmen, sowohl diejenige, dass Zeit und Raum Bedingungen aller realen Existenz seien, wie auch diejenige, dass sie als Bedingungen Realexistenz hätten, sind

153 E. Rudolph: Zeit und Ewigkeit bei Platon und Aristoteles, S. 111 f.

154 Augustin: Bekenntnisse, 11. Buch, S. 328.

155 G. W. Leibniz: Neue Abhandlungen über den menschlichen Verstand, 2. Buch, Kapitel 1 § 2, Kapitel 4 § 4 und Kapitel 13 § 15 – Kapitel 15 §11.

156 I. Kant: Kr.d.r.V. B38–39.

> unvereinbar, so dass man sich entweder für die eine oder die andere Alternative entscheiden muss. Deutlich lässt sich dies im Falle des Raumes demonstrieren. Wird der Raum als ein Gefäss für alles Seiende gedacht wie nach Newtons Weltschachtel-Theorie, so muss, wenn von allem Seienden abstrahiert wird, er selbst mit abstrahiert werden, da er als Aufnahmegefäss selbst ein Seiendes ist. Was selbst reale Bedingung der Realität ist, kann nicht übrigbleiben, wenn alle Realität eliminiert wird. Der Bedingungs- und Aufnahmecharakter des Raumes lässt sich nur retten, wenn man ihn auf einer anderen Ebene ansiedelt; denn das, was Bedingung von allem ist, kann unmöglich denselben Seinsstatus haben, wie das, wofür es Bedingung ist. Für den Raum bleibt daher nichts anderes übrig, als ihn zu einer formalen Bedingung des Subjekts zu erklären [...].[157]

Whitehead nimmt die Kritiken von Leibniz und Kant auf und bezichtigt Newton einer, wie er es nennt, ‚fallacy of misplaced concretness'.[158] Mit diesem ‚Trugschluss unzutreffender Vergegenständlichung' weist er darauf hin, dass Raum und Zeit nicht als ein ‚Etwas' und insbesondere nicht als eine Art Behälter verstanden werden dürfe. Seine Argumentation ist derjenigen von Leibnitz' ähnlich und nimmt das Zenonsche Pfeilparadoxon zur Hilfe. Dieses zeigt in der Interpretation von Whitehead nicht, wie Zenon dies behauptete, dass Bewegung nicht existiert, sondern dass es Bewegung (d.h. Prozesse) sehr wohl gibt, dass diese aber nicht in Raum und Zeit stattfinden. Würden Prozesse nämlich in Raum und Zeit ablaufen, so ist, weil beide bis ins Unendliche geteilt werden können, nicht einzusehen, wie darin Bewegung zustande kommen kann. Die einzelnen Argumentationsschritte sehen wie folgt aus:

(1) Dass ein fliegender Pfeil zu einem Zeitpunkt X tatsächlich still steht, ist nur dann möglich, wenn es sich um einen richtigen Punkt handelt, d.h. wenn er gänzlich ohne zeitliche und örtliche Ausdehnung ist. Das Problem ist jetzt (2), wie aus diesen Punkten so etwas wie Ausdehnung, in welcher sich Bewegung abspielen kann, zustande kommen soll. Reiht man nämlich zum ersten Ort zum Zeitpunkt X einen zweiten Zeitpunkt X + 1, dann ergibt das keine Ausdehnung, denn zwei Punkte mit Ausdehnung 0 zeigen immer noch die Ausdehnung 0. Damit legt (3) der Pfeil in den Zeitpunkten X, X+1, X+2, ... keine Strecke zurück, er bleibt stille stehen,

157 K. Gloy: Geschichte der Zeit, S. 130.

158 A.N. Whitehead: Prozess und Realität, S. 184 und Wissenschaft und moderne Welt, S. 66.

Bewegung wird unmöglich. So es denn Bewegung und Prozesse tatsächlich gibt, können sie nicht in einem raum-zeitlichen Kontinuum stattfinden.[159]

Der letzte und entscheidende Schlag gegen das Newtonische Verständnis von Raum und Zeit erfolgte ironischerweise nicht durch Philosophen, sondern durch Naturwissenschaftler und Mathematiker, welche ganz auf dem Boden der Newtonischen Physik Naturbeobachtung betrieben und versuchten, einzelne Beobachtungen mittels theoretischer Systeme zu verallgemeinern. So konnten A. Michelson und E. Morley in den 80iger Jahren des 19. Jahrhunderts zeigen, dass die Fortpflanzungsgeschwindigkeit von Lichtwellen nicht davon abhängt, ob sich ihre Quelle auf irgendeinem Gefährt mittragen lässt – sei dies eine Rakete oder ein hypothetisch gesetzter und damals für tatsächlich existierend erachteter Ätherwind. 1905 wies A. Einstein nach, dass die Resultate solcher und ähnlicher Experimente nur dann in eine kohärente Theorie eingebunden werden können, wenn Raum und Zeit ihren absoluten Status verlieren und zu relativen Grössen werden. Im Rahmen der Einstein'schen speziellen Relativitätstheorie schrumpfen und wachsen Raum und Zeit in Abhängigkeit davon, wie schnell sich Massen relativ zueinander bewegen. Sie sind damit nicht mehr *Voraussetzungen* für das Vorhandensein von Masse, sondern sind selber durch die Massen und deren relative Bewegungen zueinander *Bedingte. Als solche verlieren sie ihre primordiale kategoriale Bedeutung.*

c. Einheiten sind nicht in Raum und Zeit

Whitehead hat sich wie nur wenige andere Philosophen mit den neuen Entwicklungen in den Naturwissenschaften zu Beginn des 20. Jahrhunderts auseinandergesetzt und hat sich auch um eine fundierte Kritik und Weiterentwicklung der dazugehörigen Theorie, insbesondere der Relativitätstheorie, bemüht. Letztere hat er u.a. in einem 1922 entstandenen Artikel mit dem Titel „The Principle of Relativity with Applications to Physical Science" und 1925 in ‚Wissenschaft und moderne Welt' behandelt und auf hohem wissenschaftlichem und philosophischem Niveau kriti-

159 A.N. Whitehead: Prozess und Realität, S. 141 ff. und T. Müller: Gott, Welt, Kreativität, S. 91.

siert. Er weist in der erstgenannten Publikation darauf hin, dass die Lichtgeschwindigkeit eine kontingente Grösse sei, und dass sich deren Sonderbehandlung durch Einstein als zentrale physikalische Konstante aus naturphilosophischer Sicht nicht rechtfertigen lasse. Er wirft der speziellen Relativitätstheorie unter anderem vor, zwar Zeit und Raum als absolute Grössen abzuschaffen, im gleichen Atemzug aber eine andere Konstante einzuführen, welche ebenso absolut ist, nämlich diejenige der Lichtgeschwindigkeit.[160] In ,Wissenschaft und moderne Welt' kritisiert er konkret, dass Einstein das Gravitationsgesetz (Gravitation = G · $\frac{m_1 \times m_2}{d^2}$) nicht neu formuliere, sondern unverändert weiterverwende. Dabei ist die darin enthaltene Distanz (d^2 im Nenner der Formel) als räumliche Grösse ja gerade durch Einstein selber relativiert worden.[161] Nicht der Lichtgeschwindigkeit oder einer anderen kontingenten Grösse der Natur gehört gemäss Whitehead das kategoriale Primat, sondern der aE/aO. Raum und Zeit sind den aE/aO nicht vorgeordnet, sind nicht Behälter, in welchem aE/aO ihren Platz und ihre Lebenszeit finden, sondern sind Potenzialitäten, d.h. Ideen, welche durch die aE/aO zur Aktualität gebracht werden. Das heisst, dass das sich gleichmässig und kontinuierlich ausbreitende raumzeitliche Bezugssystem nichts hervorbringt, sondern selber durch Ereignisse, welche selber nicht kontinuierlich, sondern Atome oder ,Ereignis-tröpfchen (W. James) sind, *erzeugt* wird. Das Besondere an Raum und Zeit ist einzig die Tatsache, dass sie als Ideen (oder reine Potentiale) von maximaler Allgemeinheit in allen aE/aO der Welt ,unserer ,kosmischen Epoche' Aktualität erlangen. Sie sind als Folge aktualer Prozesse alles verbindende, aktual gewordene Ideen; sie sind aber nicht Ursache oder Bedingung der Möglichkeit von Seiendem.[162]

Dadurch, dass sich bei Whitehead dieses Bedingungsverhältnis umkehrt, kommt es auch zu einer viel radikaleren Relativierung von Raum und Zeit, als dies bei Einstein der Fall ist, wo sich die Relativierung nur in extremen, dem menschlichen Erleben kaum zugänglichen Bereichen (Bewegungen nahe der Lichtgeschwindigkeit) abspielt.

160 A.N. Whitehead: The Principle of Relativity with Applications to Physical Science, S. 10 und J. Stolz: Whitehead und Einstein, S. 111f.

161 A.N. Whitehead: Wissenschaft und moderne Welt, S. 147f.

162 Ibidem, S. 149ff.

d. Die Einheit der Prozesse

Dem unbefangenen Auge entsteht immer wieder der Eindruck, Organismen seien feste *Strukturen*, die so eng zusammengefügt seien, dass es beispielsweise schwierig, ja sogar unmöglich sei, eine Trennung dieser innig zusammengefügten Teile durchzuführen. Die Sache ist allerdings um einiges komplizierter: Lebewesen können nämlich nur einen ganz kurzen Moment lang als Strukturen verstanden werden. Es ist dies der kurze Moment der Erfüllung. Dann und nur dann ist es möglich, ein Lebewesen zu erfassen. Doch gerade dann ist es keine Einheit mehr, sondern ist dabei, in eine Vielheit zu zerfallen. *Organismen als Einheit sind ausdrücklich nicht als Strukturen, sondern als Prozesse anzusehen.* So gesehen war auch der Einbezug der Abbildungen 10, 14a und b zur Darstellung dessen, was die Einheit einer werdenden aE/aO ausmacht, trügerisch. Die zopfförmig ineinander geflochtenen Prozesse bekommen darin – durch die festen Zeichen der Pfeile gefördert – fälschlicherweise den Aspekt von Strukturen. Graphische Zeichen eigenen sich als Darstellung der Lebensprozesse schlecht und verleiten leicht zur Annahme, die in eingetrocknete Tinte gegossenen Zeichen bildeten die Prozesse, für welche sie stehen, eins zu eins ab.

Wählt man einen anderen, nicht-graphischen Zugang, so lässt es sich an verschiedenen Beispielen intuitiv ersehen, dass Prozesse entweder *eins oder gar nicht sind.* So täuscht beispielsweise der Prozess des in einen Ablauf fliessenden, sich zu einem Wirbel formenden Wassers die feste Struktur eines Trichters vor. Dass es sich um eine durch einen gleichförmigen Prozess vorgetäuschte Struktur handelt, wird ersichtlich, sobald versucht wird, ebendiesen Trichter zu teilen: Er lässt sich nicht teilen, sondern zerfällt bei einem allfälligen Versuch sogleich zu einem Nichts. Wer hat je einen halben Wasserwirbel in eine Tasche gesteckt oder unter ein Mikroskop gelegt, um so seine Beschaffenheit genauer zu erkunden? Prozesse lassen solches nicht zu. Whitehead gibt als ein weiteres einleuchtendes und einfaches Beispiel dasjenige des Entstehens eines Tons. Ein Ton ist in einem einzelnen Augenblick nichts. Er braucht seine gesamte Schwingungsperiode, um sich zu manifestieren.[163] Ähnliches gilt bei komplexeren Ereignissen, wie dies beispielsweise bei interaktiven Prozessen zwischen Menschen der Fall ist. So

163 A.N. Whitehead: Wissenschaft und moderne Welt, S. 51.

gilt beispielsweise beim *Aussprechen* eines Satzes – darauf wurde bereits an anderer Stelle hingewiesen –, dass entweder ein Satz als ganzer oder dann gar nicht ausgesagt wird – halbe Sätze auszusagen ist nicht möglich. Ähnliches gilt auch für den Prozess des *Lesens* von Aussagen mittels von Schriftzeichen. Dies sind Anschauungsbeispiele dafür, dass Prozessen eine Einheit zukommt, welche es unmöglich macht, Teilungen vorzunehmen, ohne damit das, was es zu teilen gilt, zu zerstören.

Die Sache wird noch durch die bereits erwähnte Tatsache kompliziert, dass sich Prozesse empirisch nicht (direkt) fassen lassen. Dies alles ist nur schwer mit unserer Alltagserfahrung in Einklang zu bringen und bedarf deshalb zusätzlicher Erklärungen. Zu diesem Zwecke ist es hilfreich, zwischen verschiedenen Ebenen des Erfassens, d.h. ‚des an Prozessen teilhaftig-Seins' zu differenzieren. Grundsätzlich lassen sich in diesem Zusammenhang mindestens drei verschiedene Ebenen des Erfassens unterscheiden, nämlich:

(i) Erfassen von zur Erfüllung gelangten *Teilprozessen*
(ii) Erfassen eines zur Erfüllung gelangten *Prozesses als Ganzen*
(iii) selber ein Prozess sein

(i) Prozesse lassen sich einzig in den kurzen Momenten, in welchen sie zu ihrer Erfüllung gelangt sind, erfassen. Wenn es darum geht, einen Wasserwirbel, der beispielsweise gurgelnd über einem Abflussrohr steht, zu erfassen, dann geschieht dies, indem das menschliche Auge zur Erfüllung gelangte *Teilprozesse* des Gesamtprozesses ‚Wasserwirbel' *wahrnimmt.* Ich habe die Bedeutung des Erfassens von Teilprozessen bereits in Abschnitt V3c besprochen und habe dort darauf hingewiesen, dass insbesondere das Auge und das Ohr fähig sind, eine grosse Zahl zur Erfüllung gelangender Teilprozesse gleichzeitig zu erfassen. Das Zentralnervensystem ist ausserdem fähig, einzelne Wahrnehmungen so in Beziehung zueinander zu setzen, dass sich daraus ein Gesamteindruck, ein zusammenhängendes (optisches oder akustisches) Bild ergibt. Der Vorteil liegt auf der Hand: Es wird möglich, mittels der Integration einer Vielzahl von erfassten atomaren Vorgängen – von Teilprozessen also – an der Grenzschicht des Wasserwirbels zur Umgebung den Gesamtprozess ein Stück weit zu rekonstruieren, ohne selber nass zu werden oder sich selber – wenig ratsam – zu einem Teil eines grossen Wasserwirbels, wie er beispielsweise in mächtigen Flüssen vorkommt, zu machen.

Grafisch kann das Erfassen von zur Erfüllung gelangten Teilprozessen, welche zugleich Teil eines Gesamtprozesses sind, anhand von bereits angeführten Schemata anschaulich gemacht werden.

Abbildung 18a: Optisch erfassbare Teilprozesse.

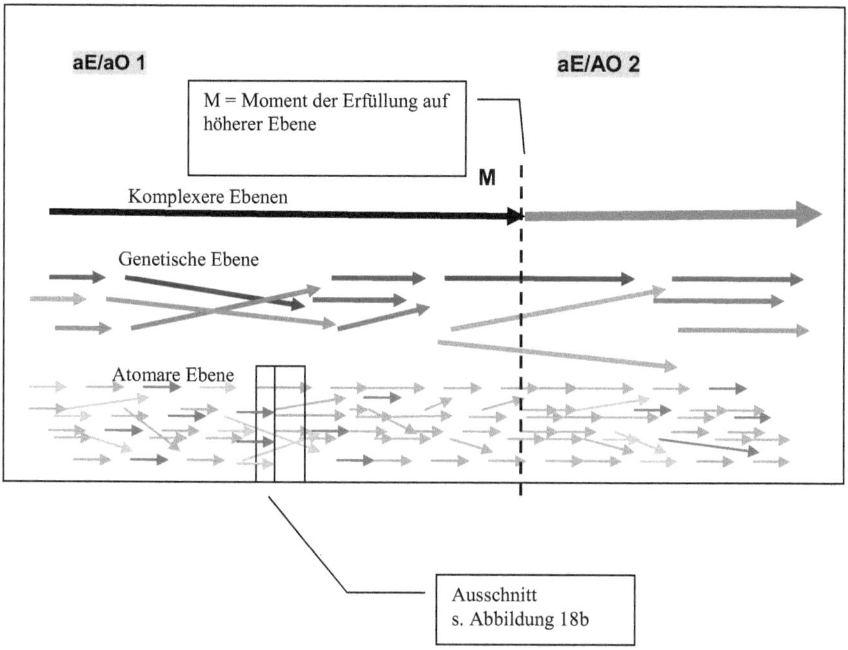

Abbildung 18b (Ausschnitt aus Abbildung 18a vergrössert und detaillierter).

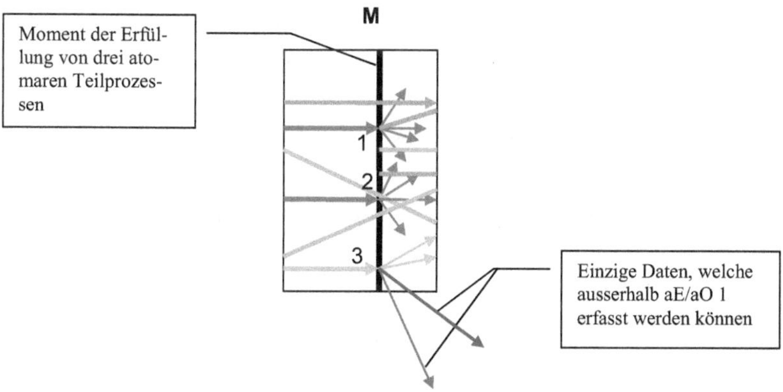

Der Nachteil des Erfassens von Gesamtprozessen mittels der Rekonstruktion eines Bildes aus einer Vielzahl von Teilprozessen besteht in der Oberflächlichkeit dessen, was in diesen Fällen erfasst wird. So gross und farbenprächtig ein Bild auch sein mag, es wird dabei nichts anderes als die äusserste Grenzschicht zugänglich gemacht. In Abbildung 18b sind dies einzig die beiden untersten Pfeile. Dies bedeutet eine starke Verarmung des Erfassten; das Optische (und auch das Akustische) bleibt dem prallen Leben äusserlich. Es ist und bleibt ein entscheidender Unterschied, ob ich Anderen zuschaue, wie sie essen, oder selber esse; nur das Zweite stillt den Hunger. Doch im Kampf ums Überleben ist es häufig besser, nur Oberflächliches und Äusserliches zur Verfügung zu haben als gar nichts.

(ii) Das *Erfassen von Gesamtprozessen* heisst immer und zugleich, dass sein zum Abschluss gekommenes Werden dem Erfassen zugänglich geworden ist. Und es bedeutet auch, dass ein Objekt in das erfassende Subjekt übergeht und so zu einem integralen Teil von Letzterem wird. So wird die bereits einmal erwähnte Maus ganz und gar integraler Teil der Mäusefressenden Katze.

Ähnliches geschieht dann, wenn sich zwei Menschen auf ein persönliches Gespräch einlassen. Der Sprecher, der dem *persönlich* Angesprochenen etwas sagt, geht als Ganzer in den Angesprochenen über: Das Timbre seiner Stimme, der Ausdruck seiner Gesichts, der Tonfall des Gesagten, die ganze Atmosphäre der Szene und der Inhalt des Gesagten, sie alle lassen das Gespräch zu einem Ereignis werden, das, sobald abgeschlossen, in toto in den Hörenden übergeht (siehe Abschnitt IV3d). Dieser Vorgang ist nur auf den ersten Blick mit dem vergleichbar, was beispielsweise dann geschieht, wenn dieselben Sätze mit ebendiesem Inhalt über ein eng begrenztes und eng begrenzendes Medium geleitet werden. Den Satz „ich liebe dich" aus einem Lautsprecher nur gerade zu hören, ist etwas fundamental anderes, als ihn in Form eines Satzes durch eine andere Person von Angesicht zu Angesicht direkt und live ins Ohr geflüstert zu bekommen und dabei die Umgebung, die Atmosphäre, die Stimmung und Vibrationen hautnah zu erleben.

Es sind im Anschluss an das Aussprechen eines Satzes – wie z.B. ‚ich liebe dich' – zwei Fortsetzungen möglich. Im einen, eher seltenen Fall kommt mit diesem Satz ein ganzer Prozess zu seinem Ende. Der Sprecher hat das Bedürfnis, seine Liebe auszudrücken, gestillt und wendet sich einer neuen Tätigkeit zu. Der Hörer hat dies in sich aufgenommen (erfasst) und beginnt einen neuen Prozess. Häufig ist es aber nicht so, dass der Prozess nach einem einzigen Satz geschlossen ist. Der Angesprochene will antworten und so entwickelt sich ein Austausch, der erst später seinen Abschluss finden wird. Es handelt sich in diesem Falle um einen Prozess, in dem zwei Menschen eingebunden sind, und in welchem eine noch engere Verbindung – man könnte es eine *Verschränkung* nennen – entsteht. Solange dieser enge Austauschprozess stattfindet, handelt es sich genau genommen bereits um ein Beispiel zu Punkt (iii): Es geht nicht mehr um das Erfassen eines einzelnen Prozesses mit Übergang von Teilen des Vorgängerorganismus in den Erfassenden, sondern es geht jetzt darum, selber Teil eines übergeordneten Prozesses zu sein.

(iii) Es gibt zwei unterschiedliche Arten, wie eine *Person selber Teil von Werdensprozessen* sein kann: Erstens als in einem Prozess mit anderen aE/aO oder Organismen eingebunden oder zweitens als Schauplatz von inneren Prozessen. Ersteres ist von immenser praktischer Bedeutung, wurde soeben kurz angesprochen und wird später nochmals genauer behandelt werden; Letzteres bietet, so könnte man meinen, das direkteste und unmittelbarste Erleben von Prozessen. Das stimmt nur unter dem Vorbehalt, dass es selbst beim Erleben ureigener, innerer Prozesse nicht möglich ist, diese direkt zu erfassen. Der Versuch, diese durch Selbstbeobachtung in Sprache zu fassen oder sonst wie an die Aussenwelt weiterzugeben, führt nämlich dazu, dass die inneren Vorgänge – seien es Tagträume, Phantasien, Selbstgespräche u. a. m. – unterbrochen werden und zerfallen.[164] Es ist nicht möglich, etwas gleichzeitig in der ersten Person zu erleben und das Erlebte, in welcher Form auch immer, öffentlich zu machen.

164 H. Römer: Verschränkungen, S. 92.

3. Quantenphysik und Philosophy of Organism

a. Die Gemeinsamkeiten

Bevor es darum geht, zu zeigen, wie und wo Einheit in der Quantenphysik wichtig ist, gilt es, die Verbindungen und Verwandtschaften, die zwischen der quantenphysischen Theoriebildung und der Whiteheadschen Philosophy of Organism bestehen, aufzuzeigen.

Weil Whiteheads Kosmologie den quantenphysischen Erkenntnissen seiner Zeit Rechnung trägt, lässt sich ihre Kompatibilität mit der Quantenphysik erklären. Letztere hat sich seit den zwanziger Jahren des letzten Jahrhunderts – dem Erscheinen von Whiteheads Hauptwerken – allerdings weiterentwickelt. Dabei lässt sich erkennen, dass verschiedene, neuere quantenphysikalische Erkenntnisse Abweichungen von dem zeigen, was Whitehead vertritt. Dies wird denn auch von verschiedenen Autoren moniert.[165] Allerdings sind es dann gerade wieder dieselben Kritiker, welche sich bemühen, an der Philosophy of Organism Anpassungen vorzunehmen, um sie mit den neueren Erkenntnissen der Quantenphysik kompatibel zu machen.[166] Dies gibt einen Hinweis darauf, dass die Whiteheadsche Metaphysik auch heute noch hilfreich sein kann, wenn es darum geht, den enormen intellektuellen Herausforderungen, welche die Quantenphysik an die Wissenschaft, Philosophie und an das Denken überhaupt stellt, gerecht zu werden.

Die nachfolgende Zusammenstellung der Verwandtschaften zwischen Quantenphysik und Philosophy of Organism bietet in einem die Gelegenheit, Grundelemente der Quantenphysik zu nennen und wichtige Elemente der Whiteheadschen Metaphysik zu rekapitulieren.[167] Besonders zu nennen sind in diesem Zusammenhang:

165 A. Shimony: Quantum Physics and the Philosophy of Whitehead, S. 248 ff.; F. Hättich: Quantum Processes, S. 249 ff.

166 A. Shimony: Quantum Physics and the Philosophy of Whitehead, S. 254 ff.; A. Shimony in R. Penrose: Das Grosse, das Kleine und der menschliche Geist, S. 188 ff.; H. Stapp: Mind, Matter and Quantum Mechanics, S 81 f., 93 f., 116, 190 f.

167 Siehe dazu auch: J. Klose: Die Struktur der Zeit in der Philosophie Alfred North Whiteheads, S. 321 ff.

(i) *Die Atomizität der Ereignisse:* Whitehead dazu: „Es gibt ein weit verbreitetes Missverständnis, wonach ‚Werden' für sein Fortschreiten ins Neue die Vorstellung einer einzigen Serialität voraussetzt [...doch] liegt die elementare metaphysische Wahrheit im Atomismus."[168] ‚Prozess und Realität' befasst sich zu einem guten Teil damit, die Atomizität als Gegensatz zu übergangslosen Elementarvorkommnissen nicht nur zu behaupten, sondern auch argumentativ zu untermauern. Die Physik, welche sich mit den einfachsten Naturerscheinungen befasst, bestätigt diesen Befund. Ihre Forschungsergebnisse belegen, dass in der mikrophysikalischen Natur nicht Kontinuitäten, sondern einzig Ereignispakete und Ereignisträpfchen, d. h. ‚Quanten' existieren.[169] „Es ist, als könnten wir (beispielsweise) mit drei oder vier Stundenkilometer laufen, aber nicht mit dreieinhalb Stundenkilometer."[170]

(ii) *Die Relativierung des ontologischen Status der Materie:* Die berühmte Einstein'sche Formel $E = M \times c^2$ besagt, dass das, was die Materie ausmacht – die Masse – insofern austauschbar ist, als dass sie in Energie umgewandelt einfach zum Verschwinden gebracht werden kann. All das, was uns im Alltagsleben als träge Körper entgegensteht, wird relativiert, verliert seine ontologische Einmaligkeit und wird austauschbar. Die Materie steht in ständiger Wechselwirkung mit anderen Grunddimensionen des Universums und unterliegt fortdauernden Umwandlungen in andere Manifestationsformen. So wie Raum und Zeit im Rahmen der Einstein'schen Relativitätstheorie ihren absoluten Status verloren haben, ebenso verliert im Rahmen der modernen Physik die Materie ihren Status als das Substanzielle und als das Bleibende im Wechsel der physischen Geschehnisse.[171]

Whitehead konzipiert in Abstimmung mit der Quantenphysik seine ‚actual entities' denn auch als „ein schwingendes Einzelwesen – wo das Einzelwesen *durch* die Schwingungen konstituiert wird [...]."[172] Und meint,

168 A. N. Whitehead: Prozess und Realität, S. 86f.

169 A. Shimony: Quantum Physics and the Philosophy of Whitehead, S. 246f.; F. Hättich: Quantum Processes, S. 99ff.

170 A. N. Whitehead: Wissenschaft und moderne Welt, S. 154.

171 H.-P. Dürr: Unbelebte und belebte Materie, S. 190f.

172 A. N. Whitehead: Wissenschaft und modernen Welt, S. 51.; H.-P. Dürr: Unbelebte und belebte Materie, S. 189.

> […] dass ein solches (Letzt-)Element nur insofern existiert, als es ein periodisches System ist. […] Wir haben uns bereits von der Materie […] verabschiedet. […] Jetzt ist die Bahn frei für die Einführung einer neuen Lehre vom Organismus, die den Materialismus ablösen kann, welcher der Philosophie seit dem siebzehnten Jahrhundert aufgebürdet wurde.[173]

(iii) *Die Beobachterabhängigkeit von Messresultaten:* Die Quantenphysik und die Philosophy of Organism gehen beide davon aus, dass keine Erkenntnis gewonnen werden kann, ohne dass zugleich auch auf den Beobachter eingegangen werden muss. Dies darf aber nicht als eine Abkehr von der realistischen erkenntnistheoretischen Position missverstanden werden. Es geht nicht darum, zu behaupten, Erkenntnis würde durch den Erkennenden, unabhängig von dem, was in der Umwelt tatsächlich geschieht, *konstruiert.* Es wird hier im Gegenteil weiterhin daran festgehalten, dass es eine vom erkennenden Geist unabhängige Welt gibt. Wovon aber sowohl Whitehead als auch die Quantenphysik Abstand nehmen, dies ist die Meinung, der menschliche Wahrnehmungs-, Mess- und Erkenntnisakt lasse das Erkenntnisobjekt unbehelligt.

(iv) *der Doppelaspekt des Lichts und des Seienden allgemein:* Der Streit über die wahre Natur insbesondere des Lichts entbrannte bereits im 17. Jahrhundert, als zu Zeiten Newtons die Vertreter der Korpuskeltheorie denjenigen gegenüberstanden, welche das Licht als Welle verstanden. Die Quantenphysik hat den Streit unterdessen, man könnte sagen, salomonisch entschieden: Je nach der Art der Beobachtung zeigt sich Licht als Teilchen oder als Wellen.

1926 gelang es Erwin Schrödinger, Quantenobjekte in ihrem Werden mathematisch zu beschreiben. Es handelt sich dabei um eine (partielle Differenzial-)Gleichung, welche die Entwicklung eines Quantensystems als Welle abbildet, solange dieses sich selbst überlassen ist.[174] Und es zeigte sich in der Folge, dass die Quantenobjekte denselben Doppelaspekt aufweisen, wie dies beim Licht der Fall ist.

Damit beginnt sich die Frage zu stellen, ob es sein könnte, dass *alles Seiende*, also auch makroskopische Erscheinungen – Gegenstände, Lebe-

173 A.N. Whitehead: Wissenschaft und moderne Welt, S. 51 f.

174 J. Audretsch: Verschränkte Welt, S. 16 ff. <http://www.quantenwelt.de/quantenmechanik/wellenfunktion/schrodingergleichung.html>.

wesen, Tier und Menschen – je nach Betrachtungsweise Welle (Prozess) *und* auch Korpuskel sein könnten? Wenn ja, wie wäre diese Doppelnatur konkret zu verstehen und wie könnte sie mit unserem Alltagserleben in Einklang gebracht werden? Davon wird in den nächsten Abschnitten die Rede sein.

b. Superpositionen

Da Erforschung der Quantenprozesse einen neuen Blick auf das Problem der Einheit wirft, müssen an dieser Stelle wichtige quantenphysische Besonderheiten – die Superposition und die Verschränkung – in knapper Form erläutert werden. Zuerst soll es um die Superpositionen gehen: Die typische Versuchsanordnung, um das spannende und zugleich irritierende Phänomen der Superposition zu erläutern, stellt das sog. Doppelspaltexperiment dar. In Abbildung 19a ist die entsprechende Versuchsanordnung schematisch skizziert. In diesem Experiment werden Quantenobjekte – Photonen oder Elektronen – auf die Reise von einer Teilchenquelle hin zu einem teilchenregistrierenden Bildschirm geschickt. Es stehen ihnen dabei zwei Wege oder Möglichkeiten offen, um eine in den Weg gestellte Blende zu durchbrechen. Es sind dies die beiden Spalten A und B.

Abbildung 19a: Das Doppelspaltexperiment (1).

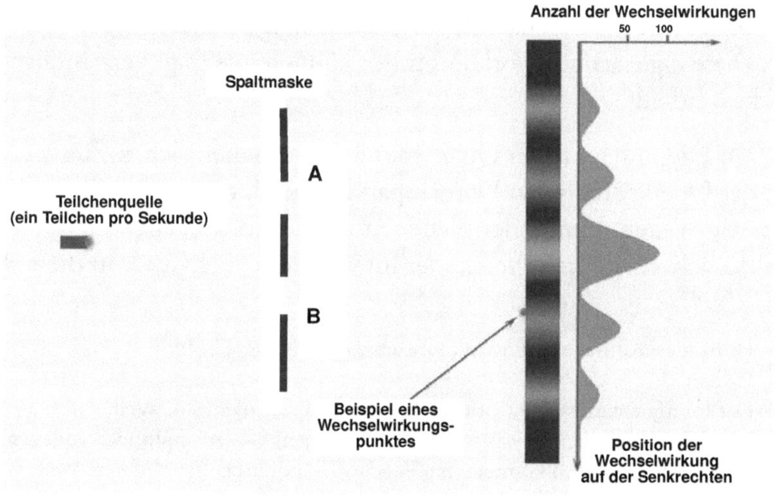

In der klassischen Physik lässt sich sagen, dass (a) ein Teilchen auf dem Weg von der Quelle zum Bildschirm genau zwei Wegalternativen besitzt, dass es nämlich entweder den einen Weg bei A oder den anderen bei B nehmen kann. Um festzustellen, welchen Weg es genommen hat, kann man nach hinterlassenen Spuren suchen, welche das Vorbeikommen des Teilchens belegen. Dies kann beispielsweise in Form einer Messvorrichtung bei einem der Spalten geschehen. Damit wird (b) ein Dokument erstellt, welches das Vorbeikommen des Teilchens belegt. Ein nachträglich erzeugtes Dokument entspricht (c) einer Fälschung. Ist (d) ein Beleg oder Dokument über das Vorbeikommen eines Teilchens vorhanden, so kann dieses nicht mehr ungeschehen gemacht werden, da jeder Versuch, dies zu tun, neue Belege produziert, anhand derer auf vorangegangene Belege geschlossen werden kann.[175]

Die Punkte (a) bis (d) gelten in der klassischen Physik und stimmen mit dem überein, was der alltäglichen Erfahrung entspricht. In der Quantenphysik gilt dies alles nicht mehr. Die Teilchen schlagen (a') auf ihrem Weg von der Quelle zum Bildschirm nicht eine einzige Wegalternative ein, sondern bewegen sich auf beiden zugleich. Das Erstellen von Dokumenten über einen eingeschlagenen Weg hat (b') zur Folge, dass das Teilchen seinen Weg verändert. Ein solches Dokument belegt nicht ein stattgefundenes Vorkommnis, sondern greift selber in das Geschehen ein und erzeugt es durch sein blosses, kontrollierendes Vorhandensein. Es ist ausserdem so, dass (c‘) ein Faktum durch nachträgliches Anlegen eines Belegs erst erzeugt werden kann. Und es ist zuletzt (d') möglich, ein bereits stattgefundenes Geschehen nachträglich rückgängig zu machen.[176]

Diese eigenartigen Vorkommnisse können wie folgt verständlich gemacht werden:

Ad (a'): Die untersuchten Quantenobjekte verhalten sich auf ihrem Weg von der Quelle durch den Doppelspalt hindurch nicht wie Teilchen, sondern wie Wellen. Hinter der Blende mit den beiden Spalten kommt es zu zwei Kugelwellen, die miteinander interferieren.[177] Erst wenn diese Wel-

175 H. Römer: Konsistente und inkonsistente Geschichten, S. 1 f.

176 Ibidem.

177 Das Interferenzmuster entspricht allerdings nicht demjenigen, welches man als Wellen in der klassischen Physik findet. Die jeweiligen Wellenamplituden addieren sich nicht, sondern folgen komplexeren Regeln (J. Audretsch: Verschränkte Welt, S. 10).

len, welche eine Schrödinger-Dynamik (oder Schrödinger Quantenprozess) darstellen, auf den Bildschirm treffen (wo eine Ortsmessung erfolgt), kommt es zur Teilchenbildung. Der genaue Ort des Auftreffens des Teilchens kann dabei nicht vorausgesagt werden. Was dagegen mittels einer Schrödingerschen Wellengleichung möglich ist, das ist die Berechnung der genauen Kontur der in Abbildung 19a ganz rechts dargestellten Interferenzkurve. Es ist dies eine Kurve, welche angibt, mit welcher Wahrscheinlichkeit das ursprünglich von der Quelle ausgesandte Teilchen an einem bestimmten Ort auftreffen wird.

Ad (b'): Will man versuchen, mittels einer Messung herauszufinden, welchen Weg ein von der Quelle ausgesandtes Teilchen eingeschlagen hat, so ist dies zwar möglich, doch führt diese Messung dazu, dass die ursprüngliche Schrödinger-Dynamik schon an dieser Stelle (und nicht erst beim Bildschirm) unterbrochen wird. Das Interferenzmuster auf dem Bildschirm verschwindet und zeigt ein Muster, wie es von der klassischen Physik her bekannt ist. Es entsteht ein Muster mit einem einfachen Maximum (s. Abbildung 19b).

Abbildung 19b: Das Doppelspaltexperiment (2).

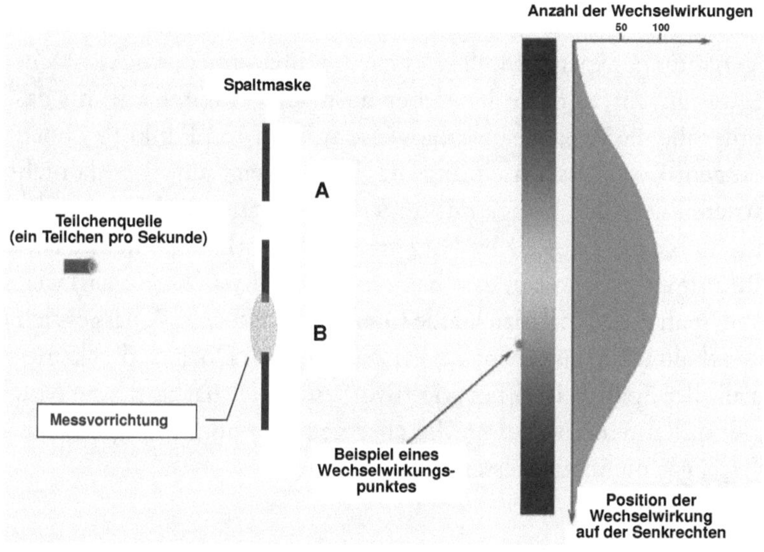

Ad (c'): Wird bei B, nachdem das Teilchen die Blende bereits passiert hat – aber bevor es am Bildschirm aufgetroffen ist – eine Messung vorgenommen, so wird es möglich, *nachträglich* noch festzustellen, wo es durchgeflogen *wäre*, hätte man vorher schon eine Messung durchgeführt. Das heisst mit anderen Worten, dass es möglich ist, nachträglich zu belegen, welchen Weg ein Teilchen genommen hat. Dies wird als ‚delayed choice' bezeichnet und findet in verschiedenen Versuchsanordnungen seine Bestätigung.[178]

Ad (d'): Es ist auch möglich, eine Messung und den damit entstandenen Beleg wieder vollständig zu vernichten; es ist anders gesagt möglich, etwas Geschehenes wieder ungeschehen zu machen. Wird nämlich, wie dies in Abbildung 19b dargestellt ist, am Doppelspalt eine Messung durchgeführt, so wird diese rückgängig gemacht, wenn die Messvorrichtung bei B vor dem Ablesen des Resultats (und bevor das Teilchen den Bildschirm erreicht hat) so verändert wird, dass sie ihre Funktionstüchtigkeit verliert. Nach der Zerstörung der Funktionstüchtigkeit und der daraus entstehenden Unmöglichkeit, das zuvor registrierte Resultat abzulesen, wird der vorherige Messvorgang rückgängig gemacht und auf dem Bildschirm entsteht dasselbe Interferenzmuster, welches sich immer dann zeigt, wenn keinerlei Messung vorgenommen wird. Dieser Vorgang wird als ‚Quantenradierer' bezeichnet.

Die genannten, experimentell gut belegten Phänomene widersprechen all dem, was ansonsten das Alltagsleben ausmacht. Führen wir uns das Geheimnisvolle dieser Sache beispielsweise anhand von Punkt (b') nochmals vor Augen: Die Messvorrichtung bei Spalt B zeigt auf, dass da nichts zu registrieren sei. Sie besagt mit anderen Worten: „Weit und breit kein Quantenobjekt." Dieser Messvorgang, der eigentlich gar keiner ist, diese ‚Nullnummer' führt dazu, dass beim (quantenphysisch gesehen) weit entfernten Spalt A das vorbeiziehende Quantenobjekt ‚weiss', dass es sich jetzt so zu verhalten hat, als ob Spalt B verschlossen sei. Doch ist dies keineswegs der Fall, der Spalt B ist offen wie zuvor, einzig, es hat dort eine Messung stattgefunden, eine Messung, die aber genau genommen gar keine war, weil es ja gar nichts zu messen gab.

178 Ibidem, S. 4; R. Penrose: Das Grosse, das Kleine und der menschliche Geist, S. 89ff.; J. Audretsch: Verschränkte Welt, S. 21ff.

Es wird in späteren Abschnitten noch darum gehen, die Existenz von Superpositionen naturphilosophisch einzuordnen, dass es sich bei diesen Phänomenen aber nicht um weltfremde Theorien und Laborartefakte handelt, zeigt sich an der Tatsache, dass gegenwärtig eifrig an der praktischen Nutzung der quantenphysischen Superpositionen gearbeitet wird. Der Anwendungsbereich der sog. Quanteninformatik versucht, die Tatsache zu nutzen, dass bei den oben beschriebenen Superpositionsphänomenen Quantenobjekte an mehreren Orten gleichzeitig sein können (Punkt a). Die moderne Computertechnik ist jetzt dabei, Mikrochips herzustellen, die fähig sind, Rechenprozesse so durchzuführen, dass in Superposition stehenden Quantenobjekten mehrere (Rechen-)Prozesse gleichzeitig ablaufen können. Geht es bei konventionellen elektronischen Rechenprozessen darum, dass Quantenobjekte – konkret Elektronen – verschiedene Stellen durchlaufen, an denen ‚Ja/Nein' oder ‚0/1'-Entscheidungen getroffen werden, so ist es ihnen innerhalb von Superpositionen möglich, mehrere solcher Entscheidungswege gleichzeitig zu durchlaufen und so die Leistungsfähigkeit des Rechners zu erhöhen.[179]

c. Verschränkungen

Als verschränkt wird ein (Quanten-)System bezeichnet, wenn es als Ganzes zwar in seinen Eigenschaften (den sog. Observablen) bestimmt und bekannt ist, die Teile darin aber ihre Selbstständigkeit in einer Art verlieren, dass sie erst dann zu existieren beginnen, wenn sich jemand darum bemüht, sie zu identifizieren.[180] Infolge der Möglichkeit der Quantenverschränkung bestimmt sich der Gesamtzustand eines zusammengesetzten Systems nicht in separaten Teilzuständen, sondern als *eine Einheit.* Wie bei der Superposition soll das Phänomen der Verschränkung an einem Beispiel, das experimentell gut belegt ist, genauer beschrieben werden: Es ist dies die Verschränkung eines einfachen, aus zwei Photonen bestehenden Quantensystems. Ein solches System besitzt ein Drehmoment – genauer

179 D. Bruss: Quanteninformation, S. 33 ff.
180 H. Römer: Verschränkung, S. 88.

einen ‚Spin' – von Null (0), wobei diese 0 dadurch zustande kommt, dass das eine Photon den ⊖ Spin und das andere den ⊕ Spin trägt.[181]

Will ein Uneingeweihter den Spin innerhalb des verschränkten Systems genauer untersuchen, geht er einfach davon aus, dass die 0 dadurch zustande kommt, dass den beiden Photonen ihren je eigenen Spin bei der Erzeugung der Verschränkung beigegeben wurde und sich die beiden als Folge davon *synchron* so verhalten, dass sie sich bzgl. ihres Drehmoments ergänzen. Um sagen zu können, welches der beiden Teilchen Spin ⊖ bzw. Spin ⊕ besitzt, muss jetzt einfach eine zusätzliche Bestimmung vorgenommen werden. Es muss möglich gemacht werden, dass sich die beiden Photonen mittels einer zusätzlichen Eigenschaft (einer zusätzlichen Variablen oder Observablen) voneinander unterscheiden lassen. So kann man dann sagen: „Das ist das rote Teilchen und es besitzt den ⊕ Spin." Mit dem Einführen der Variablen ‚rot' (bzw. ‚nicht rot') lassen sich die beiden Photonen identifizieren und bzgl. ihres Spins untersuchen.

Jetzt kann aber gezeigt werden, dass es bei Quantenobjekten prinzipiell nicht möglich ist, Synchronisierungen und Spin-Bestimmungen der eben genannten Art durchzuführen.

Um das zu zeigen, wird ein Photon nicht anhand seiner Farbe, sondern anhand seiner Schwingungsebene bestimmt. Zu diesem Zwecke wird es durch einen senkrecht gestellten Polarisationsfilter geschickt. Im ersten Moment könnte man meinen, es überwinde diesen Filter genau dann und nur dann, wenn es ebenfalls senkrecht schwingt. Das ist aber nicht der Fall und hat mit der Tatsache zu tun, dass sich Photonen auf dem Weg durch einen Filter (und auch sonst) in einer Superposition von horizontalen und vertikalen Schwingungen befinden.[182] Das typisch quantenphysische Phänomen der Superposition wurde im vorangegangenen Abschnitt bereits beschrieben. Dort gab es eine Überlagerung von zwei

181 In einer Verschränkung lässt sich normalerweise nicht sagen, wie viele Elemente enthalten sind und wie sich beispielsweise der Gesamtspin von 0 zusammensetzt. Wurde das System allerdings im Labor hergestellt, so weiss man, dass es sich im hier interessierenden Fall um eine Verschränkung von zwei Elementen – zwei Photonen – handelt. Die Zahl der Elemente wird auch dann noch bekannt bleiben, wenn die Verschränkung es nicht mehr zulässt, diese zu bestimmen.

182 Jede Schwingungsrichtung ist als Richtungsvektor zu betrachten, der sich aus zwei rechtwinklig zueinander stehenden Teilvektoren zusammensetzt.

Wegen (nämlich durch den Spalt A auf der einen und durch Spalt B auf der anderen Seite); hier besteht jetzt eine Überlagerung von zwei *Schwingungsebenen* – der horizontalen und der vertikalen. Schwingt das Photon von Anfang an vertikal, dann passiert es selbstverständlich den Filter. Stand seine Schwingungsebene aber zuvor beispielsweise in einem Winkel von 30 Grad zur Senkrechten, so kann es weiterhin durch den senkrecht gestellten Filter treten, es kommt einzig zu einer Verminderung der Wahrscheinlichkeit, den Filter zu passieren.[183]

Das heisst mit anderen Worten, dass das Durchtreten eines Photons hinter einen Polarisationsfilter nichts darüber aussagt, in welcher Schwingungsrichtung es sich vor der Messung befand, seine Polarisation lässt sich nicht bestimmen. Und: Weil die Eigenschaft der Polarisation eines einzelnen Photons unbestimmt und unbestimmbar ist, wird es unmöglich, eine Bestimmung oder Programmierung eines zweiten, verschränkten Photons zu erzeugen, das sich, an das erste anlehnend, synchron verhält.[184] Man könnte an dieser Stelle wieder anschaulich (aber physikalisch inkorrekt) von der Eigenschaft der Schwingungsebene auf die Farbeigenschaft des Photons zurückkommen und folgern, dass es unmöglich ist, die Farbe (und andere Eigenschaften) von einzelnen Photonen innerhalb einer Verschränkung zu bestimmen.

Akzeptiert man, dass sich bei Verschränkungen die einzelnen Elemente aus prinzipiellen Gründen nicht bestimmen lassen und ihr Verhalten deshalb nicht synchronisiert sein kann, lässt sich als Nächstes vermuten, dass die beiden Photonen innerhalb des verschränkten Systems einfach unabhängig voneinander immer jeweils zufällige Schwingungsrichtungen besitzen. Experimente haben allerdings gezeigt, dass diese Annahme falsch ist und dass es trotz der prinzipiellen Unbestimmbarkeit dessen, was das erste Photon machen wird, sich das zweite mit dem ersten in einer Weise abstimmt, die weit über das hinausgeht, was der reinen Zufälligkeit geschuldet wäre.[185] Das bedeutet: Die beiden Photonen zeigen keine starre Synchronisierung und trotzdem agieren sie in einer aufeinander abgestimmten Art und Weise.

183 D. Bruss: Quanteninformation, S. 16ff., J. Audretsch: Verschränkte Welt, S. 16ff.

184 G.-L. Ingold: Quantentheorie, S. 87f.

185 D. Bruss: Quanteninformation, S. 21ff.; G.-L. Ingold: Quantentheorie, S. 94ff. Diese Quellen zeigen auch, wie die tatsächliche Wahrscheinlichkeit berechnet werden kann.

Jetzt kommt noch ein weiterer, irritierender Faktor ins Spiel: Die vorgefundene Abstimmung erfolgt *augenblicklich*, das heisst *zeitlich synchron*. Irritierend ist das, weil ja soeben gezeigt worden ist, dass eine vorgängige Synchronisierung aus prinzipiellen Gründen nicht möglich ist und dass da gar keine Eigenschaft vorhanden ist, anhand derer eine Synchronisierung erstellt werden könnte. Die hier vorliegende und vorgefundene Synchronisierung muss offenbar im Moment der Untersuchung selber entstehen.

Dies ist besonders dann irritierend, wenn sich die beiden Elemente – in diesem Fall die beiden Photonen – in sehr grosser Distanz zueinander befinden und es selbst dann noch zu einem *augenblicklichen Erzeugen* der aufeinander abgestimmten Eigenschaft kommt.

Auch für diesen Fall existieren konkrete Anwendungsbeispiele. Ein besonders aufregendes Beispiel stellt die sog. Teleportation dar: Wird in eine weit ausgedehnte Verschränkung von zwei Photonen A und B – wobei sich A in Luzern und B in New York befindet – bei A in Luzern ein drittes Photon X mit denselben Eigenschaften wie B eingebracht, dann ist es möglich, ebendiese Eigenschaften, *instantan* (d.h. auch schneller als Lichtgeschwindigkeit) an das Photon B in New York weiterzugeben. Besitzt B beispielsweise eine Polarisationsrichtung von +13,7 Grad Abweichung zur vertikalen Achse und wird X jetzt ebenfalls mit dieser Polarisationsachse in die Verschränkung eingeführt (und zwar so, dass diese dadurch nicht zerstört wird), so wird Photon B nach Einbringen von X in die Verschränkung genau diese 13,7 Grad Abweichung von der vertikalen Achse tragen, währendem Photon X verschwindet.[186]

d. Dekohärenz

Die ‚spukhafte Fernwirkung' (Einstein) innerhalb von Verschränkungen stellt eine ungeheure Herausforderung für die Physik, aber auch für die Philosophie und für das Denken ganz allgemein dar. Schon den Gründervätern der Quantenphysik, allen voran Nils Bohr, Werner Heisenberg, Erwin Schrödinger und Wolfang Pauli, stellten sich dieser Herausforderung: Bohr und Heisenberg erarbeiteten 1927 als Antwort darauf die sog.

186 A. Zeilinger: Quantenteleportation, S. 22ff.

Kopenhagener Deutung der Quantenphysik. Sie gingen davon aus, dass die Schrödinger Dynamik, d.h. die Entwicklung von Quantenprozessen offenbar insbesondere durch das Vornehmen von Messungen, die nicht zuletzt auch geistige Tätigkeiten sind, unterbrochen wird. Makroskopische Ereignissen – in diesem Fall die neugierigen Physiker mit ihrer Messinstrumenten – scheinen ganz offenbar quantenphysische Vorgänge in einer Art und Weise zu stören, dass deren augenblickliches Umschlagen in etwas ganz anderes, das man ‚Reduktion' oder ‚Dekohärenz' nennt, erfolgt. Erst durch die Dekohärenz kommt es zum Auftreten von räumlich und zeitlich abgegrenzten Teilchen, welche gemessen und beobachtet werden können und die Faktizität für sich beanspruchen, welche wir dem gelebten Alltag zugestehen. Die Schrödinger Gleichung beschreibt gemäss der Kopenhagener Deutung dagegen nichts Faktisches, sondern Potentielles und gibt an, mit welcher Wahrscheinlichkeit zu einem gegebenen Ort oder einem gegebenen Zeitpunkt das Potentielle durch das Entstehen von Teilchen faktisch werden kann.[187] Die Tatsache, dass es sich dabei um Wahrscheinlichkeiten und nicht um sichere Voraussagen handelt, gibt der Quantenphysik in der Kopenhagener Deutung im Vergleich zur klassischen Physik ein neues, *nicht deterministisches* Gepräge.

Neben der Tatsache, dass eine nicht-deterministische Physik für viele ein Stein des Anstosses darstellt, wirft v.a. die Natur dessen, was ‚Dekohärenz' (oder ‚Reduktion') genannt wird, Zweifel an der Richtigkeit der Kopenhagen-Deutung der Quantenphysik auf. Was genau geschieht im Moment einer Dekohärenz? Kann es sein, dass die mikroskopische Welt der Quanten einer ganz anderen Physik gehorcht als unsere makroskopische Welt. Und welches ist der ontologische Status der Schrödinger Dynamik? Wenn die Kopenhagen Interpretation der quantenphysischen Erkenntnisse richtig sein sollte, so wäre die Schrödinger Dynamik nichts anderes als die Beschreibung von Möglichkeiten, nicht aber von faktischen Realitäten. Was aber geschieht denn *faktisch* in quantenphysischen Systemen zwischen zwei Messungen?

187 W. Heisenberg: Physik und Philosophie, S. 28 ff.; H. Stapp: Mind, Matter and Quantum Mechanics S. 57. Man beachte, dass in der Koppenhagendeutung der Begriff ‚potentiell' anders verwendet wird, als dies in dieser Arbeit sonst der Fall ist (siehe auch Glossar).

Auf der Suche nach einer Lösung dieses Problems behauptet eine andere Deutung quantenphysischer Vorgänge, die sog. *Dekohärenztheorie*, dass die Schrödinger Dynamik sehr wohl die *faktisch vorhandene* (Quanten-) Natur beschreibe, dass sie diese sogar insofern vollumfänglich beschreibe, als dass es in Tat und Wahrheit Reduktionen gar nicht gebe, und dass das, was uns als solche vorkomme, eine Art Blick *von innerhalb* einer weiterbestehenden Schrödinger Dynamik darstelle. Mit anderen Worten wäre dies ein Blick, der aus seiner beschränkten Warte aus glaubt, Reduktionen festzustellen, in Tat und Wahrheit aber weiterhin innerhalb eines universellen, sich als Schrödinger Dynamik entwickelnden Prozesses gefangen bleibt.[188] Weil diese umfassende Schrödinger Dynamik für eine *ausserhalb* des Ganzen stehende Person vollständig determiniert und berechenbar ist, wäre mit einer solchen Sicht die grundsätzliche Berechenbarkeit und Determiniertheit der Welt gerettet.

Dieser Ansatz erinnert an die Philosophie Kants. Dort ist von ‚Dingen an sich' und ‚Phänomenen' die Rede. Hier sind es ‚Dekohärenzen', welche die nur scheinbaren Phänomene der Alltagswelt beschreiben, währendem das ‚Ding an sich' in Form einer allumfassenden Schrödinger Dynamik von uns nicht erkannt werden kann.

Zusammenfassend lässt sich sagen, dass die Dekohärenztheorie, welche alles als eine Schrödinger Dynamik versteht, zwar in sich folgerichtig ist, sich dafür das Problem einer Zweitweltentheorie einhandelt, in welcher unsere Alltagswelt zu einer Scheinwelt degradiert wird.

Umgekehrt akzeptiert das Kopenhagener Modell die makroskopische Welt, so wie sie gemeinhin erlebt wird: als eine faktische und reale. Sie ist aber unfähig zu sagen, wie die mikroskopische Welt mit ihren Superpositionen, Verschränkungen und weiteren verwirrlichen Besonderheiten mit der makroskopischen Alltagswelt zusammenhängen könnte, in welcher von all dem nichts auszumachen ist. Der Übergang von der einen Sicht zur anderen ist und bleibt ein Geheimnis. Es ist nun einmal so: Unter Normalbedingungen lösen sich Kohärenzen im mikroskopischen Quantenbereich spätestens dann auf, wenn an ihnen Messungen vorgenommen wer-

188 M. Esfeld: Einführung in die Naturphilosophie, S. 67f.; M. Esfeld: Naturphilosophie als Metaphysik der Natur, S. 103ff. R. Penrose: Das Grosse, das Kleine und der menschliche Geist, S. 94ff.

den. Aber es scheint zudem so zu sein, dass sie sich auch sonst infolge von anderen äusseren Störeinflüssen auflösen und dies umso schneller tun, je grösser bzw. komplexer die Prozesse sind. Dies dürfte damit zusammenhängen, dass grössere Systeme einer grösseren Zahl von Umwelteinflüssen ausgesetzt sind als kleine.[189] Auch in diesem Fall haben wir es mit einer Art Zweiweltenproblematik zu tun, die v.a. darin besteht, dass die eine Welt, die makroskopische, mit der anderen, der mikroskopischen, konzeptuell nicht in Verbindung gebracht werden kann.

Whitehead hat in seine Theorie einen Doppelcharakter der ‚actual entities' als letzte Einheiten der faktisch vorhandenen – d.h. der aktualen – Welt integriert.[190] Diesen Doppelcharakter nahm ich auf, indem ich in dieser Arbeit von Anfang an von ‚actual Entities/actual Occasions, kurz ‚aE/aO' sprach. Dies wird in diesem Zusammenhang wichtig werden und Gegenstand der folgenden Kapitel sein.

4. Die Philosophy of Organism und die konzeptuellen Probleme der Quantenphysik

a. Dekohärenz und Erfüllung

Es sei hier die Hypothese stark gemacht, dass die Schrödinger Dynamik Werdensprozessen (actual Occasions oder aO) entspricht und dass Dekohärenzen mit Seinszuständen (actual entities oder aE) gleichgesetzt werden können. Der bis anhin unverstandene Übergang der Schrödinger Dynamik zu dekohärenten Zuständen kann im Rahmen dieser Hypothese als die in Abschnitt IV3c beschriebene ‚Erfüllung' identifiziert werden. Damit wäre allerdings auch eine weitreichende Änderung des Verständnisses quantenphysischer Vorgänge in dem Sinne zu fordern, als dass Quantenobjekte nicht

189 R. Penrose: Das Grosse, das Kleine und der menschliche Geist, S. 110ff., M. Tegmark: Importance auf quantum decoherence in brain processes, S. 4194ff.; H.P. Stapp: Mind, Matter and Quantum Mechanics, S. 190f.; M. Tegmark, J.A. Wheeler: 100 Jahre Quantentheorie.

190 A.N. Whitehead: Prozess und Realität, S. 150, 168.

mehr als Dinge verstanden werden könnten, ihren passiven Charakter verlören und zu Organismen in der Whiteheadschen Wortbedeutung würden.

Der konzeptuelle Gewinn, den man damit erzielt, besteht darin, dass sich jetzt angeben lässt, wann aE/aO – in diesem Fall Quantenobjekte – als Seiende und wann sie als Prozesse, d.h. als Werdende verstanden werden müssen. *Seiende* sind sie immer dann, wenn Prozesse zu ihrem Ende gekommen sind, und so als zur *Erfüllung* gelangte dafür bereitstehen, objektiviert, d.h. von anderen aE/aO erfasst zu werden.[191] Dieser Moment entspräche in der Sprache der Quantenphysik der Dekohärenz. Gemäss dieser Theorie liessen sich zwei Gründe für das Eintreten einer Dekohärenz angeben. Der erste bestünde darin, dass ein Prozess, welcher ein aktives Handeln eines Organismus (im Falle eines Quantenobjekts eines in der Tat sehr einfachen Organismus) darstellt, sein subjektiv gesetztes Ziel erreicht hat und deshalb an sein natürliches Ende kommt. Der Moment der Erfüllung führt auf der quantenphysischen Ebene zum Auftauchen von messbaren Grössen, wie dies Korpuskeln in Form von Elektronen und Photonen darstellen. Insbesondere ist auch Materie typisch für Seiendes in Form von dekohärenten oder reduzierten Zuständen.

Der zweite Grund, weshalb es zu einer Dekohärenz oder Reduktion kommen kann, besteht in Störungen, welche von aussen auf Prozesse einwirken. Dies ist insbesondere immer dann der Fall, wenn versucht wird, einen Prozess zu messen.

Bereits in Abschnitt VI1d wurde darauf hingewiesen, dass sich Prozesse nicht erfassen lassen. Wird dies trotzdem versucht, führt dies zu deren Zerstörung (Dekohärenz). Damit ist klar, dass es auch unmöglich ist, Messungen an Prozessen vorzunehmen, denn Messungen sind ja nichts anderes als Spezialfälle des Erfassens. Sie stellen ganz gewöhnliche Störungen der Einheit von Werdens-Prozessen dar, wie es solche immer und überall gibt. Das sog. ‚Messproblem' der Quantenphysik verliert damit seine geheimnisvolle Seite. Weil das Erfassen ein allgegenwärtiges Phänomen aller Organismen darstellt, hat Dekohärenz – entgegen anderslautender Vermutungen namhafter Physiker – auch nicht direkt mit bewusster und forschender, menschlicher Aktivität zu tun.[192]

191 Ibidem, S. 70, 100f.

192 H.P. Stapp: Mind, Matter and Quantum Mechanics, S. 149ff.

Nicht jede Störung muss zwingend zur *Zer*störung von Werdens-Prozessen führen. Störungen können sich einzig so auswirken, dass ein werdender Organismus auf dem Weg zu seiner Erfüllung das Ziel nochmals ändert, weil er einem anderen, vordringlich werdenden Ziel den Vorzug geben muss und so zu einer Erfüllung gelangt, welche stark von äusseren Einflüssen geprägt sein kann. Solche Störeinflüsse können natürlich auch die vielbesprochenen Messungen oder Beobachtungen durch Forscher sein. Und es verwundert nicht, dass Forscher, die von Berufes wegen die Natur stören, um ihr dabei Geheimnisse zu entlocken, den Eindruck bekommen haben, der Schritt vom Prozess zum Sein, von der Welle zur Korpuskel, sei immer ein gewaltsamer, von aussen aufgezwungener.

Weniger starke Störungen können beispielsweise das mittige Abschnüren der Morula bei einem werdenden, tierischen Lebewesen oder der leere Kühlschrank beim Studenten, der seinen Hunger stillen will, sein. Ersteres führt, anstatt zu einem einzigen, zu zwei (genetisch identischen) jungen Lebewesen und letzteres führt dazu, dass der Student seinen Hunger über den Umweg einer Einkaufstour im Quartierladen stillen muss. Und mit den beiden letzten Beispielen wird auch angedeutet, dass die eben genannten Theorieelemente nicht nur auf der Quantenebene Anwendung finden werden, sondern auch in der makroskopischen Welt von Belang sein sollen. Darauf wird später zurückzukommen sein.

b. Die Schrödinger Dynamik als Einheit des Werdens

Ist das *Seiende* mit der zur Erfüllung gelangten aE/aO gleichzusetzen, so lässt sich das *Werdende* als *Konkretisierungsprozess* verstehen.[193] Das, was in früheren Abschnitten als Superpositionen und Verschränkungen beschrieben wurde, kann als ein Versuch gewertet werden, Prozesse als Einheit des Werdens naturwissenschaftlich zu beschreiben. Dabei ist es so, dass eine solche Beschreibung aus den bereits mehrfach erwähnten Gründen nicht direkt, sondern höchstens indirekt erfolgen kann. Es muss mit anderen Worten das, was anhand von Messresultaten quasi öffentlich geworden

193 Ibidem, S. 169, 344f., 389 und siehe Kapitel IV3.

ist, als Ausdruck und Zeichen gewertet werden, was zuvor *privat* und *nicht beobachtbar* geschehen ist.

In diesem Zusammenhang sind insbesondere die Resultate der Experimente, wie sie oben am Beispiel der Teleportation erläutert wurden, unverständlich, wenn man nicht bereit ist, davon auszugehen, dass innerhalb der besagten Prozesse keine unterschiedenen und unterscheidbaren Einzelelemente vorhanden sind. Verschränkungen zeichnen sich dadurch aus, dass die darin ursprünglich enthaltenen Elemente als solche nicht mehr erfasst werden können. Die beim Messvorgang zutage tretende ‚spukhafte Fernwirkung' ist dann ein Ausdruck dafür, dass etwas, was eins war, gar nicht den Gesetzen von Ursache und Wirkung unterliegen *konnte* und sich auch nicht innerhalb von Zeit und Raum befindet (siehe Abschnitt VI2c). Im Moment einer Reduktion, Erfüllung oder – in diesem Fall – einer Messung tauchen die einzelnen Elemente dann alle miteinander (gleichzeitig) und in erst jetzt erfassbarer, neu abgestimmter Form und räumlicher Bezogenheit auf.

Die Aufgabe und die Kunst einer Wissenschaft von den Prozessen liegt als Folge vom soeben Gesagten darin, Experimente so anzulegen, dass die Messresultate zwar nur indirekt – aber immerhin indirekt – darauf hinweisen, was sich im Laufe des uns unzugänglichen Prozesses abgespielt haben könnte. Diese Tatsache ist auch im Gedächtnis zu behalten, wenn es nicht mehr nur darum geht, quantenphysische Prozesse zu erforschen, sondern wenn darüber hinaus biologisch und insbesondere medizinisch bedeutungsvolle Vorgänge untersucht werden. Da stehen die Forscher immer und immer wieder vor dem Problem, aus Erstarrtem, aber empirisch Fassbarem, auf das zu schliessen, was zuvor in Lebensprozessen im Verborgenen abgelaufen ist. Exemplarisch für dieses Problem steht das weiter vorne abgebildete Werk Rembrandts. Die Forscher wollen darin den Menschen kennen lernen, doch bekommen sie von ihm nur dessen Leichnam zu fassen, in welchem sämtliche Prozesse, welche den Menschen ausmachen, längst zum Erlöschen gekommen sind. Dieses Beispiel stellt keinesfalls eine Ausnahme dar, sondern steht paradigmatisch für alles Erforschen der Lebewesen. Auch das Magnetresonanzbild, der Blutzuckerspiegel oder das Elektrokardiogramm (EKG) bilden längst zu Ende gekommene Prozesse ab und bannen sie auf ein Medium. Will man beispielsweise erfahren, was bei einem besonderen Herzschlag auf der EKG-Kurve genau geschehen ist, dann ist ein solches Unterfangen deshalb unmöglich, weil besagter Herzschlag bereits seit Minuten unwiederbringlich vergangen ist.

Die Medizin hat es in der Rekonstruktion von abgeschlossenen Prozessen zu grosser Meisterschaft gebracht. So wurde es möglich, Diagnose- und Therapiemethoden zu entwickeln, die vielen leidenden Menschen eine starke Verbesserung ihrer Lebensqualität gebracht haben.

Man sei sich aber bewusst: Die Rekonstruktion von zuvor verborgen abgelaufenen Prozessen erlaubt es nur, *Vermutungen* über zukünftige Geschehnisse zu machen; mehr noch: Die Tatsache, dass unser Wissen über Prozesse nie direkt gewonnen werden kann und immer nur auf einer Rekonstruktion der stattgehabten Vorgänge basiert, macht ebendieses Wissen anfällig für Fehler. Die Rekonstruktionen sind notgedrungen von den gedanklichen Modellen abhängig, mit denen gearbeitet wird. Diese Modelle wiederum sind das Resultat gesellschaftlicher Vorgänge, sie sind wie jedes Menschenwerk vorläufig und fehlerbehaftet. In den letzten Jahrhunderten stand die Maschine als das wichtigste Modell im Vordergrund. Medizinisch relevante biologische Prozesse wurden als Folge davon als Vorgänge innerhalb von Maschinen rekonstruiert. Eines ist heute klar, die Maschine kann die ihr aufgetragene Aufgabe nur sehr beschränkt ausfüllen und es muss nach neuen Modellen Ausschau gehalten werden – verschränkte Quantensysteme könnten sich als ein solches Modell anbieten. Obwohl es sich in diesem Fall um einfache Systeme handelt, sind sie doch in vielerlei Hinsicht komplexer als Maschinen. Letztere lassen sich in ihrem zukünftigen Verhalten berechnen. Für Quantensysteme gilt dasselbe nur, solange sie einer Schrödingerschen Wellengleichungen folgen. Sobald es aber zu einer Reduktion kommt, so bleibt das Resultat derselben nur unvollständig determiniert und es lässt sich mathematisch einzig in Form von Wahrscheinlichkeiten angeben. Zwar scheint innerhalb der Schrödinger Dynamik eine *innere Folgerichtigkeit* und *Notwendigkeit* zu herrschen, die sich aber öffentlich nicht sicher festmachen und eindeutig berechnen lassen. Dieser Tatbestand hat Whitehead dazu veranlasst zu sagen: „Die Konkretisierung jeder actual entity ist innerlich determiniert und äusserlich frei.“[194]

194 A. N. Whitehead: Prozess und Realität, S. 73 f. (sog. IX. kategoriale Verbindlichkeit von Freiheit und Determination).

In Tabelle 4 werden die in den letzten Abschnitten genannten, quantenphysischen Zusammenhänge zwischen Sein und Werden sowie zwischen Berechenbarkeit und Messbarkeit in einer knappen Übersicht zusammengefasst.

Tabelle 4: Sein und Werden.

	seiend	werdend	berechenbar	messbar
Konkretisierungsprozess (sog. Schrödinger Dynamik)	Nein	Ja	Ja	Nein
Wahrnehmungs- und Messobjekte	Ja	Nein	Nein	Ja

c. Vom Sein zum Werden und vom Werden zum Sein

Wie in den vorangegangenen Abschnitten dargelegt, bildet für die Quantenphysik der Übergang vom Werden in Form einer Schrödinger Dynamik zum Sein der Korpuskeln ein ungeklärtes Problem; die beiden Modi sind ohne Zusammenhang geblieben und stehen auf rätselhafte Art und Weise nebeneinander. Dazu kommt, dass die *eine* Schnittstelle, diejenige, welche *vom Werden zum Sein* führt, zwar unverstanden blieb, als Problem aber immerhin erkannt und mit verschiedenen wohlklingenden Namen – Reduktion, Quantensprung, Dekohärenz, Kollaps der Wellenfunktion etc. – belegt wurde.[195] Die *andere* Schnittstelle dagegen, diejenige *vom Sein zum Werden*, stellt bis jetzt nicht einmal ein Diskussionsthema dar. Dies hat möglicherweise damit zu tun, dass dieser zweite Übergang wahrscheinlich als ein rein physikalischer nicht verstanden werden kann. Die Ratlosigkeit der Physiker – die i.d.R. auch Physikalisten sind – verwundert deshalb wenig. Die hier dargelegte Theorie lehnt den Physikalismus ab und vertritt einen naturalistischen Standpunkt. Es handelt sich allerdings um einen weit gefassten Naturalismus, um einen, welcher der Natur (wie in den Kapiteln II und III beschrieben) neben dem physikalischen auch eine geistige und subjektive Dimension zubilligt.

195 R. Penrose: Das Grosse, das Kleine und der menschliche Geist, S. 85 ff.; M. Esfeld: Naturphilosophie als Metaphysik der Natur, S. 92 ff.; H. P. Stapp: Mind, Matter and Quantum Mechanics, S. 41, 190.

In diesem Verständnis kommt es, wie bereits gesagt, in *dem* Augenblick natürlicherweise zur Reduktion eines Konkretisierungsprozesses (d. h. zum Umschlagen vom Werden zum Sein), in welchem das Ziel erreicht ist, auf welches der Prozess ausgerichtet war. Die Ruhe im Moment der Erfüllung und des zu Ende-Kommens eines Prozesses währt nur ganz kurz und ist von einer neuen Zielgerichtetheit gefolgt. Es taucht sofort ein Streben, ein Sehnen nach neuen Zielen auf, die einen neuen Prozess veranlassen. Dies hat unter anderem damit zu tun, dass viele Prozesse in weitere, grössere und umfassendere Prozesse eingebunden sind, welche im Rahmen eines umfassenden Zieles fordern, dass sich an zu Ende gegangene Teilprozesse weitere sog. ‚vorrangig erfasste' Vorgänge anschliessen müssen.[196] Die Erfüllung und Reduktion eines Prozesses bringt sogleich ein neues Werden mit sich und so entsteht ein ständiges Oszillieren zwischen Sein und Werden, Werden und Sein.

d. Die Beziehung der Quantenobjekte zur makroskopischen Welt

Die Quantenphysik behandelt ausschliesslich Objekte, die von keinem menschlichen Auge je gesehen werden konnten, und die auch in Zukunft unserem direkten Blick entzogen bleiben werden. Die mikroskopische Welt gibt aber den Boden und die Grundlage für die makroskopische Welt des Alltags ab und so *muss* zwischen den beiden ein enger Zusammenhang bestehen. Dieser Zusammenhang wird dann offensichtlich, wenn es darum geht, quantenphysischen Ereignisse mit Hilfe von Messinstrumenten unseren Sinnen zugänglich zu machen. Jedes Ausschlagen eines Zeigers, Aufleuchten eines Lämpchens oder Aktivieren eines Druckers zeugt von der immer vorhandenen Verbindung zwischen Mikrokosmos (Quantenobjekten) und Makrokosmos (Mess-Apparaturen). Und so verweist beispielsweise die makroskopisch sichtbare Spur eines Quantenobjekts in einer Nebelkammer darauf, dass ein elektrisch geladenes Quantenobjekt mit Gasmolekülen interagiert hat, so dass sich ein Kondensationskern und daran anschliessend ein makroskopisch sichtbarer Kondensationsstreifen hat bilden können. Dass die Quantenebene mit der Makroebene des Alltagslebens

196 Vorrangiges Erfassen siehe Abschnitt V3b und Glossar.

eng verbunden ist, steht ausser Zweifel. Rätselhaft ist, *wie* diese beiden Bereiche miteinander verbunden sein könnten. Die beiden Ebenen scheinen nämlich gänzlich verschiedenen Gesetzen unterworfen zu sein: Die Makroebene folgt den seit Jahrhunderten bekannten Gesetzen der Mechanik, kann beobachtet und gemessen werden und ist uns aus dem täglichen Leben bestens vertraut. Die Mikroebene dagegen kennt so geheimnisvolle Vorgänge, wie dies Superpositionen oder Verschränkungen sind; es gibt Reduktionen von Wellenprozessen und das Auftauchen von Korpuskeln, von denen man nicht zu sagen weiss, wo und wann genau sie entstehen, und die zu alledem noch spukhaften Fernwirkungen zu unterliegen scheinen.

Auf der theoretischen Ebene hat Whitehead das Problem zu lösen versucht, indem er davon ausging, dass alle Makroobjekte und Makroorganismen nichts anderes seien, als mehr oder weniger eng verbundene Ansammlungen von actual entities. Ich habe in Kapitel V gezeigt, wie dieses Konzept unter Berücksichtigung der gegenwärtigen biologischen Kenntnisse ausgestaltet werden kann. Das Werden komplexer Organismen ist dann Folge einer ständigen, unter dem Diktat eines Codes stehenden Umgestaltung der vielen Teile dieses Organismus. Der Code als Verursacher der Ordnung im Makroorganismus wird von den aE/aO einer sog. ‚herrschenden Unter- oder Teilgesellschaft' bereitgestellt. Allerdings – und damit wird ersichtlich, dass diese Theorie der makroskopischen Vielheiten mangelhaft ist – muss die Ordnung ebendieser Teilgesellschaft wieder durch einen Code hergestellt werden, der dann von einer Teilgesellschaft produziert wird. Man gelangt so zu einem Regress, der bei einem letzten Element endet, das alles beherrscht und die vollständige Information des Organismus in sich beherbergt.

Auf die konkrete Ebene übertragen bedeutet dies Folgendes: Der Makroorganismus eines Tieres beispielsweise wird von der herrschenden Untergesellschaft, dem ZNS, aktiv geformt und auf ein Ziel hingeführt. Der Rest des Organismus ist passiv und lässt mit sich geschehen. Das ZNS selber unterteilt sich aber auch wieder in eine herrschende Untergesellschaft, nämlich die Neuronen, währendem die Glia-, Endothel-, Schwannzellen u.a.m. die passiven und beherrschten Teile bilden. Und bei den Neuronen geht es im gleichen Stil weiter: Zellmebran, das Zytoplasma u.a.M. werden die beherrschten Teile und der Zellkern der herrschende Teil sein usw. Am Schluss dieses Regresses landet man bei letzten, quantenphysischen Einheiten, welcher für alle Entwicklungen, und seien sie auch noch so komplex, verantwortlich sein müssen. Sie werden so zu Trägern der Information eines vollständigen, hoch komplexen Organismus und sie werden zum Kern und Ursprung von so komplexen Fähigkeiten wie Bewusstsein oder Sprache.

Die Aggregation von vielen mikroskopischen Quantenobjekten zu einem einzigen Verbund (Nexus) oder zu einer Gesellschaft vermag auch nicht verständlich zu machen, weshalb die Elemente, welche für sich genommen quantenphysischen Gesetzen folgen, auf der makroskopischen Ebene der Gesellschaften und Verbunde den ganz anderen Gesetzen der klassischen Physik folgen. Dies sind alles Hinweise dafür, dass es sich hier um einen Bereich handelt, in welchem Verbesserungen der Theorie möglich sind.

Mein Vorschlag, die Mikro- mit der Makrowelt zu verbinden, zielt darauf ab, die Meinung, dass eine Reduktion wesentlich von der Grösse des untersuchten Objekts abhängig sei, zu bestreiten, und davon auszugehen, dass diese Annahme das Resultat von Artefakten sei. Sie könnten insbesondere daher kommen, dass Reduktionen bis jetzt einzig im Rahmen der äusserst fragilen Quantenereignisse untersucht worden sind, und dass nur die ultrakleinen Ereignisse, in welche Photonen, Elektronen, Atome und einfache Nexūs (Moleküle impliziert sind, rasch reduzieren. Es ist dagegen vorstellbar, dass komplexere Organismen Mittel und Wege gefunden haben und immer wieder finden, um schnelle Reduktionen zu verhindern. Zudem ist es nötig, daran zu denken, dass mit einer Reduktion ja nichts Schlimmes passiert, sondern dass es sich um ein äusserst dynamisches Geschehen handelt, das sich immer weiter entwickelt und dass sich auf jede Reduktion sofort ein neuer Konkretisierungsprozess, ein neues Werden anschliesst.

Meine Hypothese geht weiter dahin anzunehmen, dass Organismen nicht nur fähig sind, einen Konkretisierungsprozess länger dauern zu lassen, als dies bei den kleinen Quantenobjekten der Fall ist, sondern dass ihnen auch die Fähigkeit zukommt, nach jeder Reduktion neu einsetzende Konkretisierungsprozesse in eine gewollte und gezielte Richtung zu lenken. Neue Forschungsresultate aus (i) der Physik und (ii) der Biologie weisen darauf hin, dass diese deduktiv erarbeiteten Hypothesen in die richtige Richtung weisen könnten.

(i) *Forschungsergebnisse der Physik* zum Thema grösserer und länger dauernder Verschränkungen:

Neben Forschungen, welche zeigen, dass es unterdessen möglich ist, auch grosse Moleküle mit bis zu 3000 Dalton Masse als Wellen – d.h. als (Konkretisierungs-)Prozesse – zur Darstellung zu bringen, ist auch beachtenswert, dass es darüber hinaus bei Temperaturen ganz knapp über dem absoluten Nullpunkt und starker Abschirmung von der Umgebung möglich ist, Nexūs von makroskopischer Ausdehnung (sog. Bose-Einstein-Kondensate) in lange dauernder Verschränkung zu halten.[197] Die Notwendigkeit der extremen Kühlung und der strengen Abschirmung bedeutet aber auch, dass sich diese makroskopischen Verschränkungen nur unter Extrembedingungen, welche sich von den Alltagsbedingungen sehr stark unterscheiden, herstellen lassen. Dies relativiert die Relevanz für die hier behandelte Fragestellung.

Durch die Hoffnung, Entwicklungen im Bereich der Informationstechnologie wirtschaftlich nutzen zu können, wird gegenwärtig intensiv nach Möglichkeiten gesucht, wie sich die rasche Reduktion von Verschränkungen verhindern lassen. Im Zuge von Forschungen in diesem Bereich sind seit einiger Zeit verschiedene Möglichkeiten der aktiven Beeinflussung der Reduktion von Wellenfunktionen bekannt geworden. Sie laufen unter Begriffen wie beispielsweise ‚Quantum Zenon-Effekt' oder ‚Bang-Bang-decoupling'.[198] In einem einfachen Bild dargestellt handelt es sich dabei um folgendes Phänomen: Ein mit einem Deckel versehener Wasserkessel steht auf einer Heizplatte, deren Temperatur knapp ausreicht, um das Wasser über die Siedetemperatur zu bringen. Ein Beobachter steht neben dem Wasserkessel und seine Ungeduld treibt ihn dazu, immer wieder

197 G. P. Collins: Das kälteste Gas im Universum, S. 32ff.; P. A. Tippler, R. A. Llewellyn: Moderne Physik, 430ff. Wobei auch in diesen Fällen gilt, dass Verschränkungen, selbst wenn sie makroskopische Ausdehnung besitzen, nicht direkt beobachtet werden können. Entsprechend muss der Nachweis von Bose-Einstein Kondensaten indirekt erfolgen (W. Schneider: Wege in der Physikdidaktik, S. 176f.; <www.solstice.de/…/buchreihe-wege-in-der-physikdidaktik/> und <http://de.wikipidia.org/wiki/Bose-Einstein-Kondensat>).

198 P. Facchi et al.: Unification of dynamical decoupling and quantum Zeno effect. Damodarakurup Sajeev et al.: Bang-bang decoupling used in quantum optics for the first time. Spie Newsroom 10.1117/2.1200904.1550 (<http://spie.org/x34707.xml?ArticleID=x34707>).

den Deckel anzuheben und nachzuschauen, ob das Wasser wohl schon koche. Dadurch kühlt das Wasser jedoch ab und der Kochvorgang verzögert sich. Mit ständigem Nachschauen kann sogar bewirkt werden, dass das Wasser überhaupt nie mehr zum Kochen kommt. Ähnliches lässt sich auch bei Verschränkungen beobachten: Werden diese ständigen Beobachtungen unterzogen, dann wird der ablaufende Wellenprozess ständig reduziert und kann sich (muss aber nicht) alsbald wieder von vorne anfangen. Die Häufigkeit, mit welcher beobachtet wird, vermag auf diese Weise die Dauer des besagten Prozesses zu regulieren.

Die bis jetzt gefundenen (Teil-)Lösungen einer Verlängerung von (Konkretisierungs-)Prozessen zeichnen sich alle dadurch aus, dass sie die Verschränkung oder Superposition ganz stark an ein anderes System – im genannten Anschauungsbeispiel an den ungeduldigen Koch – koppeln.[199] Darauf wird im nachfolgenden Abschnitt nochmals zurückzukommen sein.

(ii) *Neue Forschungsergebnisse der Biologie* zum Thema grösserer und länger dauernder Verschränkungen:

In der letzten Zeit berichten führende Fachzeitschriften, dass in Fotosyntheseprozessen von Algen Kohärenzen, d. h. Verschränkungen nachgewiesen werden können, welche eine Erklärung für die enorme Leistungskraft des Energietransfers in den Fotosynthese-Organen von Pflanzen abgeben.[200] Besonders überrascht zeigen sich die Forscher von der Tatsache, dass es zu verzögerten Reduktionen dieser verschränkten Prozesse von ca. sieben Zehnerpotenzen kommen kann.[201] Dies lässt auch deshalb aufhorchen, weil bei der Versuchsanordnung die Fotosyntheseorgane aus den Pflanzen entfernt, und in wässrige Lösung gebracht wurden. Evtl. vorhandene (und von mir postulierte) zusätzliche Schutz- und Steuerungsvorrichtungen der Reduktionsvorgänge im Gesamtorganismus wurden dadurch ausgeschaltet.

199 Ibidem.

200 E. Collini et al.: Coherently wired light-harvesting in photosynthetic marine algae at ambient temperature, S. 644. G. Engel et al.: Evidence for Wavelike energy transfer through quantum coherence in photosynthetic systems, S. 782–786. H. Lee et al.: Coherence in Dynamics in Photosynthesis: Protein Protection of Excitonic Coherence, S. 1462–1465.

201 E. Collini et al.: Coherently wired light-harvesting in photosynthetic marine algae at ambient temperature, S. 646.

Durch diese Erkenntnisse gewinnt ein Vorschlag von R. Penrose zusätzliches Gewicht. Penrose schlägt vor, als Grund für die enorme Leistungsfähigkeit tierischer und menschlicher Nervensysteme das Vorhandensein von Verschränkungen innerhalb von Nervenzellen und darüber hinaus innerhalb grösserer Areale des ZNS verantwortlich zu machen. Ähnlich wie dies bei den Fotosynthese-Organen von Pflanzen offensichtlich der Fall ist, wären auch in Nervenzellen wichtige Prozesse keine Folge hintereinander geschalteter, kaskadenartig angeordneter Teilprozesse, sondern würden sich in verschränkter Form gleichzeitig, und deshalb viel schneller und wirkungsvoller ereignen. Wenn Verschränkungen zudem grössere Ausdehnung erreichen, und dadurch grosse Gebiete synchronisiert zu handeln vermögen, kann die Leistungsfähigkeit der betreffenden Organismen beträchtlich erhöht werden.[202] Penrose ist von namhaften Physikern, wie z. B. M. Tegmark vorgeworfen worden, dass neuronale Strukturen so gross seien, dass darin unreduzierte Prozesse nicht – bzw. nicht über genügend lange Dauer – vorkommen könnten.[203] Nachdem die oben genannten, neuen Arbeiten zur Fotosynthese bei Algen (relativ) langdauernde Verschränkungen nachgewiesen haben, scheint der Einwand von Tegmark an Gewicht zu verlieren.

Der Quantenphysiker H. P. Stapp geht davon aus, dass mit dem unter (i) erwähnten Quantum Zenon-Effekt und ähnlichen Vorgängen Erklärungsinstrumente zur Verfügung stehen, welche die langdauernde Verschränkungen bei Makroorganismen verständlich zu machen vermögen. In der Tradition von W. Heisenberg und N. Bohr stehend, vertritt er die in Abschnitt VI3d beschriebene Kopenhagener Interpretation der Quantenphysik, welche davon ausgeht, dass die Natur im Allgemeinen und die Physik im Speziellen nur verstanden werden kann, wenn sie neben (quanten-)physischen Vorgängen zusätzlich Beobachter enthält. Zwar bleibt im Koppenhagener Modell die genauere Beschaffenheit des Beobachters weitgehend unbestimmt; sicher ist nur, dass er mit einem freien, aktiven und

202 R. Penrose spekuliert, dass es bei der Reduktion von Verschränkungen innerhalb von Nervenzellen und Nervenzellverbänden zum Entstehen von Bewusstsein komme. Dabei krankt diese Hypothese daran, dass Penrose meines Wissens nirgends genau angibt, was er unter ‚Bewusstsein' versteht.

203 M. Tegmark: Importance of quantum decoherence in brain processes.

zielgerichteten Willen ausgestattet sein muss.[204] Nur so ist gewährleistet, dass er – wie im oben genannten Anschauungsbeispiel des Kochtopfes, bzw. des Quantum Zenon Effekts – einen Prozess *willentlich, aktiv und zielgerichtet unterbrechen* und dadurch in andauernder Verschränkung halten kann.

Es gilt in diesem Zusammenhang eine Präzisierung vorzunehmen: Genau genommen handelt es sich beim Quantum Zenon Effekt nicht um eine einzelne Verschränkung, die lange dauert, sondern es ist vielmehr so, dass eine Verschränkung, kaum ist sie angelaufen, von aussen unterbrochen wird, um kurz danach wieder von vorne zu beginnen. Damit aber letzteres geschieht, ist es nötig, dass nicht nur die von aussen intervenierende Instanz oder genauer, der von aussen intervenierende Prozess, sondern auch der immer wieder unterbrochene Prozess einer starken Zielgerichtetheit unterliegt. Nur dies verhindert, dass letzterer nicht plötzlich in eine ganz neue Richtung zu laufen beginnt. Ausserdem ist es nötig, dass der unterbrochene Prozess in einen oder mehrere andere, übergeordnete Prozessen eingebettet ist. Abbildung 20 zeigt, wie das ständige Unterbrechen (und das wieder von Vorne-Beginnen) untergeordneter Prozesse (auf Systemniveau B) dazu führt, dass die darauf aufbauende und übergeordnete Konkretisierung auf Systemniveau A blockiert wird.

Abbildung 20: Der Quantum Zeno Effekt innerhalb eines komplexen Organismus.

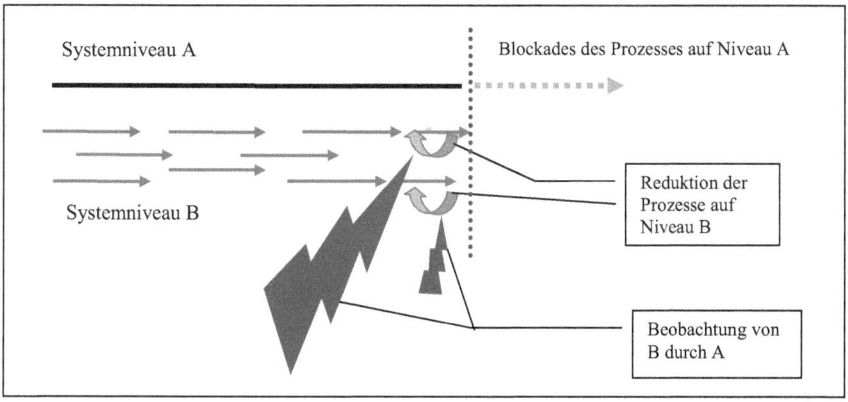

204 H.P. Stapp: Mind, Matter and Quantum Mechanics, S. 209ff.

Es wird interessant sein, die weitere Entwicklung im Bereich der naturwissenschaftlichen Forschungen zu verfolgen. Soviel lässt sich immerhin schon jetzt erahnen: Die Richtung weist dahin, dass immer grössere und komplexere Prozesse als Einheit zu sehen und zu verstehen sind. Die hier vorgebrachte Theorie geht davon aus, dass sich früher oder später Einheit auch für makroskopische Organismen aufweisen lässt.

5. Makroskopische Prozesse als Einheit verstanden

a. Verschränkungen beim Menschen – eine Annäherung

In diesem Abschnitt möchte ich den Faden spekulativ weiterspinnen und die Vermutung zu untermauern versuchen, dass nicht nur biochemische und mikrobiologische Prozesse, sondern auch Prozesse, welche Makroorganismen als ganze, insbesondere Menschen betreffend, verschränkt sein können.

Bevor ich genauer auf diese Hypothese eingehe, ist es allerdings nötig, von den verschiedenen Evidenz-Graden, welche Hypothesen haben können, zu sprechen. So steht heute die Hypothese, dass *mikrobiologische* Prozesse verschränkt sein können, und dass letztere manchmal relativ lange dauern – davon war im letzten Abschnitt die Rede – auf recht solider, naturwissenschaftlicher Grundlage. Diese Fragestellung gehört heute in den Bereich der Naturwissenschaften, das spekulative Element konnte deutlich reduziert werden. Anders steht die Sachlage, wenn es um die Vermutung des Vorhandenseins von Verschränkungen bei Makroprozessen geht: Vermutungen dieser Art sind *spekulativ.*

Spekulative Metaphysik beherbergt eine Reihe von Gefahren, die häufig nicht beachtet werden, was diesen wichtigen Teil der Philosophie immer wieder in Verruf gebracht hat. Besonders zu nennen gilt es, (i) die Gefahr, *spekulative Hypothesen* gegen empirische Widerlegungen zu immunisieren oder sie (ii) gar als *empirische Tatsachen* auszugeben. Immer wieder werden (iii) auch Spekulationen in Gebieten betrieben, in welchen längst empirische Belege existieren, so dass in diesen Fällen Spekulationen überflüssig werden.[205]

Sind die nötigen Vorsichtsmassnahmen getroffen, um fehlgeleiteten Spekulationen einen Riegel vorzuschieben, so lassen sich in Bezug auf Verschränkungen bei Makroorganismen Hypothesen aufstellen, die zukünftiges Denken und Forschen leiten können. Es geht in den folgenden Abschnitten darum, die Hypothese zu vertreten und argumentativ zu untermauern, dass entgegen dessen, was die Wissenschaften bis anhin vertraten, selbst Menschen als Einheit verstanden werden können. Der Grund, weshalb dies bis jetzt nicht so gesehen wird, hat nach meinem Dafürhalten nicht zuletzt damit zu tun, dass nicht nur Mikro-, sondern auch *Makroprozesse* empirisch nicht direkt erfassbar sind. Wenn der Eindruck in der Regel ein anderer ist, so entsteht dieser, wie dies in Abschnitt V3b erklärt wurde, dadurch, dass wir zur *Erfüllung gelangte Teilprozesse* erfassen und aus einer Vielzahl solch abgeschlossener Teilprozesse ein *Bild* des übergeordneten Gesamtprozesses zusammensetzen, *konstruieren.* Eine solche Konstruktion ist von einem tatsächlichen Erfassen strikt zu unterscheiden.

Um die Unmöglichkeit, Makroprozesse direkt zu erfassen, anschaulich zu machen, möchte ich auf ein früheres Beispiel zurückkommen: den Vorgang des Küssens. Der Prozess, der da abläuft, ist den Aussenstehenden per se entzogen. Niemand kennt das Spiel der Lippen, den Geruch des Atmens und der Hautporen, den Geschmack der Zunge und die Weichheit der Haut und überhaupt die besondere Atmosphäre dieses einen und besonderen Kusses. Er ist und bleibt dem Rest der Welt für immer ent-

205 Als Beispiel für (i) mag die spekulative Metaphysik des Marxismus-Leninismus gelten: Wer immer empirische Belege gegen die Richtigkeit dieser Theorie vorbrachte, disqualifizierte sich allein durch diesen Akt als Sozialwissenschaftler und war ein lebender Beweis dafür, dass er/sie das bourgeoise Denken noch nicht überwunden hatte. Als Beispiel für (ii) wären Tendenzen innerhalb der Schar von Evolutionstheoretikern zu nennen, welche vorgeben, die Spekulationen zum Thema der präbiotischen Evolution stünden samt und sonders auf soliden naturwissenschaftlichen Füssen, und es gelte einzig noch kleinere Einzelheiten zu klären. Und als Beispiel für (iii) können die bibeltreuen Fundamentalisten angesehen werden, welche in Bereichen metaphysische Spekulationen betreiben, wo diese durch solide wissenschaftliche Arbeiten längst überflüssig geworden sind.

zogen und käme es jemandem in den Sinn, dagegen etwas zu unternehmen, in das Spiel der Liebebezeugungen (oder was immer es in dem gegebenen Fall auch sein mag) einzudringen, er oder sie würde davon nichts erfahren, denn es käme augenblicklich zu einer Zerstörung des Prozesses, einer – so möchte ich es hier nennen – einer Reduktion der Verschränkung. In der Whiteheadschen Begrifflichkeit könnte man es auch eine vorzeitige und erzwungene Erfüllung eines Konkretisierungsprozesses nennen.

Auch wenn das Liebespaar später im Detail davon berichten wird, wie alles gewesen ist, so wird dies nichts von dem zurückbringen, was tatsächlich passiert ist, sondern wird nur einen schwachen Abglanz dessen bieten, was damals als Lebensprozess in all seiner unbeschreiblichen Fülle abgelaufen ist.

Es ist zwar so, dass es (wahrscheinlich) einzig dem Menschen möglich ist, das eigene subjektive Erleben als Ganzes nochmals mittels der Sprache in eine neue Form zu giessen. Er kann versuchen, das, was er erlebt, eins zu eins in Worte und Sprache zu fassen, das subjektive Erleben zu rapportieren und so anderen Menschen zugänglich zu machen. Doch stellt es eine alte Erfahrung dar, dass Versuche, Lebensprozesse bei ihrem Entstehen besonders gut zu beobachten und zu beschreiben, gerade das unterbrechen und gar zerstören, was doch einzig wert war, erfasst zu werden: das reiche, pralle Leben.

Auch das heimliche Beobachten, Fotografieren oder Filmen eines Erlebnisses wird nicht weiterhelfen. Es vermag das Entscheidende nicht zu fassen, denn es erfasst, wie bereits mehrfach erwähnt, nur oberflächliche Photonenprozesse. Eine der wichtigen Eigenheiten der gegenwärtigen westlichen Kultur besteht darin, den Sehakt in seiner Bedeutung überzubewerten.

Neben der bereits beschriebenen makroskopischen Verschränkung von zwei küssenden Menschen stehen als weitere Exempel der Liebesakt selber und besonders das Gespräch: Jedes persönliche Gespräch, besonders dann, wenn es von Angesicht zu Angesicht erfolgt, hat dieses Verwoben-Sein, mehr noch, diese Einheitsbildung zweier Menschen zur Folge, von der eben gesprochen wurde: Rede und Antwort, Widerrede und Austausch der Blicke und reziprokes Eingehen der Stimme und der Stimmung der beiden Gesprächspartner. All das bildet eine untrennbare Einheit. Es handelt sich um einen kreativen, immer wieder neuen Prozess, der sofort zerfällt, wenn z.B. eine Drittperson von aussen dazukommt oder andere, ähnliche grobe Störeinflüsse auf den Plan treten. Allerdings gilt dann auch, dass es in aller Regel sehr schnell wieder zu neuen Verschränkungen kommen wird – diesmal einfach mit drei Personen, welche zusammen eine neue Einheit bilden.

Es existieren wirkungsvolle Mittel zur Förderung von Verschränkungen bei Menschen; die Musik und der Tanz gehören dazu. Sie erleichtern und ermöglichen das Eingehen von Individuen in eine Verschränkung, sofern sie fähig sind, deren emotiven und symbolischen Gehalt zu erfassen. Im Rahmen religiöser, aber auch militärischer Absichten wird diese Eigenschaft der Musik gezielt genutzt und z. T. auch missbraucht.

Wenn in den genannten Beispielen von Verschränkungen makroskopischer Organismen die Rede ist, so stellt sich in diesem Zusammenhang die Frage, inwiefern es gerechtfertigt ist, diesen aus der Quantenphysik stammenden, und dort präzise ausformulierten Begriff für Prozesse von komplexen, makroskopischen Organismen zu übernehmen. Handelt es sich dabei (i) einfach um eine ‚façon de parler', (ii) um eine Analogie oder (iii) um eine echte kategoriale Verwandtschaft, ja sogar kategoriale Identität?

Meine Antwort auf diese Frage lautet: Letzteres ist der Fall. Und dies steht im engen Zusammenhang mit einem Hauptanliegen dieser Arbeit, die Durchgängigkeit von grundlegenden Kategorien vom Atom bis hin zu den Tieren und Menschen aufzuzeigen und einsichtig werden zu lassen. Diese Durchgängigkeit wird jetzt auch für die Kategorie der Einheit eingefordert. Dabei lässt es sich feststellen, dass gerade diese Kategorie in der Vergangenheit einen bemerkenswerten Status innehatte: Seit den Anfängen der abendländischen Philosophie, seit Parmenides, nimmt sie eine wichtige Rolle ein. Bis anhin blieb sie aber eine Kategorie menschlichen Denkens, eine Verstandeskategorie, der kein seins-kategoriales Pendant gegenüberstand. War es doch so, dass selbst die A-tome im Laufe ihrer naturwissenschaftlichen Erforschung ihren Einheitscharakter schon bald einmal verloren und zu gewöhnlichen Vielheiten mutierten. Das vorliegende Konzept soll dies ändern und ‚Einheit' als eine grundlegendste aller grundlegenden (Seins-)Kategorien, eine sog. ‚Kategorie des Elementaren' (Whitehead) ausweisen. Eine wichtige Eigenheit solcher Kategorien besteht gerade darin, dass sie durch alle Organisationsformen des Seienden hindurch vorhanden sind.

b. Verallgemeinerte Quantentheorie (VQT)

Neuere Arbeiten, welche die Kluft zwischen der Quantenphysik und der makroskopischen Welt zu überbrücken suchen, wählen dazu den folgenden Weg: Sie streben einen „Formalismus an [...], der die physikalische Quantentheorie so verallgemeinert, dass quantenartige Effekte über den engeren Bereich der Physik hinaus formal definierbar und anwendbar bleiben".[206] H. Römer, H. Atmanspacher und H. Walach, von denen dieser Ansatz stammt, gehen davon aus, einen solchen Formalismus gefunden zu haben. Sie nennen ihn ‚Verallgemeinerte Quantentheorie' (VQT).

Besondere Aufmerksamkeit wird dabei zwei wichtigen Elementen in der Quantentheorie zuteil: der bereits mehrmals erwähnten Verschränkung und der sog. ‚Komplementarität'.

Mit ‚*Komplementarität*' ist die Tatsache gemeint, dass in der Quantenphysik die Reihenfolge von Messungen wichtig ist, währendem dies in der klassischen Physik nicht der Fall ist. Ob von einem Tisch zuerst dessen Höhe und danach dessen Breite bestimmt wird, ist für den Ausgang der Messung unerheblich. Ob man von einem Quantensystem zuerst dessen Drehimpuls und danach dessen Lage in Bezug auf andere Objekte bestimmt oder umgekehrt, ist dagegen von ausschlaggebender Bedeutung. Gemäss der Heisenberg'schen Unschärferelation (die an dieser Stelle nicht genauer besprochen werden kann) hat nämlich die genaue Bestimmung des ersten Wertes eine umgekehrt proportionale Unbestimmtheit des zweiten zur Folge.[207]

H. Römer et al. gehen davon aus, dass sich Komplementarität auch in der makroskopischen Welt und besonders in der menschlichen Lebenswelt aufweisen lässt. Sie nennen dazu eine ganze Reihe von Beispielen.[208] Hier wollen wir das Augenmerk zusätzlich auf Phänomene lenken, welche aus dem medizinischen Bereich stammen. Sie sind als Probleme z.T. so selbstverständlich, dass sie als solche kaum noch wahrgenommen werden.

206 H. Römer: Verschränkung, S. 90.

207 Siehe z.B.: G.-L. Ingold: Quantentheorie, S. 37f. und 74f.

208 H. Römer: Verschränkung, S. 104ff.; H. Römer: Konsistente und inkonsistente Geschichten, S. 12ff.

Bei der Messung und Bestimmung umschriebener Eigenschaften beim Menschen, sog. ‚Observablen', kommt es recht häufig zur folgenden Situation: Soll es beispielsweise darum gehen, bei einem Menschen die Diagnose – beispielsweise einer Demenz – mit Sicherheit zu stellen und zugleich die Wirkung der dazugehörigen Therapie einwandfrei zu dokumentieren, so ergibt sich die folgende Schwierigkeit: Wird die Art der Demenz genau bestimmt (z. B. ob sie vaskulärer oder degenerativer Art ist und wenn letzteres zutrifft, welche Art von Degeneration es genau ist), muss das Gehirn des betreffenden Kranken so genau untersucht werden, dass daraus weitere Schädigungen und im Extremfall sogar der Tod des betreffenden Menschen resultieren. Eine nachfolgende Therapie wird dadurch beeinflusst oder sogar verunmöglicht.

Ähnliches findet sich bei Diagnose und Therapie einer Depression. Um den therapeutischen Effekt einer medikamentösen Therapie genau quantifizieren zu können, ist es nötig, beim Patienten genau zu erfragen, wie er sich fühlt, welches seine Beschwerden sind, wie der Verlauf derselben in der Zeit ist und vieles anderes mehr. Dem Depressiven wird durch diese Erkundigungen so viel Aufmerksamkeit zuteil und die Hoffnung, durch ein Medikament wirkungsvoll behandelt zu werden, wird durch dieses Vorgehen so gross, dass es nachher unmöglich wird, eindeutig zu sagen, ob die Verbesserung des Zustands durch die Abklärungen oder die medikamentöse Therapie entstanden ist.

Verschränkungen versteht die Verallgemeinerte Quantentheorie wie folgt: Innerhalb eines definierten Gesamtsystems liegt eine Verschränkung vor, wenn die Messung von Observablen des Gesamtsystems mit Messungen von Observablen seiner Teilsysteme komplementär sind.

Um diese abstrakte Definition anschaulich zu machen, sei wiederum das bereits mehrmals bemühte Anschauungsbeispiel zweier sich küssender Menschen genannt. Der Forscher untersucht Observablen eines Gesamtsystems, das aus zwei Menschen besteht, und er möchte erstens messen, wie lange der Kuss dauert und zweitens anhand von Hormonbestimmungen herausfinden, ob die Küssenden ineinander verliebt sind oder nur schauspielern. Es wird dem Forscher nicht möglich sein, sein Vorhaben erfolgreich zu gestalten. Mit der Bestimmung der Hormonspiegel – d. h. von Observablen der Teilsysteme – und den dazu benötigten Blutentnahmen wird er den Kuss als Verschränkung zerstören und es wird ihm insbesondere nicht mehr möglich sein, dessen Dauer zu bestimmen. Und umgekehrt wird das Messen der Kussdauer – d.h. einer Observablen des Gesamtsystems – zur Folge haben, dass die Bestimmung der Hormonwerte nach Abschluss des ganzen Vorgangs falsche oder ungenaue Hormonwerte ergibt.

c. Verallgemeinerte Quantentheorie und Philosophy of Organism

Wenn die VQT die formale Verwandtschaft von Grundelementen der Quantenphysik – allen voran der Komplementarität und der Verschränkung – tatsächlich mit weit verbreiteten Phänomenen in der Psychologie, der Medizin, der Epistemologie, der Soziologie u.a.m. einsichtig zu machen vermag, so zielt dies in die von mir anvisierte Richtung. Ich hege darüber hinaus die Meinung, dass die Philosophy of Organism fähig ist, das Ganze in einen nochmals erweiterten, theoretischen Bezugsrahmen zu setzen. Dieser sollte es erlauben, nicht nur darauf hinzuweisen, dass es formale Verwandtschaften zwischen quantenphysischen Begebenheiten und Vorgängen der makroskopischen Welt gibt, sondern sollte darüber hinaus fähig sein, diese Verwandtschaft kategorial zu präzisieren.

Kurz zusammengefasst stellt die Philosophy of Organism den geforderten, umfassenden Bezugsrahmen dadurch her, dass sie alles Aktuale als aE/aO, die zwischen Sein und Werden hin und her oszillieren, konzipiert. Dabei ist das Werden mit dem gleichzusetzen, was in der Quantenphysik ‚Kohärenz' heisst und Verschränkungen sind Ausdruck dafür, dass alle Prozesse notwendigerweise Verschiedenes zu einer Einheit werden lassen. Sie verschränken Vieles, Verschiedenes und Vereinzeltes zu einer Einheit. Dass dies bis jetzt nicht so gesehen wurde, dürfte damit zusammenhängen, dass sich das Verschränkte, das Werdende oder der Prozess dem direkten Erfassen entzieht, dass es gerade das Erfassen ist, welches Prozesse zerstört. Daraus ist verständlicherweise die Meinung entstanden, alles sei Vielheit. Die quantenphysischen Erkenntnisse der letzten gut hundert Jahre vermochten aufzuzeigen, dass Einheit kein Hirngespinst weltenthobener Metaphysiker, sondern allgegenwärtige Realität darstellt.

Das alles, sofern es Prozess ist, Verschränkung, Kohärenz und Einheit darstellt, ist ein Konzept, das einer Denkweise bedarf, welche darauf verzichtet, Prozesse direkt zu erfassen, und bereit ist, sich mit indirekten Hinweisen für das Vorhandensein ebendieser Prozesse zu begnügen. Dies lässt sich aus zwei Gründen gut verschmerzen: Zwar lässt es sich beispielsweise nie genau wissen, wie es ist, von einer Katze gefressen zu werden oder wie es sich anfühlt, von Nicole Kidman geküsst zu werden. Wir haben uns längst daran gewöhnt, uns mit mehr oder weniger blassen Surrogaten zufrieden zu geben. Es ist besonders der Gesichtssinn, der es erlaubt, mittels indirekter Hinweise eine Ahnung dessen zu erzeugen, wie diese Vorgänge zu erleben in etwa sein könnten. Besonders der Gesichtssinn erlaubt es, eine Annährung dessen, was geschieht, zu rekonstruieren. Dass es sich dabei immer nur um einen blassen Abklatsch handelt, wird dabei oft vergessen. Wir schauen heimlich der Katze beim Mausen zu und meinen nachher zu wissen, was zwischen den beiden vorgeht, oder wir sitzen im Kino und meinen, das Lieben und Leiden der Leinwandhelden kennengelernt zu haben. Wenn dies auch eine Illusion darstellt, so ist es doch so, dass das Sehen eine Weise des Erfassens darstellt, welche es erlaubt, indirekte Hinweise auf Prozessvorgänge zu erhalten, ohne diese zu zerstören. Als Grund, weshalb es zu keiner Zerstörung des interessierenden Prozesses kommt, wurde weiter vorne die Tatsache genannt, dass es mittels des Sehsinns – mit dem Hören und Riechen ist es nicht viel anders – zu einem Erfassen von Teilprozessen des eigentlich interessierenden Prozesses kommt und dass Störungen auf der Ebene dieser Teilprozesse für den übergeordneten Prozess von derart geringer Bedeutung sind, dass er in der Regel nicht ins Gewicht fällt. Es ist überdies auch so, dass der Gesamtorganismus Störungen von Teilprozessen häufig aktiv unterdrückt (d.h. negativ wertet oder abwertet) und so verhindert, dass solche Störungen auf den Gesamtprozess Einfluss ausüben können. So ist es beispielsweise bekannt, dass beim Menschen ganze Areale des ZNS (v.a. das sog. ‚limbische System') mit Filtertätigkeiten der eben genannten Art beschäftigt sind. Fallen sie aus, wird das ZNS mit einer Unmenge von Erfasstem aus untergeordneten Ebenen des Organismus – v.a. aus den diversen Sinnesorganen – überschwemmt und das weitere Gedeihen des Gesamtorganismus wird durch einen solchen Bruch der Dämme behindert.

d. Subjektiv erlebte Einheit – Das Selbstgefühl

Ich habe bereits in Kapitel II3 darauf hingewiesen, dass der Königsweg zum Verständnis von Einheit in der je eigenen, subjektiven Erfahrung des menschlichen Individuums besteht. Wir alle wissen vor jeder Theorie aus eigenem Erleben, was Einheit ist. Genauer besehen ist es allerdings nicht ein Wissen, sondern ein Gefühl; es ist das Gefühl des mit sich Eins-Seins. Ich nenne es Selbstgefühl und argumentiere dahingehend, dass dieses Gefühl von allem Anfang an bei jedem auch noch so einfachen Organismus vorhanden ist und ein jedes Leben erst möglich macht.[209] Es wird damit zu einer ebenso fundamentalen subjektiven Form (oder affektiven Tönung), wie dies insbesondere Zuneigung oder Abneigung darstellen.

Allerdings gilt auch beim Selbstgefühl wie für alle anderen subjektiven Formen auch: es ist privat. So gut wie wir alle dieses subjektive Gefühl der subjektiven Einheit kennen, so schwierig, ja sogar unmöglich ist es, diese Einheit öffentlich zu machen, sie zu äussern oder auszusprechen. Gerade die ansonsten so leistungsfähige menschliche Sprache hilft in dieser Hinsicht nicht weiter. Es ist im Gegenteil so, dass jeder Versuch, die erlebte, subjektive Einheit in menschliche Sprache zu fassen, dieses Gefühl besonders effizient zerstört. Und es scheint zur conditio humana zu gehören, sich dieses Defizits der Sprache immer und immer wieder schmerzlich bewusst werden zu müssen. Die starke Einheit-zerstörende Wirkung geht in erster Linie von einer Besonderheit der menschlichen Sprache aus, einer Besonderheit, welche zwar zu einer enormen Vergrösserung ihrer Leistungskraft geführt hat, anderseits aber auch in den Worten Hegels ein „durch die Naturseele schlagenden und ihre Natürlichkeit verzehrenden *Blitz*" darstellt.[210] Es handelt sich dabei um das Wort ‚Ich'. Mit diesem Sprach wird es möglich, dass ein sprachfähiger Mensch nicht nur Objekte bezeichnet, sondern selber auch zum bezeichneten Objekt wird.[211] *In einem und zugleich* Bezeichnender und Bezeichnetes – *d. h. zwei unterschied-*

209 Siehe Abschnitt V3c.

210 G. W. F. Hegel: Enzyklopädie der philosophischen Wissenschaften, § 412, 10.198 (kursiv im Original).

211 H. Plessner: Der Mensch als Lebewesen, S. 318 ff.; P. van Spijk: Was ist Gesundheit? S. 124 ff.

liche Teile – zu sein, heisst automatisch, dass jeder Versuch, die *subjektiv erlebte Einheit*, das *Selbstgefühl* in Sprache und Worte fassen zu wollen, im Vorneherein zum Scheitern verurteilt ist und darüber hinaus jegliches Einheitserleben zerstört.

Damit findet sich eine ähnliche Situation, wie dies bereits in den vorangehenden Abschnitten besprochen wurde: Einheit lässt sich leben, nicht aber vermitteln und öffentlich machen. Was sich als Folge des Selbstgefühls ergibt, das ist ein zwar nie wirklich vermittelbares, immer aber subjektiv bekanntes, gelebtes und von daher gänzlich gewisses Vorhandensein von Einheit. Dieses Gefühl ist immer dann besonders stark, wenn sich Menschen um diese Angelegenheit nicht kümmern, sondern wenn sie nur leben und erst im Nachhinein feststellen, dass in all den Momenten des selbstvergessenen (oder besser: ‚ich-vergessenen') Lebens Einheit war.

e. Entzweiung

Die Entzweiung, welche sich in jedem ‚Ich' aussprechenden Subjekt automatisch ergibt, vermag das Gefühl, eine Einheit zu sein, meistens nicht vollständig zu untergraben; dies gilt zumindest solange, wie nicht weitere entzweiende Faktoren dazukommen. Sigmund Freud hat als erster die Aufmerksamkeit auf Vorgänge im menschlichen Leben gelenkt, welche das Gefühl subjektiver Einheit schwächen. Dies ist z.B. dann der Fall, wenn eine Person in einer Umgebung lebt, die von unvereinbaren Gegensätzen oder von Anforderungen geprägt ist, welche den natürlichen Bedürfnissen der betreffenden Person entgegenlaufen. Die menschliche Sprache eignet sich gut dazu, solche Gegensätze und Widersprüche in Form von Selbstgesprächen aufzunehmen und weit über die jeweils aktuelle Situation hinaus zu perpetuieren. In diesen Selbstgesprächen gerät die betreffende Person in eine Doppelrolle, worin es unklar werden kann, wer dieses ‚Ich', das da gerade redet, tatsächlich ist. „Du musst jetzt folgsam sein!" „Ich mag aber nicht mehr folgsam sein, ich will das tun, was mir gefällt", und ähnliche innere Dialoge schwächen das Gefühl der subjektiven Einheit besonders dann, wenn sie sich ständig wiederholen. Es kommt dadurch zu Leiden und einer verminderten Handlungsfähigkeit.

Die Erfahrung zeigt, dass es Menschen nicht möglich ist, ohne das Selbstgefühl, d.h. das Gefühl, eine Einheit zu bilden, zu leben. Werden die Ausseneinflüsse so stark, dass die Einheit nicht aufrecht erhalten werden kann, kommt es in aller Regel zu dem, was in der Psychiatrie ‚Dissoziation' genannt wird. Das betreffende Subjekt stellt sein Selbstgefühl dadurch wieder her, dass es sich nur noch mit einem der beiden Teile identifiziert, den anderen abspaltet (dissoziiert) und so die gefährdete Einheit wiederherstellt. Entzweiende Tendenzen in Schach zu halten, stellt eine ständige Anstrengung dar, welche zu einer Schwächung und Beeinträchtigung bei der situationsgerechten Bewältigung von Alltagsaufgaben führt. Daraus können unangemessene und pathologische Formen des Verhaltens entstehen. Die betroffenen Personen berichten von Stimmen und visuellen Eindrücken, welche die Mitmenschen nicht objektivieren können, sie machen out-of-body Erfahrungen, bei denen sie von aussen auf den eigenen Körper schauen oder sie nehmen in zeitlicher Staffelung die Rollen verschiedener Personen ein, welche ein voneinander unabhängiges Leben führen und wo die eine Person vom Leben der anderen nichts weiss (sog. double personality disorder). Diese Hinweise sollen genügen, um die enorme Bedeutung sichtbar zu machen, welcher dem Gefühl subjektiver Einheit zukommt.

Die Tatsache, dass die conditio humana und insbesondere die menschliche Sprache den Keim einer inneren Entzweiung mit sich trägt, hat immer wieder zu Versuchen und Anstrengungen geführt, dieser Tendenz entgegenzuwirken und einheitsbildend aktiv zu werden. Typisch für all diese Aktivitäten ist, dass sie sich ganz gezielt der Sprache entziehen und so versuchen, das Selbstgefühl zu stärken. Techniken wie Yoga, verschiedene Formen der Mediation oder östlicher Kampfsportarten sind Beispiele dafür.

VII. Gegenstände und Organismen

1. Was sind Gegenstände?

Bis jetzt war von Organismen und Lebewesen die Rede. Jetzt soll es darum gehen, zu klären, worin sie sich von toten und unbelebten Gegenständen (Sachen, Dingen etc.) unterscheiden. Um zu verstehen, was Gegenstände sind, ist es nötig, noch einmal auf den Begriff des ‚Nexus' zurückzukommen. Ich habe in Abschnitt VI1b darauf hingewiesen, dass ein Minimum an (Ein-)Ordnung für alle und alles unabdingbar sei, um überhaupt Teil der Welt sein zu können und es wurde auch darauf hingewiesen, dass Teil der Welt zu sein meint, andere Organismen zu erfassen und von ihnen erfasst zu werden. Der Vorgang des Erfassens und des immer gleichzeitig auch stattfindenden Erfasst-Werdens durch andere Organismen führt als erstes zur Nexus-Bildung. Dabei handelt es sich, dies wurde in Abschnitt IV3e insbesondere anhand von Abbildung 8 erklärt, um eine ganz einfache Form des Erfassens, dem sog. ‚reaktiven Erfassen'.

Die einfachsten Nexūs kennen als gemeinsame Idee einzig eine räumliche und/oder zeitliche Bezogenheit. Es gibt in der uns bekannten Welt wahrscheinlich nichts, was nicht mindestens einen dieser beiden Bezüge aufweisen würde.[212] Ein einfacher Nexus wird beispielsweise durch die Wahrnehmung eines mit Gegenständen gefüllten Raums gebildet. Ein solcher Verbund bildet sich einzig dadurch, dass diese Gegenstände gleichzeitig in so enger Bezogenheit sind, dass wir als Erfassende sie gemeinsam in unser Blickfeld bekommen. Erfolgt das gegenseitige Erfassen der aE/aO innerhalb eines Nexus (oder von einem Nexus zum anderen) über meh-

212 Dabei bleibt die Frage vorläufig ausgeklammert, ob diese beiden Ideen alleine ausreichen, um tatsächlich einen Verbund oder Nexus entstehen zu lassen oder ob dazu noch eine oder mehrere zusätzliche Ideen nötig sind. Und es bleibt auch ausgeklammert, ob es gemeinsame, einfachste Ordnungen, d. h. einfachste Nexūs-bildende Ideen geben könnte, welche es möglich machen, Nexūs ohne das Vorhandensein der grundlegenden Ideen von Zeit und Raum entstehen zu lassen.

rere Kanäle, so entstehen dadurch enger begrenzte, fester gefügte, dauerhaftere und stärker geordnete Nexūs, welche ich ‚korpuskuläre Nexūs' genannt habe.

Besondere und herausragende einzelne Teilnehmer oder deren individualisierte Ideen werden in einem Nexus nicht erfasst und spielen deshalb eine kleine oder praktisch gar keine Rolle. Diese nivellierende Tendenz wird umso stärker, je grösser die Zahl der Mitglieder eines Nexus ist. Atomare Nexūs, die mit menschlichem Auge gesehen werden können, sind zahlenmässig enorm gross und zählen zwischen 10^{20}–10^{40} Mitglieder. In diesen Fällen kommt es zu einer gänzlichen Nivellierung oder Trivialisierung der internen Prozesse, welche einen solchen Nexus ausmachen. Es kommen hier einzig einfache, von allen Mitgliedern geteilte Ideen, die unverändert erfasst werden, zum Tragen. Weichen einzelne Mitglieder von dem ab, was die vorherrschenden Ideen sind, so geht dies unter und spielt keine praktische Rolle. Korpuskuläre Nexūs dieser Art werden auch ‚*Gegenstände*' genannt.

2. Naturgesetze

Es ist eine Eigenheit des hier vorgestellten Konzepts, dass es nicht zeigt, wie aus Anorganischem etwas komplexes Organisches entstehen kann, sondern den umgekehrten Weg geht. Es will verständlich machen, wie organische Prozesse in Form von atomaren aE/aO ihre organische Komplexität (weitgehend) verlieren und zu etwas ganz Einfachem – den Dingen und Gegenständen – werden.

Die internen und externen Prozesse von Gegenständen folgen typischerweise einfachen Ideen. Der Mensch hat nicht nur das entsprechend einfache Verhalten von Gegenständen beobachtet und erforscht, sondern ist darüber hinaus nicht selten fähig, von beobachteten Regelmässigkeiten abgeleitete Aussagen darüber zu machen, wie sich Gegenstände *in Standartsituationen in Zukunft* verhalten *werden.*

Aussagen über Regelmässigkeiten von Prozessen werden Naturgesetze genannt. Dabei ist es strittig, wie genau Aussagen über das regelmässige und geordnete Verhalten von Gegenständen sein müssen, damit sie das Prädikat ‚Naturgesetz' tragen dürfen. Müssen sie notwendig mathematisch operationalisierbar sein oder genügt es, qualitative Aussagen zu machen? Ist es nötig, dass sie die zukünftigen Geschehnisse mit 100% Sicherheit voraussagen oder dürfen auch Ausnahmen akzeptiert werden? Für diese und andere Fragen stehen definitive Antworten aus.[213]

Die einfache Ordnung von Gegenständen, die Gleichförmigkeit ihrer Prozesse und die Vorhersehbarkeit, ja Berechenbarkeit von Gegenständen bilden die Voraussetzung dafür, Naturgesetze formulieren zu können. Je strenger ein Naturgesetz gilt, je besser berechenbar ein Prozess ist, umso stärker treten Grundzüge von Gegenständen in den Vordergrund: Zum einen werden sie fast immer von einfachen Organismen, nämlich von Atomen oder Molekülen gebildet, deren Spektrum an Gestaltungsmöglichkeiten gering ist. Atome und Moleküle erfassen nämlich fast nur *reaktiv*, sie bringen selten eigene, neue und zusätzliche Ideen in Prozesse ein, obwohl sich dies schon bei grösseren Molekülen zu ändern beginnt.[214] Zum anderen verlieren gelegentlich vorkommende Besonderheiten von einzelnen Mitgliedern eines Gegenstandes ihre Bedeutung dadurch, dass sie in der enorm grossen Zahl der anderen Mitglieder untergehen.[215]

In Gegenständen oder grosszahligen Nexūs spielt der physische Pol, welcher ein rein kausal bedingter und determinierter ist, eine dominante Rolle, währendem der mentale Pol mit seiner eigenständigen Zielsetzung untergeordnet und unwichtig ist. Je grösser die Zahl der eingebundenen aE/aO, desto mehr verhält sich der ganze Nexus so, wie es seine Mitglieder *durchschnittlich* tun, umso ausgeprägter sind auch die Prozess-Gleichmässigkeiten und umso eher lassen sich strikte Naturgesetze formulieren. Dazu passt, dass umgekehrt gilt:

> Überall, wo die psychische (interne, Anm. d. V.) Spontaneität der Vorgänge sich nicht wechselseitig auslöscht, sondern inmitten sich verändernder Umstände auf ein Ziel ausgerichtet bleibt, gibt es Leben.[216]

213 Siehe dazu beispielsweise: G. Vollmer: Was sind und warum gelten Naturgesetze? S. 205ff.

214 A. Müller: Naturgesetzlichkeiten – Chemie lediglich ein Bereich zwischen Physik und biologischem Geschehen? S. 354ff.

215 H.-P. Dürr: Inanimate and animate matter, S.145, 156.

216 A.N. Whitehead: Abenteuer der Ideen, S. 372.

Für Vorkommnisse, welche einzig den Naturgesetzen folgen, die demnach vollständig determiniert sind, gibt es – das folgt aus dem Begriff der ‚Determination' – keinen Spielraum für ‚Eigenaktivität, ‚Handlung', ‚Kreativität' oder ‚Freiheit'. Wächst der Grad der kreativen Eigenaktivität eines Vorkommnisses, so wird seine weitere Entwicklung für den aussenstehenden Beobachter zunehmend unvorhersehbar. Dies wiederum ist einzig dann möglich, wenn zum einen die Zahl der in einem Nexus gleichgeschalteten aE/aO kleiner wird, und zum anderen die teilhabenden aE/aO nicht nur einen reaktiven, sondern auch einen kreativen, mentalen Pol aufweisen.

Die Frage, welche sich in diesem Zusammenhang stellt, ist diese: Wie ist es möglich, dass komplexe Lebewesen im Laufe ihrer Evolution auf dem Boden offenbar gänzlich durch Naturgesetze *determinierter Grundprozesse Freiheitsgrade* erlangten, welche sich im Bereich der Physik und Chemie *nicht* zeigen?

Die Antwort darauf lautet, dass bei genauer Betrachtung die Gesetze der klassischen Physik und Chemie nur dort gelten, wo *grosszahlige Nexūs* untersucht werden.[217] In Lebewesen gibt es aber – darauf wurde in früheren Abschnitten (V1c, VI1c) hingewiesen – keine grosszahligen Nexūs. Jede einzelne aE/aO innerhalb eines komplexen Organismus füllt als Individuum bis hinab zu den Atomen einen eigenen, unverwechselbaren Platz aus, und kann in seinem Werden von aussen nicht vorausbestimmt werden.

3. Verschiedene Arten von Nexūs

In den letzten Abschnitten wurde ersichtlich: *Die Grenze zwischen Organismen und Gegenständen findet sich nicht zwischen Atomen oder Molekülen und Zellen, wie dies gemeinhin angenommen wird, sondern zwischen aE/aO und grosszahligen Nexūs.*

217 E. Schrödinger: Was ist Leben? S. 41 ff.

Die Unterscheidung zwischen Gegenständen als grosszahlige Nexūs und aE/aO bzw. Organismen kann, so sehr sie eine *qualitative*, ja sogar eine prinzipielle zu sein scheint, auch auf einer *quantitativen* Ebene festgemacht werden: Neben *grosszahligen* Nexūs – den Dingen unseres Alltags beispielsweise – spielen *kleinzahlige* Nexūs eine interessante Zwischenrolle. Dazu gehören als markante Beispiele die Moleküle. Die Grösse dieser Nexūs von ca. 10^1 bis ca. 10^5 Wasserstoff-Einheiten (Dalton) kontrastiert zu derjenigen von ca. 10^{23-26} Einheiten bei den aus dem Alltag bekannten Gegenständen oder Nexūs. Wenn davon ausgegangen werden kann, dass bei kleinen Nexūs die individuellen Aktivitäten eines einzelnen Mitglieds weiterhin einen Unterschied machen, so kann gefolgert werden, dass insbesondere auf der Ebene der Moleküle eine Vielzahl von unvorhersehbaren Prozessen möglich ist.[218] Dies lässt sich andeutungsweise bei Makromolekülen ersehen, deren molekularer Aufbau wie beispielsweise bei den Proteinen starr fixiert sein mag, wo aber trotzdem kleinste Veränderungen in peripheren Bereichen einzelner Atome massive Änderungen der räumlichen Konfiguration und biologischen Funktion zur Folge haben können.[219] Die beschränkte Determiniertheit dieser kleinzahligen Nexūs wird dann besonders interessant, wenn es darum geht, die Verständnislücke zu schliessen, die sich zwischen der Welt der (komplexen) Moleküle und einfachen Lebewesen (z. B. Bakterien) auftut. Die Frage ist: Wie konnte es je dazu kommen, dass nicht nur immer komplexere Moleküle entstanden, sondern darüber hinaus auch eine neue Form von Gesellschaft, welche einem neuen Code – ‚Gencode' genannt – gehorchend das einfache Leben der atomaren und molekularen Organismen in eine neue Dimension brachte? Heute ist man dabei, die vielfältigen und komplexen Aktivitäten der Moleküle kennenzulernen – die schon genannten räumlichen Veränderungen von biologischen Schlüsselmolekülen oder die Selbstvermehrung von Proteinen in Form von Prionen gehören dazu. Es ist davon auszugehen, dass die Erforschung der Nanowelt – der Welt der Moleküle also – im Rahmen des jetzt einsetzenden, computertechnischen Interesses noch spannende Neuigkeiten zutage

218 M. Rieth, W. Schommers: Can biological effects emerge from inorganic nano-systems? S. 179 & 194f.

219 A. Müller: Naturgesetzlichkeiten – Chemie lediglich ein Bereich zwischen Physik und biologischem Geschehen? S. 351ff.

bringen wird. Wenn nicht alles täuscht, wird sich zeigen, in welch reichhaltiger Art und Weise Moleküle Eigenaktivitäten entwickeln, die sich durch die üblichen physikalischen Gesetze, die eben nur für grosszahlige, nicht aber für kleinzahlige Nexūs gelten, nicht erklären lassen.

Gegenständen, wie Steinen, Eisblocks oder Maschinen fehlen ein entscheidendes Kriterium für Leben: Es fehlt ihnen eine herrschende Aussagen- oder Code-generierende Teilgesellschaft. Im Falle des Automobils – einer Maschine also – ist es so, dass ihm zeitweise eine herrschende Gesellschaft (in Form eines Fahrzeuglenkers) beigegeben wird. Das Automobil ist dadurch gerade nicht ‚auto-', sondern nur ‚allo-mobil'. Ohne die Hilfe eines Lebewesens in Form des Autolenkers rostet es still und immobil vor sich hin. Als grosszahliger Nexus, der eine Maschine immer auch ist, arbeitet sie aber aus den oben dargelegten Gründen berechenbar und mit fast absoluter Zuverlässigkeit. Da Maschinen zudem im oben beschriebenen Sinne nur einen rudimentär ausgebildeten mentalen Pol aufweisen, der die immer gleichen, einfachen Ideen unverändert aufnimmt und weitergibt, und da ihre subjektiven Tönungen einzig in primitiven und trivialen Attraktions- oder Repulsionskräften bestehen, werden sie aus prinzipiellen Gründen zu einer ganzen Reihe von essentiellen Tätigkeiten, welche Lebewesen auszeichnen, nicht fähig sein. Gemeint sind in diesem Zusammenhang insbesondere Bewusstseinsleistungen, welche eine hoch differenzierte affektive Tönung darstellen. Versuche, Maschinen mit Bewusstsein zu bauen, wie dies namhafte Forscher hoffen, werden aus diesem Grund fehlschlagen.[220]

Die Sache könnte allerdings in der anbrechenden Ära der Nanotechnik nochmals eine neue Wendung nehmen: Im Nanobereich kommt einer immer kleiner werdenden Zahl von Molekülen für das tadellose Funktionieren der Maschine (genauer: Mikrochips) entscheidende Bedeutung zu. *Einzelne Moleküle* beginnen so in ihrem komplexen in Beziehung-Stehen mit der Welt wieder eine wichtigere Rolle für das Funktionieren von Maschinen zu spielen. So ist es vorauszusehen, dass diese Art von Mikrochips-gesteuerten Maschinen dem Verhalten und den Gesetzmässigkeiten ‚normaler' Maschinen deshalb nicht mehr folgen werden, weil einzelne Moleküle

220 D. Dennet: Philosophie des menschlichen Bewusstseins, S. 332ff.; P. Churchland: Die Seelenmaschine, S. 277ff.

vermehrt als individuelle aE/aO mit all ihren komplexen Eigenschaften eine Rolle zu spielen beginnen. Indeterminiertheit, zielsetzende Ideen und affektive Tönungen könnten so in einfacher und rudimentärer Form aber möglicherweise doch in wahrnehmbarem Ausmass in Erscheinung treten und so das Verhalten dieser Maschinen schlechter berechenbar machen. Das bleibt aber vorläufig Spekulation; die nanotechnischen Entwicklungen werden die Stichhaltigkeit dieser Gedankengänge belegen müssen.[221]

In der Biologie und noch ausgeprägter in der Wissenschaft des Menschen sind die ‚Untersuchungsgegenstände' keine Gegenstände, sondern komplexe Organismen. Nach dem bisher Gesagten wird es verständlich, dass sich in diesen Wissenschaftsbereichen keine Gleichförmigkeiten der Vorkommnisse oder Prozesse zeigen werden, welche mit denjenigen in der Wissenschaft der Gegenstände, d. h. der klassischen Physik, zu vergleichen wären.[222]

Gegenwärtig ist es immer noch so, dass das Ansehen einer Wissenschaft in dem Masse wächst, wie sie fähig ist, Naturgesetze zu formulieren. So wird in der Medizin und den Humanwissenschaften versucht, Forschungsanordnungen herzustellen, in welchen wiederum (relativ) grosszahlige Nexūs vorkommen. Dies geschieht in der Hoffnung, auf diese Art starre Gesetzmässigkeiten im Verhalten komplexer Organismen entdecken zu können. Die Grösse solcher Nexūs ist allerdings verglichen mit denjenigen in der Physik verschwindend klein und beeinträchtigt die Zuverlässigkeit von statistischen Berechnungen massgeblich.[223] Zudem werden die in Kollektivuntersuchungen gewonnenen Erkenntnisse dem Untersuchungsgegenstand deshalb niemals gerecht, weil die einzelnen komplexen Individuen im Kollektiv nur unter einem *einzigen Gesichtspunkt* untersucht werden.

Dazu ein Anschauungsbeispiel: Sich innerhalb des relativ kleinzahligen Nexus der Fangemeinde bei einem Fussballspiel zu befinden, heisst von der Umgebung in Bezug auf die Anhängerschaft eines Fussballclubs erfasst zu werden. Alles andere tritt demgegenüber während der Dauer des Fussballspiels in den Hintergrund und kann nicht gelebt werden. Und

221 Erste Hinweise, dass sich diese deduktiven Schlüsse empirisch bestätigen lassen in M. Rieth, W. Schommers: Can biological effects emerege from inorganic Nano-Systems?

222 B. Schweitzer: Naturgesetze in der Biologie? S. 267 ff.

223 Es handelt sich um Potenzunterschiede von 1:20 und mehr.

dasselbe gilt, wenn es darum geht, eine Kohorte von Menschen unter dem Gesichtspunkt ihres arteriellen Blutdruckes oder ihres HbA1c zu untersuchen, währendem alle anderen – und davon gibt es sehr viele – vernachlässigt werden. Bei statistischen (und überhaupt allen naturwissenschaftlichen) Untersuchungen handelt es sich mit anderen Worten um Abstraktionen, die grosse Bereiche des realen Lebens ausklammern. Das ist nötig, darf aber nicht vergessen gehen, wenn es darum geht, die Bedeutung von statistischen und naturwissenschaftlichen Forschungsresultaten insbesondere auch innerhalb der Medizin richtig einzuordnen.

Einflussreiche zeitgenössische Wissenschaftstheoretiker, wie beispielsweise Nancy Cartwright weisen darauf hin, dass selbst in der Physik naturgesetzliche Ereignisse in reiner Form praktisch nicht vorkommen, sondern durch eine Vielzahl von sich übereinanderlagernden Vorgängen überdeckt und geradezu unkenntlich gemacht werden.[224] Nicht nur die biologischen, sondern auch die physikalischen Gesetze sind Abstraktionen, die sich häufig nur unter Laborbedingungen, in welchen alle Randbedingungen peinlich genau stabil gehalten werden, beobachten lassen (sog. ‚ceteris paribus Gesetze'). Dazu gehört z.B., dass sich der Siedepunkt von Wasser in naturgesetzlicher Abhängigkeit vom Umgebungsdruck verändert. Dies gilt aber nur, wenn das Wasser rein ist, und in ihm keine anderen Stoffe gelöst sind. Wenn dies nicht der Fall ist – und ausserhalb des Labors ist dies auch tatsächlich nie der Fall – dann gibt es keine Gesetze, die besagen, wie der Siedepunkt bestimmt werden kann.

Man kann sagen, dass die reale Welt (auch die physische, welche nur von einfachen, grosszahligen Nexūs handelt) im Labor künstlich so stark vereinfacht und vereinheitlicht werden muss, dass einzig dadurch Gleichfömigkeiten entstehen, welche mittels naturgesetzlicher Formeln ausgedrückt werden können. Letztere drücken dann aber nur noch eine sterilisierte und abstrakte physikalistische Wirklichkeit aus. Darüber gilt auch dann noch, dass nicht selten Gleichförmigkeiten von Naturprozessen empirisch gar nicht direkt überprüft werden können. Elektromagnetische Kräfte kommen beispielsweise gar nie isoliert vor, sondern sind wegen der Allgegenwart der Gravitation immer mit letzterer vermischt. Aus diesem Grund stellt jede Angabe einer elektromagnetischen Kraft eine Abstrak-

224 N. Cartwright: Die Wahrheit erklärt nicht viel, S. 147ff.

tion dar, in welcher von der gleichzeitig ebenfalls vorhandenen Gravitation abgesehen wir. Im Fall der immer vorhandenen Kombination von Elektrostatik und Gravitation lässt sich zwar mittels mathematischer Überlegungen herleiten, wie die beiden Kräfte je einzeln aussehen und wie gross sie sind. In anderen Fällen ist dies aber nicht möglich. Wenn es z. B. nur schon darum geht, herauszufinden, mit welcher Geschwindigkeit das Wasser in einem Bergbach an einer Stelle X zu Tale fliesst, bleiben entsprechende Berechnungen sehr ungenau. Für diese Situationen bestehen keine genauen Naturgesetze.[225] N. Cartwright schlägt als Alternative vor, anstatt sich einzig auf Naturgesetze zu konzentrieren, naturgesetzliche Formeln nur als ein Element von vielen zu benutzen, welche mittels von komplexen Modellen die Wirklichkeit abbilden.[226] Damit rückt die Physik (und die Chemie) den wissenschaftlichen Methoden der Biologie sehr nahe, sie verliert ihren paradigmatischen Wissenschaftscharakter und gibt Wissenschaftlern, die sich mit noch komplexeren Vorkommnissen auseinandersetzen, als dies die Physik tut, das Recht, Forschungsmethoden anzuwenden, welche von denjenigen der klassischen Physik abweichen.[227] Auch die Medizin, kann sich so vom methodischen Vorbild der klassischen Physik lösen und selbstbewusst die Modelle entwerfen, welche dazu geeignet sind, die medizinische Forschung wieder an den Menschen zurückzugeben.

4. Von ganz grossen und ganz kleinen Gesellschaften

In den letzten Kapiteln war einerseits von einfachen Vielheiten oder Nexūs und andererseits von komplexen Vielheiten oder Gesellschaften die Rede.

Es stellt sich jetzt die Frage, ob die Vielheit innerhalb unseres Kosmos oder ‚unsere kosmische Epoche' (Whitehead), welche wohlgemerkt alle anderen aE/aO in sich birgt, wiederum eine ganz grosse Gesellschaft dar-

225 Ibidem, S. 152f. und 162.

226 Ibidem, S. 166ff. und P. Duhem: Das physikalische Gesetz, S. 28ff.

227 N. Cartwright: Warum Physik? S. 201ff. M. Carrier: Menschliches Verhalten und psychologische Gesetze, S. 375ff.

stellt, einen Super-Organismus quasi, welcher sämtliche uns bekannten Gesellschaften und Nexūs zu einem neuen Ganzen zu vereinigen mag.

Um dieser Frage nachzugehen, ist v.a. der folgende Gesichtspunkt zu berücksichtigen: Die kosmischen Gebilde – Sonnensystem, Sterne, Galaxien etc. – müssen als einfache, gemeinsamen Ideen folgende Nexūs ohne zentralen Code verstanden werden. Das heisst, dass beispielsweise die Sonne und ihre Planeten sich wechselseitig erfassen, wobei die Gravitation als Ordnung bildende Kraft fungiert. Die Sonne als das Element mit der weitaus grössten Masse und der meisten Eigenaktivität dominiert zwar alles, über einen Code verfügt sie jedoch nicht. Ähnlich scheint die Sachlage in all den anderen Sonnensystemen und bei den Galaxien zu sein.

Wenn wir somit davon ausgehen, dass es im Moment keine überzeugende Hinweise dafür gibt, dass der Kosmos als etwas anderes als ein immenser Nexus zu verstehen ist, so kann es trotzdem sinnvoll sein, ihn probatorisch als Lebewesen zu konzeptualisieren und den heuristischen Wert dieser Hypothese zu prüfen. Bedeutende Philosophen, u.a. Platon, Bergson und Whitehead, haben die Organismus-Hypothese des Kosmos vertreten.[228] Die Begründung, die Platon im Timaios zugunsten dieser Hypothese gibt, ist beachtenswert: Platon argumentiert, dass es grundsätzlich schwierig sei, sich vorzustellen, dass der Kosmos zwar Leben hervorbringe, selber jedoch diesen komplexen Entwicklungszustand nicht innehabe. Oder allgemeiner ausgedrückt: Wie kann etwas von solcher Komplexität, Reichhaltigkeit und Schönheit, wie dies Menschen und Tiere sind, durch etwas gezeugt und hervorgebracht werden, das selber nicht mindestens ebendiesen Stand an Komplexität besitzt?[229]

Solang man daraus keine voreiligen und übertriebenen Schlüsse zieht, ist es in diesem Zusammenhang auch erlaubt, Argumente der folgenden Art vorzubringen: Astronomen sagen uns (i), dass unser Kosmos an Grösse wächst; wachsen ist aber eine typische Eigenschaft von Lebewesen. Eigenbewegungen sind (ii) ein allgegenwärtiges Phänomen im ganzen, uns bekannten Kosmos und für Lebewesen typisch; die uns ansonsten bekannten Nexūs zeigen im Gegensatz dazu *keine* Eigenbewegungen. Die Geburt des

228 A.N. Whitehead: Prozess und Realität, S. 396; H. Bergson: Schöpferische Entwicklung, S. 59f. und 93ff.

229 Platon: Timaios, 30a–d.

Kosmos könnte (iii) sehr wohl mit der Geburt eines Lebewesens nicht nur den Begriff gemeinsam haben, so dass das, was wir heute als ‚Urknall' zu bezeichnen pflegen, eine Geburt gewesen sein könnte, die mit der Geburt eines ganz neuen Lebewesens vergleichbar wäre. Gut möglich auch, dass wir (iv) die entscheidenden Elemente, welche den Kosmos für den Status einer Gesellschaft qualifizieren – Code, Zielgerichtetheit und geistiger Pol – aus unserer beschränkten Warte heraus im Moment noch nicht oder nur in Ansätzen zu erkennen vermögen, dass sie aber in Zukunft noch gefunden werden.

Trotz dieser Argumente tendiere ich dazu, die Frage, ob unser Kosmos als Organismus verstanden werden soll, zu verneinen.

An einem Ende der Grössenskala finden wir den riesigen Kosmos, am anderen Ende die winzigen Atome. Mit grösser werdendem Kenntnisstand erweisen sich die atomaren Gesellschaften als enorm komplex. Und es ist möglich, dass in Zukunft im subatomaren Bereich weitere Gesellschaften gefunden werden. Zwar können wir uns Codes, die einfacher sind als der Zahlencode, kaum vorstellen. Dies bietet aber keine Garantie dafür, dass es nicht einfachere Gesellschaften geben könnte. So gehen Whitehead und Platon davon aus, dass letztlich geometrische Relationen (und nicht Zahlen, wie dies bei den Atomen der Fall ist) an der Basis allereinfachster gesellschaftlicher Ordnung stehen.[230] Das würde auf das Vorhandensein von noch einfacheren Gesellschaften, als Atome dies sind, hinweisen.

Die Tatsache, dass wir Atome, mithin wichtige und grundlegende Bausteine unseres Kosmos als einfache Formen von Leben anzusehen haben, zeitigt die folgende, interessante Folge: Der ‚Rohstoff' für die Bildung von komplexeren Organismen ist in Form von Atomen und Molekülen ubiquitär vorhanden und nicht auf das Erscheinen neuer Prinzipien angewiesen. Ist dies richtig, so lässt dies die Wahrscheinlichkeit des Entstehens komplexer Lebewesen auch in anderen kosmischen Kontexten bedeutend grösser werden. Es genügt, dass dort Bedingungen herrschen, welche es zulassen, dass Atome und Moleküle nicht zu grosszahligen Nexūs zusammengepackt werden, sondern als einzelne Individuen zur Geltung

230 A. N. Whitehead: Prozess und Realität, S. 181; Platon: Timaios, 53d–55b. T. Kobusch, B. Mojsisch: Platon, S. 236ff.

kommen, damit es ihnen möglich wird, sich in kreativer Art und Weise weiterzuentwickeln und komplexe Makromoleküle zu bilden, welche früher oder später nach einem neuen Code verlangen. Es wäre dies ein Code, der die immer komplexer werdenden Beziehungen zwischen den vielen Molekülen neu ordnet. Wo, wann und in welcher Form ein neuer Code entstehen kann, wissen wir bis jetzt nicht. Es ist aber denkbar und durchaus wahrscheinlich, dass ein solcher Code sich von dem uns bekannten, genetischen Code unterscheiden würde und trotzdem ein zusätzliches ordnendes Element in die Kommunikation zwischen Makromolekülen zu bringen vermöchte.

VIII. Evolution

> In der philosophischen Diskussion ist die leiseste Andeutung dogmatischer Sicherheit hinsichtlich der Endgültigkeit von Behauptungen ein Zeichen von Torheit.
>
> A. N. Whitehead

1. Evolutionstheoretische Glaubensgrundsätze

a. ‚Evolution' – eine Erfolgsgeschichte

Evolutionskonzepte haben in der zweiten Hälfte des 19. und dann erst recht im 20. Jahrhundert eine beispiellose, bis heute anhaltende, wissenschaftstheoretische Karriere gemacht. Heute geht die Wissenschaftsgemeinde allgemein davon aus, dass ein kosmischer Evolutionsprozess vor ca. 14 Milliarden Jahren mit einem sog. ‚Urknall' begonnen hat, womit zugleich und in einem der Grundstein einer immerwährenden, bis heute anhaltenden Entwicklung vom Einfachen hin zum immer Komplexeren gelegt worden sei.

Charles Darwin hat vor gut 150 Jahren am Beispiel von Tieren zum ersten Mal einen Mechanismus formuliert, mit Hilfe dessen es möglich ist, eine ständige Weiterentwicklung des Lebens auf der Erde verständlich zu machen. Darwins Theorie wurde seither einerseits verfeinert und andrerseits auf Prozesse ausgeweitet, die weit über die von ihm ursprünglich beschriebenen hinausgehen. Sie betrifft jetzt nicht nur mehr die Entwicklung von (Tier-)Arten, sondern, auch diejenige von Molekülen, einfachen Zellen (sog. präbiotische Evolution) und sogar den Kosmos als Ganzer. Die meisten Wissenschaftler gehen heute davon aus, dass überhaupt alles, was existiert, Ausdruck und Folge eines immerwährenden evolutionären Prozesses sei.

Dafür ist allerdings eine meist stillschweigend vorgenommene Änderung der Darwinschen Evolutionstheorie nötig. Die ursprüngliche Version lautete wie folgt: „Zufällige Veränderungen des Erbgutes (sog. Mutationen) komplexer Lebewesen können sich in Ausnahmefällen für das Überleben oder die Fortpflanzung des betroffenen Individuums als günstig erweisen, so dass sie sich vermehren und andere Lebewesen verdrängen können (sog. Selektion)."

Dieser Mechanismus wurde seither wie folgt erweitert und dadurch weiteren Anwendungsbereichen zugeführt: Quantitative und qualitative Schwankungen natürlicher Prozessvorgänge bewirken, dass die daraus resultierenden Endprodukte einen unterschiedlichen Stabilitätsgrad aufweisen. Die stabileren unter ihnen werden daraufhin die anderen überdauern und zahlenmässig verdrängen.[231]

Diesen evolutionstheoretischen Grundthesen wagen sich heute einzig noch fundamentalistisch-religiöse Kreise zu widersetzen, indem sie auf einer wörtlichen Auslegung der Bibel pochen. Was Evolutionstheoretiker besonders in der Auseinandersetzung mit religiösen Fundamentalisten gerne vergessen, das ist die Tatsache, dass das, was heute unter der Flagge der Evolutionstheorie segelt, eine ganze Reihe von ungelösten Problemen, die z.T. in Kapitel 15 schon einmal erwähnt wurden, mit sich führt.

Im Folgenden wird es darum gehen, genauer auf die Probleme einzugehen, welche der Evolutionstheorie im Bereich der Lebewesen erwachsen und welche sich nochmals verstärken, wenn versucht wird, den Geltungsbereich darüber hinaus auf den sog. ‚präbiotischen Bereich' auszudehnen. Anschliessend werde ich in knapper Form neue Entwicklungen darstellen, welche darauf abzielen, die z.T. beengenden Fesseln der heute vorherr-

231 Dieser Mechanismus kommt z.B. in der folgenden Situation gut sichtbar zum Tragen: Grössere Atome, wie beispielsweise Kohlenstoff- oder gar Eisenatome sind gegenüber kleineren wie Wasserstoff- oder Heliumatomen stabiler, so dass bei der Fusion von kleinen zu grösseren Atomen Energie frei wird. Umgekehrt muss bei der Destruktion von grösseren zu kleineren Atomen Energie aufgewendet werden (Dies gilt allerdings nur bis zu den Eisenatomen. Bei noch grösseren Atomen, wie z.B. Uranatomen, kehrt sich die Situation um). Die in den Sternen ständig ablaufenden Kernfusionsprozesse führen im Universum unter Freigabe von riesigen Mengen Energie zur Bildung einer immer grösser werdenden Menge von schweren, d.h. komplexeren und stabileren Atomen.

schenden Evolutionstheorie abzustreifen. Zuletzt werde ich eine Darstellung davon geben, wie Evolution im Rahmen einer Philosophy of Organism konzeptualisiert werden kann.

b. Andere Kulturen, anderer Glaube

Der Evolutionstheorie, so wie wir sie in der westlichen Kultur der letzten ca. 200 Jahre kennen, ist ein optimistisches, wachstumsorientiertes Denken eigen, das nicht selbstverständlich ist, und in anderen Weltgegenden und anderen Kulturen nicht durchgehend geteilt wird.[232] Auch in der europäischen Kulturgeschichte gab es Zeiten, während denen diesbezüglich Zweifel bestanden. So spricht beispielsweise Ovid in Anlehnung an Mythen des Mittelmeerraums und an Hesiod davon, dass die Natur- und Kulturprozesse eine natürliche Tendenz zeigten, immer schlechter zu werden. Die Welt habe sich nämlich ursprünglich in einem goldenen Zeitalter, d. h. in einem wunderbaren Idealzustand ewigen frühlingshaften Blütenzaubers befunden, der später durch das rauere silberne, das bronzene und schliesslich durch das eiserne Zeitalter abgelöst worden sei. Letzteres drücke sich durch die heute allseits bekannte Härte des Überlebenskampfs und Verruchtheit der Menschen aus.[233]

Die hinduistische Hochkultur kennt eine ähnliche vierstufige Abwärtsentwicklung. Sie geht davon aus, dass jedes Weltalter – Yuga genannt – gegenüber dem vorhergehenden ein Abstieg bedeute, und dass dieser von einem goldenen Zeitalter ausgehend schliesslich im völligen Zerfall ende. Die, sich über 4'320'000 Jahre erstreckenden Perioden von vier verschiedenen Yuga, welche zusammen ein sog. Mahayuga (grosses Yuga) ergeben, werden im hinduistischen Gedankengut in einen weiteren Kontext eines unvorstellbar ausgedehnten Weltenzyklus, und eines immerwährenden ‚stirb und werde' des Kosmos eingebettet. So ergeben tausend Mahayuga – 4,32 Milliarden Jahre – einen einzigen Tag im Leben des höchsten Got-

232 Es gibt auch in der gegenwärtigen westlichen Kultur einzelne Autoren, die sich dem evolutionären Aufstiegsglauben verweigern; siehe dazu z. B. C. Naranjo: Die Zukunft gehört dem Schamanismus, S. 177.

233 Ovid: Metamorphosen; 1. Buch Verse 89–150.

tes Brahma und weitere tausend Mahayuga eine einzige Nacht.[234] Die Tage des Brahma spielen sich mit anderen Worten in denselben Grössenordnungen ab, wie dies für die heutige westliche Astrophysik gilt.

Bei den beiden wichtigen philosophischen Systemen Hegels und Whiteheads findet sich im Gegensatz zum eben Gesagten ein Aufstiegsgedanke. Für Hegel macht der (Welt-)Geist als grundlegend Seiendes eine dialektische Entwicklung durch, die ihn vom Anfangszustand des an-sich-Seins hin zum für-sich-Sein des entäusserten Geistes als Natur führt. Er kehrt schliesslich in einem weiteren Entwicklungsschritt wieder zu sich zurück, indem er den Gegensatz von an-sich-Seiendem und für-sich-Seiendem aufhebend zum noch reichhaltigeren An-und-für-sich-Sein findet.[235]

Whitehead seinerseits postuliert als elementare Kategorie die Kreativität. Sie ist nicht mehr weiter hintergehbar und drückt sich in einer Entwicklung alles Seienden hin zu immer höherer Komplexität, grösserem Reichtum an inneren Kontrasten, Tiefe der subjektiven Empfindungen und Originalität der Lebensäusserungen aus.[236] Damit macht Whitehead explizit, was im neuzeitlichen Evolutionslehren implizit mitgedacht wird: So sehr, wie es unmöglich ist, zu erklären, weshalb ‚Sein' ist und nicht vielmehr ‚Nichtsein ist', ebenso sehr muss eine Entwicklung hin zu immer grösserer Komplexität, muss mit anderen Worten Evolution als eine nicht weiter hintergehbare, erklärbare und verstehbare Tatsache akzeptiert werden.

H. Bergson geht im Gegensatz dazu davon aus, dass *zwei* grundlegende, kosmische Entwicklungslinien vorhanden seien, wovon die eine – diejenige der Materie – in entgegengesetzter Richtung zur anderen – derjenigen des Lebens – weise.[237] Die Entwicklungslinie des Lebens – von Bergson ‚élan vital' genannt – weist in die Richtung einer immer höheren Differenzierung und zeigt demnach eine Aufstiegstendenz. Für die Materie ist das Umgekehrte der Fall: Sie befindet sich im Abstieg und geht in die Richtung des immer Einfacheren.[238] Für den Mensch ist es gemäss Bergson

234 H. Zimmer: Indische Mythen und Symbole, S. 21 ff.

235 G. W. F. Hegel: Phänomenologie des Geistes, S. 24 ff.; Enzyklopädie der Philosophischen Wissenschaften:§ 42, 2. Zusatz, §§ 96–98 und § 385 (inklusive Zusatz).

236 A. N. Whitehead: Prozess und Realität, S. 61 ff.

237 H. Bergson: Schöpferische Entwicklung, S 17 ff.

238 Dieser Prozess folgt dem 2. thermodynamischen Hauptsatz.

wichtig, den Anschluss an den aufstrebenden élan vital zu finden. Dies ist aber nur dann möglich, wenn er sich von der Verstandestätigkeit, welche Teil der Welt der Materie ist und eine Tendenz zu immer Einfacherem zeigt, distanzieren und sich; der Intuition hingebend, Teil des élan vital werden kann.[239]

c. Die empirischen Grundlagen des Aufstiegsglaubens

Die gegenwärtig in unserem Kulturkreis vorherrschende Ansicht, unser Kosmos stelle eine Naturgeschichte des Aufstiegs, des Einfachen und Primitiven hin zu immer Komplexerem und Reichhaltigerem, beruft sich auf die Erfahrung.

In den Dreissigerjahren des letzten Jahrhunderts konnte gezeigt werden, dass sich das Universum ausdehnt, d.h. grösser wird. Durch Zurückrechnen der gegenwärtige Ausdehnungsbewegung ergab sich der Schluss, dass vor knapp 14 Milliarden Jahren das ganze Universum in extremer Dichte ganz nahe beieinander gelegen habe, und es so zu dem gekommen sein muss, was gemeinhin Urknall oder Big Bang genannt wird. Neben der Expansion des heutigen Weltalls kann diese Theorie u.a. auch die sog. ‚Hintergrundstrahlung' des Universums, die Häufigkeitsverteilung gewisser chemischer Elemente im Weltraum und das Fehlen von Sternen, die älter als etwa 13 Milliarden Jahre alt sind, erklären.

Die genannten Rückrechnungen machen es zwar möglich, Modelle des frühen Universums zu bilden, Das Momentum des Urknalls selber bleibt aber der naturwissenschaftlichen Erforschung entzogen. Ausserhalb der Empirie und ausserhalb von Raum, Zeit sowie aller bekannten physikalischen Gesetze angesiedelt, stellt es eine sog. ‚Singularität' dar. Mit diesem Begriff bezeichnet die Astrophysik genauer besehen etwas, das sich in Nichts von Begriffen wie z.B. das ‚Transzendente' oder ‚Gott' unterscheidet, von Begriffen also, welche die Wissenschaft und Philosophie des 20. Jahrhunderts eigentlich nicht mehr verwenden möchte.

239 Ibidem, S. 170ff.

Der besondere Status des Urknalls als Singularität ändert allerdings nichts daran, dass die Annahme einer Entwicklung hin zum immer Komplexerem und Reichhaltigerem eine empirische Basis hat. Ungeklärt ist aber die Frage, was zuerst war: Sind es die oben genannten Mechanismen – wie beispielsweise diejenigen von Mutation und Selektion –, die den Motor für den Aufstieg abgeben oder ist es vielmehr der immer schon vorhandene Aufstieg des Kosmos, der in seinem Schlepptau die Mechanismen geboren hat, welche einen Aufstieg erst ermöglichen? Mutation und Selektion wären dann nichts anderes als der Ausdruck einer Welt, der offensichtlich ein Wachstumscharakter und eine inhärente Tendenz zu immer Komplexerem innewohnt.

Eine ähnliche Situation zeigt sich bei der Entwicklung von einzelnen Lebewesen in der Ontogenese: Während beim Kind jeder Herzschlag und jeder Atemzug hin zu Wachstum und zu grösserer Differenzierung führt, ist es bei alten Menschen gerade umgekehrt: Jeder Herzschlag und jeder Atemzug bedeutet einen weiteren Schritt hin zu Schrumpfung und zum Zerfall. Beim Kind sind offenbar Mechanismen des Wachstums und der Höherentwicklung am Werk, währendem beim alten Menschen Kräfte wirksam werden, die gerade in die gegenteilige Richtung weisen. Es ist offenbar in beiden Fällen so, dass es nicht jeweils unterschiedliche Mechanismen sind, sondern unterschiedliche Grundtendenzen, welche denselben Mechanismen eine entgegengesetzte Richtung verleihen. Tatsache ist, dass wir bis heute keine Ahnung davon haben, wie es dazu kommt, dass es beim Kind und beim jungen Menschen ständig und in allem, man könnte vereinfacht sagen, ‚aufwärts' geht, währendem sich beim Alten die Entwicklungsrichtung umkehrt. Was ändert sich, wenn sich irgendwann zwischen dem zwanzigsten und dreissigsten Lebensjahr die Grundausrichtung dieser Prozesse ändert? Alle Stoffwechselvorgänge scheinen sich genauso abzuspielen wie zuvor und doch hat sich etwas Entscheidendes geändert: Aus dem Aufstieg ist ein Abstieg geworden. Es ist nicht einzusehen, warum dies nicht auch auf kosmischer Ebene ähnlich sein könnte.

Etwas genauer und unvoreingenommen betrachtet kann der gegenwärtig allseits geteilte Glaube an eine Evolution des Aufstiegs nämlich nicht darüber hinwegtäuschen, dass es dafür zwar empirische Belege gibt, dass sie sich letztlich aber auf einen eher mageren Erfahrungsschatz abstützen müssen: Vielleicht genügt ein einziger atomarer Weltkrieg, um die ganze

Entwicklung des Aufstiegs fundamental in Frage zu stellen. Der Evolution würde damit wieder dort beginnen, wo sie vor Milliarden von Jahren schon gewesen war, und würde sie nicht mehr zu einem Aufstiegsgeschehen, sondern zu einem zyklischen Prozess machen, der in gewissen Momenten vom Aufstieg zum Zerfall wechseln kann. Eine derartige globale Vernichtung würde zugleich auch die Tatsache in den Vordergrund rücken, dass die Entwicklung ausserhalb der Biosphäre der Erde nicht nur eine Aufwärtsrichtung, sondern ebenso sehr in die umgekehrte Richtung zeigt und sich nach dem heutigen Stand des Wissens in Richtung einer immer grösserer werdenden Entropie und des Wärmetods des Kosmos bewegt.

Selbst die Expansion des Universums ist nicht unumstritten. So gibt es seriöse Astrophysiker, welche die Rotverschiebung der Galaxien nicht als Folge einer allgemeinen kosmischen Expansion, sondern vielmehr als Ausdruck von Kreationsprozessen in den Zentren von Galaxien verstehen.[240] Und auch das Vorhandensein der schwarzen Löcher, welche anscheinend ebenfalls Singularitäten darstellen und sich damit den uns bekannten physikalischen Gesetzmässigkeiten entziehen, versieht die Kosmologie mit derart vielen Fragezeichen, dass selbst die energetische Geschlossenheit des Universums zur Diskussion steht.[241]

Damit soll das, was gegenwärtig als gesicherte wissenschaftliche Erkenntnis angesehen wird, nicht grundsätzlich in Abrede gestellt werden. Was mit diesen Gedanken, Fragen und Spekulationen jedoch gesagt sein will, kann wie folgt auf den Punkt gebracht werden: „[…] die leiseste Andeutung dogmatischer Sicherheit hinsichtlich der Endgültigkeit von Behauptungen (ist) ein Zeichen von Torheit.“[242]

240 F. Hoyle, G. Burbidge, J. V. Narlikar: A different Approach to Cosmology, S. 117 ff., 325 ff.

241 Ibidem, S. 315 ff.

242 A. N. Whitehead: Prozess und Realität, S. 26.

2. Kritik der neodarwinistischen Evolutionstheorie

a. Externe Kritik

Wenn es im Folgenden darum gehen soll, die gegenwärtig von weiten Kreisen als gültig erachtete sog. ‚neodarwinistische Evolutionstheorie' einer Kritik zu unterziehen, dann werde ich als erstes mit Punkten beginnen, welche die Basis, auf welcher die Evolutionstheorie basiert, in Frage zu stellen vermögen.

Die neodarwinistische Evolutionstheorie ist heute Teil eines physikalistisch-monistischen Lehrgebäudes. Es ist Teil der Attraktivität dieser Theorie, dass sie verspricht, ohne die metaphysischen Vorgaben, welche die Naturphilosophie zuvor während mehr als zwei Jahrtausenden geprägt haben, auszukommen. Die Annahme, es gebe eine transzendente Macht, welche die Welt in ihrer heutigen Ausprägung mit voller Absicht so und nicht anders geschaffen habe, kann jetzt zumindest auf der Ebene der Fortentwicklung von Pflanzen und Tieren durch empirische Befunde entkräftet werden. Die transzendente Schöpfermacht konnte so aus ihrer Verantwortung entlassen und durch das Spiel der *zufälligen* genetischen Mutation mit nachfolgender Selektion ersetzt werden. Dieser Mechanismus wurde in der Folge so, wie ich es in Abschnitt VIII1a beschrieben habe, auf die ganze kosmische Entwicklung ausgeweitet.

Schon vor fast 100 Jahren wies A. N. Whitehead auf die grossen konzeptuellen Probleme hin, welche der Evolutionstheorie erwachsen, wenn sie sich als eine rein physikalistisch-monistische verstanden wissen will. Er brachte dies wie folgt auf den Punkt:

> [...] eine durchgängige Evolutionsphilosophie (ist) in Wahrheit mit dem Materialismus unvereinbar [...]. Der ursprüngliche Stoff oder das Material, von dem eine materialistische Philosophie ausgeht, ist der Evolution unfähig. Dieses Material ist an sich die elementare Substanz. Evolution wird nach der materialistischen Theorie auf ein anderes Wort für die Beschreibung von Veränderungen in den äusseren Relationen zwischen Materialteilchen reduziert. Hier gibt es nichts, was der Evolution fähig wäre, *weil* eine Menge von äusseren Relationen so gut wie jede andere ist. Möglich ist alleine eine nicht zweckgerichtete und nicht fortscheitende Veränderung.[243]

243 A. N. Whitehead: Wissenschaft und moderne Welt, S. 130.

Ein weiteres Problem einer physikalistisch verstandenen Evolutionstheorie besteht darin, dass sie grosse Mühe bekundet, das physikalistische Programm in der Praxis auch tatsächlich durchzuhalten. Es ist dies, wie G. Brüntrup bemerkt, insbesondere der Begriff der ‚Selektion', welcher den Physikalismus klammheimlich aufgibt und dem Teleologischen – dem Intentionalen – durch die Hintertür Einlass gewährt. Der Wortgebrauch der ‚Selektion' verrät es schon: Selektiert wird immer ‚für etwas' oder ‚im Hinblick auf etwas'.[244] Und dieses etwas ist in diesem Fall die ‚Beständigkeit' oder das ‚Überleben'. Offenbar scheint es eine der Natur inhärente *Intention* zu geben, welche dahin zielt, Entstandenem Dauerhaftigkeit zu verleihen.[245] Wäre dies aber tatsächlich das entscheidende Element, welches die Evolution eine Entwicklung hin zu immer Reichhaltigerem und Komplexerem werden lässt, so stellt sich hiermit die Frage, weshalb denn die Evolution nicht bei den so stabilen Gebilden wie Steinen und Planeten stehen geblieben ist.[246]

Diese Probleme haben unterdessen auch einige Evolutionstheoretiker erkannt. Sie ziehen daraus nicht die Konsequenz, den physikalistischen Monismus als Ganzes aufzugeben, sondern machen sich daran, ein physikalistisches Programm zu entwickeln, welches definitiv ohne diese Intentionalität auskommt.[247]

Das vielleicht wichtigste und grösste Problem erwächst der neodarwinistischen Evolutionstheorie aber durch das Problem des Neuen. Zuerst einmal erstaunt es, dass diese grundsätzliche Frage kaum thematisiert wird.[248] Die evolutionstheoretische Ausbeute an Gedankengängen zu diesem Problemkomplex erschöpft sich in Aussagen wie der folgenden:

244 J. Fodor, M. Piattelli-Palmarini: What Darwin got wrong, S. 95ff. G. Brüntrup: Physikalismus und evolutionäre Erklärungen, S. 345ff.

245 Die These, in unserem Kosmos strebe alles nach maximaler Dauerhaftigkeit, wird explizit von R. Dawkins vertreten (R. Dawkins, das egoistische Gen, S. 52).

246 A.N. Whitehead: Die Funktion der Vernunft, S. 6; R. Eichelbeck: All the colors of a rainbow in a worm or: What is life? S. 18.

247 J. Fodor, M. Piattelli-Palmarini: What Darwin got wrong, S. 153ff.

248 Eine Ausnahme bildet eine Arbeit von T. Waschke. Obwohl der Titel der Arbeit das Neue thematisiert, wird dieses Thema im Text selber mit dem Hinweis, es würde den gegebenen Rahmen sprengen, fast gänzlich ausgeklammert (T. Waschke: Die Entstehung von grundsätzlich Neuem in der Evolution).

> Du findest es schwer zu glauben, dass eine Amöbe zu einem Menschen wird; aber es fällt dir nicht schwer dir vorzustellen, dass eine Amöbe zu einer geringfügig anderen Art von Amöbe wird, von dort ist es nicht schwer sich vorzustellen, dass sie zu einer anderen Art einer geringfügig verschiedenen Art von... wird, und so weiter.[249]

Die Absicht dieser Textpassage, welche vom bekannten Evolutionstheoretiker Richard Dawkins stammt, besteht auf den ersten Blick darin, darauf hinzuweisen, dass es eine fast unendliche Zahl von kleinsten Schritten brauche, welchen es schliesslich – wenn nur genug Zeit dazu eingeräumt wird – möglich macht, auch sehr grosse Distanzen – z.B. diejenige von einer Amöbe zu einem Menschen – zu überwinden. Das ist trivial; doch steckt auf den zweiten Blick hinter dem Postulat der Kleinschrittigkeit Dawkins (der damit das Konzept des evolutionstheoretischen Gradualismus vertritt) ein Versuch, genuin Neues in eine Theorie hineinzuschmuggeln, welche dem Phänomen des Neuen sprach- und verständnislos gegenübersteht. Die Frage des Neuen ist allerdings in diesem Zusammenhang von so zentraler Bedeutung, dass es mit Schmuggeln alleine nicht getan ist. Aus diesem Grund wird in einem späteren Kapitel ausführlich darauf zurückzukommen sein.

b. Interne Kritik – das Problem der sog. präbiotischen Evolution

In diesem und den nächsten Abschnitten wird es darum gehen, Probleme der heute gültigen Evolutionstheorie auch dann noch kritisch zu beleuchten, wenn man deren Grundannahmen wie insbesondere den inhärenten Aufstiegsglauben, die grosse Bedeutung von Mutation und Selektion – oder allgemeiner: von zufälliger Veränderung und nachfolgender Auswahl des Beständigen – akzeptiert. Es gibt nämlich auch dann noch viele ungelöste Probleme. Eines davon besteht darin, dass die Entstehung lebender Zellen aus (komplexen) Molekülen bis jetzt gänzlich ungelöste Probleme aufweist.

Mittels der berühmten Millerschen Experimente konnte der Nachweis erbracht werden, dass unter Bedingungen, welche in etwa denjenigen in der terrestren Uratmosphäre entsprechen könnten, Aminosäuren und andere, für das Leben notwendige, organische Moleküle haben entstehen können.[250]

249 R. Dawkins: Der blinde Uhrmacher, S. 296f.

250 N.A. Campbell, J.B. Reece: Biologie, S. 82; R. Junker, S. Scherer: Evolution, 101f.

Damit ist aber nur ein sehr bescheidener Schritt getan. Das Allermeiste im Übergang von Molekülen hin zu einfachen Zellen ist damit nach wie vor gänzlich unverstanden. So ist es beispielsweise bis heute unklar, wie aus einfachen organischen Molekülen kettenförmig angeordnete Polypeptide entstehen konnten. Zum einen ist es in wässriger Lösung – dies ist das Grundmedium, in dem Stanley Miller seine Versuche durchführte – das Entropiegefälle, welches zu überwinden nötig ist, wenn die im Wasser verdünnten Aminosäuren zueinander finden und Ketten bilden müssen, zu gross. Es ist zudem nicht klar, wie es zu den in Lebewesen vorhandenen Aminosäure*ketten* kommen konnte, bilden sich doch, lässt man ausschliesslich den Zufall walten, keine Ketten, sondern Netze. Ähnliches gilt im Bereich der Entstehung langkettiger Zucker, welche für den Aufbau der DNS nötig sind.[251]

Sind erst einmal – auf welche, bis jetzt unbekannte Art auch immer – komplexe Protein- und Zuckerketten entstanden, so stellt sich bei der Bildung erster, einfachster Zellen das Problem der sog. ‚irreduziblen Komplexität'. Dieser Begriff weist darauf hin, dass es bis heute unklar ist, wie es allein mittels linearer, kleinschrittiger Prozesse zu komplexen Funktionen und Organen, deren Teilelemente sich wechselseitig bedingen, kommen kann. Dies wurde bereits in Abschnitt V2, in welchem es um die Frage ging, wie der genetische Code mittels Zufall entstehen konnte, angesprochen. Dieselbe Frage stellt sich auch in verschiedenen anderen Situationen. So bleibt z. B. unklar, wie die Ribonukleinsäuren (welche für die Multiplikation des einfachen Lebewesens verantwortlich sind), die Phospholipide (welche für die Abgrenzung und gleichzeitig Kontaktnahme des Lebewesens mit der Umgebung nötig sind) und der Stoffwechsel auf eine Weise zusammenkommen konnten, welche ihrer *wechselseitigen Abhängigkeit* Rechnung trug. Nur das Zusammenspiel aller drei Elemente macht das Entstehen einfacher Zellen möglich.

Das Problem der irreduziblen Komplexität stellt sich zwar während der präbiotischen Evolution besonders eindringlich, zeigt sich aber auch in späteren Entwicklungsstufen wieder und steht auch bei der Frage der Entstehung von verschiedenen, komplexen Organen wie z. B. den Bakteriengeisseln oder den Vogelflügeln im Vordergrund.[252]

251 R. Junker, S. Scherer: Evolution, S. 98ff.
252 Ibidem, S. 155ff. und 306; M. M. J. Behe: Darwins Black Box, S. 87ff.

c. *Interne Kritik – das Problem der Händigkeit, der Konvergenzen und der Evolutionseinheit*

Ein weiteres Problem betrifft die Beobachtung, dass komplexe Moleküle, welche sich aus Aminosäuren zusammensetzen (d.h. Proteine), alles sog. links drehende (oder linkshändige) Enantiomere (L-Enantiomere) sind.[253] Bei allen Zuckern dagegen kommen nur die rechts-drehenden Formen vor. Das heisst mit anderen Worten, dass Lebewesen seit Anbeginn ihres Bestehens Molekülen den Vorzug gaben, die sich von anderen nicht durch ihre chemische Zusammensetzung, sondern durch ihre räumliche Struktur unterscheiden. Wenn davon ausgegangen werden muss, dass auf physiko-chemischer Ebene die Händigkeit von Molekülen keinen Unterschied ausmacht, dann ist es nicht einsehbar, wie es in einem einzig physiko-chemischen Gesetzen gehorchenden Leben eine Bevorzugung eines Enantiomers geben soll, und warum die beiden Formen nicht vielmehr gleichwertig gehandhabt werden.

Ähnliche Fragen stellen sich auch auf komplexeren Ebenen: Warum winden sich Gartenbohnen und überhaupt fast alle Windepflanzen immer links herum? Warum liegen die Herzen bei allen Tieren und den Menschen auf der linken Seite und nicht abwechslungsweise mal rechts und mal links? Dass es auch – wenn auch relativ selten – rechtswindende Pflanzen gibt, die sich in der Evolution haben halten können, und dass der situs inversus beim Menschen keine biologischen Nachtteile zeigt, lässt die Frage aufkommen, welcher Art ein Zufall sein muss, der willkürlich eine Richtung – meist die linke – bevorzugt?

Bis jetzt ungelöst ist auch die Frage, wie die neodarwinistische Evolutionstheorie das Auftreten von Konvergenzen verständlich machen kann. Der Begriff der Konvergenz bezeichnet das Vorhandensein von bauplanähnlichen, biologischen Organen gleicher Funktion in entwicklungsgeschichtlich ganz unterschiedlichen Stadien. Die bekanntesten Beispiele dafür sind die Flügel bei Insekten, Vögeln und Säugetieren und die Augen der Wirbeltiere einerseits und der Tintenfische andererseits. Dies sind aber nur zwei besonders bekannte Konvergenzen. Die Biologie kennt unterdessen dutzende, wenn nicht hunderte.[254]

253 Genaueres zum Begriff des ‚Enantiomers‘ siehe Glossar.

254 S.C. Morris: Jenseits des Zufalls, S. 217ff.

Das Problem bei Konvergenzen besteht darin, dass der Zufall als Motor der Evolution offenbar nicht tun kann, was er will, sondern in der Wahl der gewählten Formen erstaunlich begrenzt ist. Das Auffangen von elektromagnetischen Wellen (das Sehen) und die Überwindung der Gravitation (Fliegen) lassen sich offenbar nicht auf beliebige Art lösen, sondern nur auf ganz bestimmte Weise, nämlich mittels Flügeln oder mittels Augen. S.C. Morris fasst das Problem wie folgt zusammen:

> Im Wesentlichen postuliert dieser Ansatz die Existenz von „Attraktoren"; die Trajektorien der Evolution würden demnach stets auf stabile Knoten der Funktionalität zulaufen. Dies wirft natürlich die Frage auf, wie die unermessliche Weite eines biologischen Hyperraums tatsächlich durchmessen wird: Die Anzahl der potentiellen „Sackgassen" ist so riesengross, dass eigentlich alle Zeit seit Anbeginn des Universums nicht hätte ausreichen dürfen, um unter Abermilliarden potentiellen Lösungen die wenigen zu finden, die tatsächlich funktionieren. [...] [Durch] das mir vorschwebende Forschungsprogramm [...] soll nicht nur der Verlauf der bevorzugten Wege hin zum Optimum erklärt werden, sondern auch die geradezu unheimliche Gabe der Evolution, im vieldimensionalen Raum der biologischen Wirklichkeit Abkürzungen einzuschlagen. Ich vermute, dass ein solches Forschungsprogramm das Grundgewebe des Lebens zum Vorschein bringen würde, in dem alle evolutionären Prozesse nach wie vor durch Darwin'sche Evolution vorangetrieben würden, aber bereits seit dem Urknall feststünde, *welche Knotenpunkte im Hyperraum* tatsächlich besetzt werden können.[255]

„*[...] Knotenpunkte im biologischen Hyperraum [...]*", die seit dem Urknall feststehen, dies ist ein, vom Paläobiologen verwendeter Begriff, um das festzumachen, was schon seit zweieinhalb tausend Jahren bekannt ist – allerdings unter einem anderen Namen: Ideenhimmel. Und so scheint die Anzahl der der Evolution zur Verfügung stehenden Ideen begrenzt zu sein.

Morris begräbt in den wenigen oben zitierten Sätzen still und ohne viel Aufhebens zu machen die Idee einer mechanistisch verlaufenden Evolution und führt – vielleicht ohne es selber zu merken – durch die Hintertür wieder das ein, ohne welches unsere Welt nicht wirklich verständlich gemacht werden kann: die Dimension des Geistigen in Form von Ideen oder eben in Form von ‚Knotenpunkten im biologischen Hyperraum, die seit dem Urknall feststehen'.

255 Ibidem, S. 242 (kursiv durch den Verfasser).

Ein weiteres evolutionstheoretisches Problem stellt sich mit der Frage, wem eine erfolgreiche Mutation zugutekommt, wer oder was die sog. ‚*Evolutionseinheit*' darstellt. Es gibt dafür drei Anwärter:

- Die Evolutionseinheit des *Individuums* drängt sich als Profiteur von erfolgreichen Mutationen geradezu auf. Darwin hatte ursprünglich das Individuum im Sinn, wenn er davon sprach, dass es immer der Fitteste sei, der überlebt und auf diese Art sein hervorragendes Erbgut an seine Nachkommen weitergeben kann.[256]
- Als weitere Evolutionseinheit, welche von einer erfolgreichen Mutation profitieren könnte, käme aber auch die *Population*, innerhalb derer sich das Mutation-tragende Individuum fortpflanzt, in Frage: Diese Möglichkeit drängt sich durch Beobachtungen auf, welche zeigen, dass sich bei Tieren immer wieder Verhalten finden, die dem einzelnen Individuum schaden, der ganzen Population, dagegen nützlich sind.[257]
- Unter anderem von R. Dawkins wird als dritte Möglichkeit das Gen als Selektionseinheit propagiert. Dawkins gibt zu bedenken, dass das Konzept, welches eine ganze Population als Evolutionseinheit ansieht, den ehernen Grundsatz des ‚survivals of the fittest' aufgebe. In diesem Kontext ist es nämlich beispielsweise so, dass eine Tiermutter, welche sich für das Hochziehen ihrer Jungen aufopfert, diesen Kräfteverlust trotz hervorragender genetischer Ausstattung mit einem vorzeitigen Tod bezahlt.

  Zudem schreibt das Opfern von einzelnen Individuen auf unterer, individueller Ebene zugunsten eines Vorteils auf übergeordneter, Population bezogener Ebene der Evolution *strategische Absichten* zu. Aus der physikalistischen Sichtweise ist dies abzulehnen und es gilt, andere Lösungsansätze zu finden.[258] Die Hypothese, dass das Gen die

256 C. Darwin: Über die Entstehung der Arten, S. 81. Schon bei Darwin finden sich Hinweise darauf, dass das Individuum als Evolutionseinheit nicht die ganze Wahrheit sein kann. Im Kapitel 6 mit dem Titel „Schwierigkeiten der Theorie" nennt er das Beispiel der Bienenkönigin, welche ihre Konkurrentinnen totbeisst. Hier steht offensichtlich nicht das Wohl des einzelnen Individuums, sondern „das Beste der Gemeinde" (Darwin) im Vordergrund C. Darwin: Über die Entstehung der Arten, S. 229).

257 R. Dawkins: Das egoistische Gen, S. 42f.

258 Ibidem, S. 46.

> Evolutionseinheit sei, stellt ein solcher physikalistischer Lösungsansatz dar. Dies heisst aber auch, dass sich alles im Kosmos der Lebewesen um ein paar Nukleotide dreht. Die Gene würden dann ihre Verkörperung – man könnte auch sagen, ihre ‚Fleischwerdung' – innerhalb von Lebewesen einzig als Mittel zu dem Zweck benutzen, sich über die Zeit hinweg zu erhalten und fortzupflanzen.[259]

Die Tatsache, dass die Frage, was denn eigentlich die Evolutionseinheit darstelle, bis jetzt ungelöst ist, kann als Hinweis darauf gewertet werden, dass die Evolutionstheorie als Ganze grundsätzliche Mängel aufweisen könnte.

In den letzten Jahren wird ausserdem ein weiterer Grundpfeiler des Neodarwinismus in Frage gestellt. Es ist dies der Grundsatz, dass der Kampf aller gegen alle als das einzige und zentrale Element im Fortgang der Evolution angesehen werde müsse. Es scheint insbesondere so zu sein, dass es eine natürliche Form der Kooperation und eine dem Leben inhärente Tendenz gibt, Fürsorge und Kooperation mit anderen Lebewesen als einen intrinsischen Wert zu erleben. Damit würde das Diktum des ‚survivals of the fittest' stark relativiert.[260]

d. Interne Kritik – das Problem des Schönen

Die Evolutionstheorien heutiger Ausprägung gelingt es nicht, das Schöne in der Natur in ihre Theorie einzufügen. Die gegenwärtige Lehrmeinung geht davon aus zu sagen, dass schöne Individuen dadurch einen Überlebensvorteil hätten, dass sie bei der Paarung von den Geschlechtspartnern bevorzugt würden, dass ihre Schönheit ein Ausdruck dafür sei, dass es sich um ein kräftiges Individuum handelt. Dies führe zu einer positiven Zuchtauswahl (zu einer sog. sexuellen Selektion). Diese Antwort kann in verschiedener Hinsicht nicht genügen: Zum einen vermischt sie zwei unterschiedliche kategoriale Ebenen. Das Schöne (beispielsweise eine ornamentale

259 Ibidem, S. 56ff.

260 M. Tomasello: Die Ursprünge der menschlichen Kommunikation; D. Thomä: Leben als Teilnehmen; R. Eichelbeck: All the colors of a rainbow in a worm or: What is life? S. 18.

Musterung eines Schneckengehäuses oder eines Vogelgefieders) unterscheidet sich kategorial vom Lebensstarken. Will ein Weibchen möglichst überlebensfähige Junge zeugen, so sollte sein Geschlechtspartner möglichst gross sein und besonders schnell rennen oder fliegen können, die *Schönheit* der Zeichnung seines Felles oder Gefieders hat damit aber direkt nichts zu tun. Auch Schwaches und Hinfälliges kann schön sein und umgekehrt gibt es keinen Grund dafür, dass Starkes und Überlebensfähiges nicht auch hässlich sein kann.

Zum anderen kommt noch hinzu, dass schöne, äussere Gestaltungsmerkmale auch bei Lebewesen zu finden sind, bei denen keine Zuchtauswahl durch einen Sexualpartner erfolgt (z. B. Seesterne, siehe Abbildung 20a) oder nicht einmal die Fähigkeit zur optischen Sinneswahrnehmung besitzen (z. B. Strahlentierchen in Abbildung 20b). Nicht nur Künstler, sondern auch Biologen (z. B. E. Haeckel) haben auf die Schönheit von Lebewesen hingewiesen, eine Schönheit, für welche bis jetzt kein biologischer Zweck gefunden werden konnte.[261]

Abbildungen 20a & b.

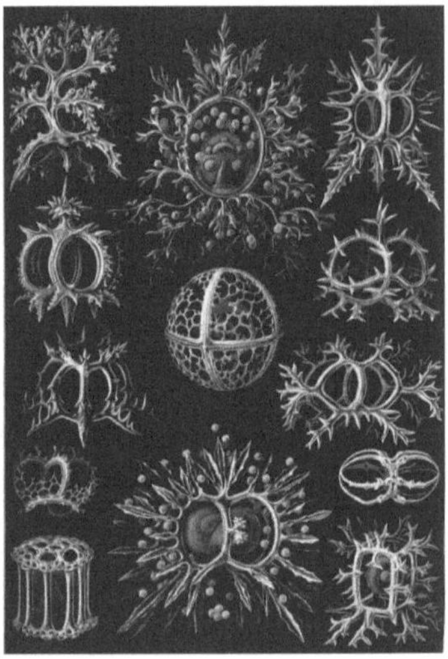

261 E. Haeckel: Kunstformen der Natur; siehe auch: <http://www.youtube.com/watch?v=KeezhAItiY4>, <http://books.google.ch/books?id=IKpxjelsKgAC&printsec=frontcover&dq=haeckel+kunstformen+der+natur&source=bl&ots=goz-VZOWDg&sig=>.

Auf die Problematik, welche der Evolutionslehre neodarwinistischer Provenienz aus der Ästhetik der Lebewesen erwächst, hat insbesondere A. Portmann aufmerksam gemacht. Er sagt dazu folgendes:

> Wenn wir versuchen, die Vielheit der Tiergestalten zu überschauen, so verstummt vor diesem Reichtum jeder vorschnelle Erklärungsversuch. In dieser Vielfalt gibt es zwar auch die eben erwähnten Fälle – da gibt es die Schutzfärbung, es gibt wohl auch Schreckfarben, es gibt sicher die täuschende Ähnlichkeit: aber sie alle sinken zu Einzelfällen herab, bei denen wir einen utilitären Sinn der Färbung oder der Form des Tierkörpers besonders auffällig vorfinden. Doch was ist dies einseitig ausgesuchte Kuriositätenkabinett gegenüber dem wilden, unbändigen Reichtum der Gestaltung im Garten der Geschöpfe [...] Wir sollten ganz ernsthaft in Erwägung ziehen, dass auch Darwins Folgerung höchstens für die *Erhaltung und manche Umformung* der bereits auffälligen Blüten, *nicht* aber die *erste Entstehung* von Blütenformen zutrifft [...].[262]

Damit weist Portmann auf einen wichtigen Punkt: Die *Initiierung* des Schönen durch den Zufall ist unverständlich. Dass sich das Schöne und Prächtige im Verein mit dem Grossen und Starken mittels Mutation und anschliessender Selektion zu immer neuen Ausprägungen der Pracht fortentwickeln kann, mag sich noch durch die unscharfe Abgrenzung dieser beiden Dimensionen erklären lassen, dass es aber zu einem so weit verbreiteten *Neuauftreten* von Schönem in Bereichen kommt, in denen sie für die Zuchtwahl unerheblich ist und in denen optische Kriterien keine Vorteile bringen, bleibt ein Rätsel. Es gibt keine Überlebensvorteile für das Schöne an sich und so besteht kein Grund für das repetitive Auftreten von so aufwendigen Formen des Schönen, wie dies die ornamentalen Formen der Strahlentierchen, die Zeichnungen der Schneckenhäuser oder die Pfauenräder sind.

Der Vielzahl ungelöster Fragen, welcher sich die neodarwinistische Evolutionstheorie gegenübersieht, wird von christlich-religiösen Fundamentalisten dazu benutzt, die Ansicht zu propagieren, die Schöpfungsgeschichte der Bibel müsse wörtlich übernommen werden und stelle ein wissenschaftliche Tatsache dar. Gegenwärtig stehen sich zwei Denkströmungen gegenüber, denen gemeinsam ist, dass sie kompromisslos Extrempositionen vertreten, die gleichermassen unhaltbar sind: blinder und unkritischer Glaube an religiöse Texte auf der einen und stures Festhalten an zufälliger Muta-

262 A. Portmann: Die Tiergestalt, S. 141 f. (kursiv durch den Verfasser). Ähnliches siehe z. B. auch A. Portmann: Vom Lebendigen, S. 43 ff. und 69 ff.

tion und nachfolgender Selektion als *alleiniger* Motor der Evolution auf der anderen Seite. In den nächsten Abschnitten möchte ich aufzeigen, dass es dazwischen eine ganze Reihe von Mittelwegen und Alternativen gibt, wovon einige wissenschaftlich gut unterlegt werden können.

3. Neue Horizonte in der Evolutionsforschung

Neueren Entwicklungen, welche den gegenwärtigen Bestand evolutionärer Theoriebildung zu ergänzen und zu bereichern vermögen, firmieren allgemein unter dem Begriff der ‚Epigenetik '. Ich werde mich im Folgenden in erster Linie auf die Arbeiten von Eva Jablonka und Marion Lamb abstützen.[263] Diese Arbeiten kommentieren und ordnen die heute bekannten Forschungsergebnisse auf diesem Gebiet und stellen fest, dass der genetischen Dimension drei weitere beigefügt werden müssen. Es sind dies:

- die epigenetische Dimension
- die Verhaltensdimension
- die symbolische Dimension

Es sollen im Folgenden eine knappe Darstellung diesen Evolutionsdimensionen oder -ebenen gegeben werden, um diese danach in das hier vorgeschlagene Theoriekonzept einzufügen.

a. Die genetische Dimension

Die Entschlüsselung des menschlichen Genoms um die Jahrtausendwende zeigte es: Entgegen der ursprünglichen Hoffnung liegt damit der Bauplan des Menschen (und anderer Lebewesen) nicht wie ein Buch offen vor uns. Der Durchbruch auf der praktischen Ebene blieb aus und es kam bis jetzt

263 E. Jabblonka, M. Lamb: Evolution in four Dimensions. E. Jablonka Eva: Transgenerational epigenetic Inheritance: Prevalence, Mechanism and Implications for the Study of Heredity and Evolution.

insbesondere nicht zum erwarteten stark verbesserten Verständnis vieler Krankheiten. Im Gegenteil, es findet eine Renaissance des Lamarckismus statt, die mit dem Dogma bricht, dass die Gene absolut starr, dem aktuellen Leben gegenüber gleichgültig, als unveränderliches, alles bestimmendes Substrat zu verstehen seien.[264] Und es wird erkannt, was der gesunde Menschenverstand seit jeher annehmen musste, dass auch Gene in einem ständigen Interaktionsprozess mit dem Rest der Welt stehen.[265] In diesen Interaktionsprozessen sind viele Mechanismen in Spiel. Die Sache ist offensichtlich komplizierter als ursprünglich angenommen und der Weg vom Genotyp zum Phänotyp – der Weg vom Bauplan, wie er durch den Gencode festgehalten wird, hin zu dessen konkreter Umsetzung in Fleisch und Blut – ist komplex und in vielem nach wie vor unverstanden.

Heute kann mit Sicherheit gesagt werden, dass genetische Veränderungen nicht zwingend zum Auftreten von neuen Phänotypen führen und letztere umgekehrt auch in Erscheinung treten können, ohne dass es dazu eine Veränderung des Genoms braucht. Es scheint so, dass die Gene ein hochkomplexes Set von Ankerpunkten bilden, an welchen ein feines Netz von phänotypischen Merkmalen befestigt ist. Letzteres bildet eine Landschaft von Eigenschaften, welche durch die Änderung an einem einzigen Ankerpunkt (d.h. an einem einzigen Gen) manchmal mehr, manchmal weniger oder gar nicht verändert wird.[266]

Aber nicht nur das: Der Gencode scheint neben dem blinden Spiel zufälliger Mutationen zusätzlich Kräften zu unterliegen, bei denen es schwierig ist, zu entscheiden, ob es sich wirklich um *blinden* oder vielmehr um einen *gelenkten* Zufall handelt. So lässt es sich beispielsweise nachweisen, dass viele Organismen in Abhängigkeit von der aktuellen Lebenssituation

264 E. Jablonka, M.J. Lamb: Evolution in four Dimensions; B. Kegel: Epigenetik.

265 Es gab allerdings bereits früher Autoren, die sich dem Dogma, dass erworbene Eigenschaften nicht vererbt werden können, zu widersetzen wagten. In diesem Zusammengang besonders zu nennen sind: J. Piaget: Biologie und Erkenntnis, S. 295 f. und C. H. Waddington: The Structure of the Genes, S. 181 f. Ein interessantes Detail betrifft die Tatsache, dass Waddington selber stark von Whiteheads Denken beeinflusst war und sich zum Programm gemacht hatte, dessen Prozessphilosophie in die Genetik zu übertragen (siehe dazu Gilbert Scott F.: Developmental Biology, Abschnitt 2.3.5 & 6 oder <http://9e.devbio.com/article.php?id=27&search=Genetic%20assimilation>).

266 E. Jablonka, M. Lamb: Evolution in four Dimensions, S. 59 ff.

veränderte Mutationsraten aufweisen – letztere erhöhen sich unter Stresssituationen und sinken ab, wenn das Leben in ruhigen, stressarmen Bahnen verläuft. Es kann auch zu selektiv erhöhten Mutationsraten in *den* Genen kommen, welche Produkte codieren, die in einer gegebenen Stresssituation besonders wichtig sind.[267] Im letzten Fall kommt es zu einer Erhöhung der Wahrscheinlichkeit, dass sich eine Lösung für ein anstehendes Problem findet.

b. Die epigenetische Dimension

Die Epigenetik befasste sich ursprünglich mit unterschiedlichen Aktivierungen von Genomteilen, welche es erlauben, dass gewisse Zellen innerhalb eines vielzelligen Organismus differenzierte und spezialisierte Aufgaben übernehmen. Um dies zu erreichen, muss ein Teil des Genoms stillgelegt und ein anderer Teil gezielt aktiviert werden. So ist das Aktivierungsmuster der Gene in einer menschlichen Leberzelle ein ganz anderes als dasjenige in einer Nervenzelle; dabei besitzen beide Zellen genau denselben Gencode. Darüber hinaus ist es auch nötig, dass bei einer Teilung einer hoch differenzierten Zelle das entsprechende Aktivierungsmuster der Gene weitergegeben – weitervererbt wird. Die Art und Weise, wie dies geschieht, konnte unterdessen erforscht werden und gehört zum Forschungsgebiet der Epigenetik. Im Bemühen, die theoretischen Anpassungen des neodarwinistischen Lehrgebäudes möglichst gering zu halten, wird häufig nur auf diesen einen Aspekt der Epigenetik, nämlich auf die Weitergabe von Aktivierungsmustern spezialisierter Somazellen hingewiesen.[268] Die Tatsache, dass solche Weitergaben hin und wieder nicht nur bei Soma-, sondern auch bei Keimzellen geschehen, wird verschwiegen.

Epigenetische Vererbungsmechanismen der Keimzellen machen es einem Lebewesen möglich, seinen Phänotyp viel rascher an wechselnde Umweltanforderungen anzupassen, als die mittels genetischer Verände-

267 Ibidem, S. 92ff.

268 Siehe. z.B. N.A. Campell, J.B. Reece: Biologie, S. 478f. J. Graw Jochen: Genetik, S. 510ff.; A. Jeltsch: Beyond Watson and Crick: DNA Methylation and Molecular Enzymology of DNA Methyltransferases.

rungen möglich wäre. Auch dies geschieht durch die Aktivierung oder Blockierung von Genaktivitäten, die je nach Bedürfnis des betreffenden Lebewesens als Ressource beigezogen oder beiseitegelassen werden können. Das Genom der Lebewesen beinhaltet offenbar in aller Regel mehr phänotypische Möglichkeiten, als jeweils aktualisiert werden.

Es konnte in neueren Forschungen gezeigt werden, dass unter Umweltstress die epigenetische Unterdrückung grosser Teile des Genoms geschwächt wird, und dass es so zu neuen Genaktivierungsmustern und folglich zu gänzlich neuen Phänotypenbildung kommen kann.[269] Dies heisst mit anderen Worten, dass Änderungen des Phänotyps nicht automatisch mit einer Veränderung des Genoms einherzugehen brauchen, im Gegenteil: Phänotypen bringen Möglichkeiten zum Vorschein, die schon zuvor bestanden haben und die mittels biochemischer Steuerung aktiviert oder stillgelegt werden können. Allgemein muss davon ausgegangen werden, dass grössere phänotypische Veränderungen bei Lebewesen, die innert weniger Generationen auftreten, nicht genetischer Natur sind, sondern dass da andere Prozesse – insbesondere epigenetische – im Spiel sein müssen, die intentionaler Einwirkung besser zugänglich sind. Darauf werde ich in einem späteren Abschnitt nochmals zurückkommen.

c. Die Verhaltensdimension

Dass meine Kinder ebenso Schweizerdeutsch sprechen, wie dies schon meine Eltern taten und dies auch meine Enkel tun werden, ist *nicht* genetisch determiniert. Offenbar gibt es eine Vererbung, die ausserordentlich effizient und stabil von Generation zu Generation das weitergibt, was für das Leben und Überleben wichtig ist. Die Vererbung der Sprache und vieler anderer Eigenschaften, die sich auf der Verhaltensebene äussern, ist bei Menschen, aber auch bei den Tieren ein häufiges Phänomen.[270]

Das Erlernen von Verhaltensweisen erfolgt zu einem grossen Teil in frühen Phasen der Entwicklung, in der Regel kurz nach der Geburt (und wahrscheinlich häufig sogar schon intrauterin). Es ist dies eine Entwick-

269 E. Jablonka, M. Lamb: Evolution in four Dimensions, S. 267f.
270 Ibidem, S. 155ff.

lungsphase, während welcher sich das Nervensystem der Tiere und Menschen noch in Entwicklung befindet und durch Ausseneinflüsse in ebendieser Entwicklung substanziell beeinflusst werden kann. Erlebnisse, die sich in dieser frühen, für die Verhaltensebene kritischen Entwicklungsphase manifestieren, graben sich tief in neuronale Formungen und damit verbunden in die Verhaltensebene ein. Der Pionier der Verhaltensforschung, K. Lorenz, nannte diese Art der Verhaltensformung ‚Prägung'.[271] Verhaltensweisen, welche durch Prägung entstehen, sind neben dem Spracherwerb beispielsweise auch Gesänge von Vögeln oder die Jagdweisen von Raubtieren.

Das Besondere an der Prägung liegt unter anderem darin, dass es durch *neurologische Konditionierung* erfolgt. Es scheint so, dass die Prägung beim Menschen stark an Bedeutung verliert, sobald ein Kind der Sprache mächtig wird und sich das Erlernen auf die Symbolebene verlegt. Bei Tieren ist dies anders: Die Sprache scheint bei ihnen eine viel kleinere Rolle zu spielen und das Erlernen durch die Konditionierung von Verhalten, was auch als ‚Dressur' bezeichnet wird, bleibt vorrangig.

d. Symbolische Dimension

Währendem sich die genetische und die epigenetische Ebene der Evolution von der Zelle an aufwärts bei allen Lebewesen vorfindet, so beschränkt sich die auf das Verhalten bezogene Evolution auf das Tierreich und auf den Menschen. Die Welt der menschlichen Sprachsymbole als vierte und letzte Möglichkeit, um Neues von Generation zu Generation weiterzugeben, bildet die Grundlage dessen, was Kultur genannt wird.[272] Diese Dimension ist verglichen mit den anderen viel jüngeren Datums, zeigt

271 K. Lorenz: Über tierisches und menschliches Verhalten, S. 139ff. und 270f.

272 Verschiedene zeitgenössische Autoren sehen Kultur als Ausdruck von Lebewesen, welche mittels einer Sprache (ggf. auch einer Tiersprache) Erlerntes von einer Generation zur nächsten weitergeben (z. B. E. Jablonka & M. Lamb in ‚Four Dimensions of Evolution', S. oder M. Tomasello in ‚Warum wir kooperieren', S. 9). Der Kulturbegriff wird von mir enger gefasst und meint den für den Menschen typischen, d. h. hoch differenzierten Umgang mit (Sprach-)Symbolen.

aber auch eine über viele tausend Jahre anhaltende Entwicklung vom Einfacheren zum immer Komplexeren.

Das kulturelle Erbe wird von Generation zu Generation mittels von *sprachvermitteltem* Lernen weitergegeben. Dieses wächst im Lauf der Ontogenese von Kindern auf natürliche und harmonische Weise aus der Verhaltensebene heraus. Die Mutter dressiert die ersten sprachlichen Äusserungen des Kindes quasi an. Auf spielerische Weise werden Worte und Silben immer wieder geäussert und auf Gegenstände des Alltags bezogen. So wird aus einer Indexsprache eine Symbolsprache. Mit Indexsprache ist eine Sprache gemeint, welche die Bedeutung von Lauten durch *Zeigen* (Indizieren) klarmacht. So fragt die Mutter (oder eine andere Person, welche deren Rolle übernimmt) den Säugling beispielsweise: „Wo ist der Bär?" um dann, indem sie den Teddybär hinter dem Rücken hervorholt und dem Kind vor die Augen hält (indiziert), weiter zu sagen: „Da ist der Bär!" Mittels einer Indexsprache ist es auch möglich, Tieren Symbole zu lehren, nur ist es so, dass Menschenkinder offenbar eine besonders grosse Begabung aufweisen, innerhalb kurzer Zeit den Umgang mit Symbolen mit einer Virtuosität zu erlernen, die bei Tieren nicht anzutreffen ist.

Mit dem Entstehen der Schrift wurde es ausserdem möglich, von Vorfahren Übernommenes unbenutzt weiterzureichen und es gegebenenfalls erst viele Generationen später wieder zu aktualisieren. So können Bücher ungelesen und unbeachtet während Generationen gelagert werden, bis sie eines Tages wiederentdeckt werden und neue kulturelle Wirkung zu entfalten vermögen. Ähnliches gilt für niedergeschriebene und eingelagerte Musikmanuskripte, Tagebücher u. a. m. Die Möglichkeit, ungenutzt vererbt zu werden, teilt die symbolische Vererbungsebene mit der genetischen. Auch bei Genen ist es möglich – das haben Forschungen zur epigenetischen Unterdrückung von Genaktivitäten gezeigt –, dass gewisse phänotypische Aktualisierungen während Generationen unterbleiben und nur in besonderen (Stress-)Situationen wieder in Erscheinung treten.[273]

Diese Gemeinsamkeit des Gencods mit dem Sprachcode hat verschiedene dem Neodarwinismus verpflichtete Autoren dazu gebracht, die beiden Codes derart in Analogie zu setzen, dass sie neben den Genen das Vorhandensein von sog. ‚Memen' postulieren. Dabei verstehen sie ein Mem

273 E. Jablonka, M. Lamb: Evolution in four Dimensions, S. 202f.

als eine Gedankeneinheit, welche in der Regel rasch wieder vergessen geht und verschwindet. Hin und wieder ist ein Mem erfolgreich, d.h. es erweist sich als dauerhaft und kann sich, wie dies bei erfolgreichen Genen auch der Fall ist, vermehren. R. Dawkins, der diese Idee als erster aufbrachte, schreibt dazu:

> Beispiele eines Mems sind Melodien, Gedanken, Schlagworte, Kleidermoden, die Art, Töpfe zu machen oder Bögen zu bauen. So wie Gene sich im Genpool vermehren, indem sie sich mit Hilfe von Spermien oder Eiern von Körper zu Körper fortbewegen, so verbreiten sich Meme im Mempool, indem sie von Gehirn zu Gehirn überspringen [...][274]

Damit soll die Kultur in das grosse Spiel von *zufälliger* Mutation und anschliessender Selektion, d.h. in einen physikalistischen Bezugsrahmen hineingepresst und mit Kategorien beschrieben und erklärt werden, welche des Mentalen und Intentionalen nicht bedürfen.

e. Umwelteinflüsse und genetische Assimilation

Die in den vorangegangenen Abschnitten zusammengefasste Arbeit von E. Jablonka und M. Lamb weist darauf hin, dass die neodarwinistischen Grundsätze deshalb aufgeweicht und ergänzt werden müssen, weil die Vererbung nicht nur mittels von Genen, sondern über mindestens drei weitere Kanäle geschieht. Das Besondere an diesen zusätzlichen Kanälen ist, dass sie viel schneller und zielgerichteter auf die Anforderungen der Umwelt reagieren können, als dies auf genetischem Weg der Fall ist. Diese Anpassungen sind aber weniger stabil und können auch wieder verloren gehen, was je nach Situation vor- oder nachteilig sein kann. Ein Vorteil besteht darin, dass eine Adaptation bei rasch wechselnden Umweltbedingungen wieder rückgängig gemacht werden kann. Nachteilig ist, dass ein ständiger und anhaltender Aufwand betrieben werden muss, um die Adaptation aufrechtzuerhalten. Dies ist deshalb so, weil das Neue bei der Weitergabe von einer Generation zu anderen wieder neu erlernt werden muss (Verhaltensebene und symbolische Ebene) oder daraufhin zu kon-

274 R. Dawkins: Das egoistische Gen, S. 321.

trollieren ist, dass relativ instabile chemische Verbindungen – z. B. in Form der Methylisierung von Genabschnitten – nicht verloren gehen (epigenetische Ebene).

Die Beziehung, welche zwischen der genetischen Ausstattung eines Lebewesens und dessen Phänotyp besteht, ist eine überaus komplexe; dies konnte bereits in den Abschnitten 3a und b dieses Kapitels gezeigt werden. Es bestehen auf epigenetischer Ebene viele unterschiedliche Möglichkeiten der Aktivierung und Deaktivierung von genetisch codierten Aussagen. Auf diese Weise wird es möglich, dass trotz gleichbleibendem Genotyp stark abweichende Phänotypen entstehen können.[275]

C.H. Waddington wies bereits in den 40er Jahren des letzten Jahrhunderts darauf hin, dass sich unter identischen Phänotypen durchaus unterschiedliche Genotypen versteckt halten können, und dass dies unter stabilen Umweltbedingungen sogar die Regel darstellt. Es geht dabei um die sog. ‚stabilisierende Selektion' oder ‚genetische Kanalisierung': In Populationen, die lange denselben Umweltbedingungen ausgesetzt sind, passen sich die Individuen optimal an diese an, zeigen maximale Fitness, bzw. zeigen kleine Schwankungen um einen optimalen Wert. Phänotypen, welche stark abweichen, können sich nicht durchsetzen, diejenigen, welche ihnen entsprechen, überleben unabhängig davon, wie der zugrundeliegende Genotypus genau aussieht. Die stabilisierende Selektion führt so zu einer geringen phänotypischen Variabilität. Es ist jedoch möglich, dass unter der immer gleichen Hülle von *stabilen Phänotypen* maskierte Mutationen geschehen, welche den *Genotypus verändern*. Solcherart genotypische Unterschiede können zu einem späteren Zeitpunkt durch Änderung der Umweltbedingungen demaskiert werden.

Ein Beispiel für dieses Phänomen ist die (vermutete) Polygenie beim Menschen in Bezug auf die Nahrungsverwertung. In einer Umgebung mit mittlerem Nahrungsangebot weisen alle Menschen ein ähnliches Körpergewicht (einen ähnlichen Phänotyp) auf. Das Vorhandensein von genetisch unterschiedlichen Subpopulationen wird sich dann demaskieren, wenn es zu einer anhaltenden Nahrungsknappheit kommt. Jetzt werden

275 E. Jablonka, M. Lamb: Evolution in four Dimensions, S. 137 ff.; B. Kegel: Epigenetik, S. 23 ff.

Individuen, die irgendeinmal eine Mutation erlebt haben, welche eine verbesserte Nahrungsverwertung erlaubt, phänotypisch erkennbar. Unter dem hungerbedingten Stress werden gewisse Stoffwechselprodukte, welche mutierte Gene inaktivieren, nicht mehr in ausreichender Menge produziert, und die entsprechende epigenetische Genblockade fällt weg. So werden vorher verborgene genotypische Unterschiede sichtbar. Die guten Nahrungsverwerter wachsen und gedeihen, währendem die schlechten Verwerter kränkeln und früh sterben. Ausserdem kommt es zu einer vermehrten Fortpflanzung der guten Nahrungsverwerter. Diese erreichen häufiger die Geschlechtsreife und werden als Sexualpartner bevorzugt (sexuelle Selektion). Diese Zuchtauswahl der phänotypisch erfolgreichen Individuen durch sexuelle Selektion hat einen Genshift der ganzen Population im Sinne einer Zunahme von Genotypen mit guter Nahrungsverwertung zur Folge.

Bei dieser Art der Zuchtauswahl konnte als ein weiteres Phänomen nachgewiesen werden, dass nach einer Weile gute Nahrungsverwertung auch dann erhalten bleibt, wenn der Umweltauslöser wegfällt, d.h. wenn die Nahrungsknappheit nicht mehr besteht. Die Adaptation ist jetzt ‚genetisch assimiliert' worden. Die Vermutung geht dahin, dass die oben genannten Stoffwechselprodukte, welche zuvor die Expression von Genmutationen unterdrückten, diese Funktion bleibend einstellen, sobald ein neuer Phänotyp längerdauernde Aktualität erlangt hat.[276]

Das hier vorgetragene Beispiel der Nahrungsverwertung wurde zur Veranschaulichung aufgeführt und ist nach meinem Stand des Wissens empirisch nicht abgesichert. Heute vorliegende Forschungsresultate zu diesem Thema betreffen Fruchtfliegen, Silberfüchse und Arabidopses thalianae.[277]

276 Es scheint so, dass dabei sog. Faltungshelferproteine (Chaperone-Proteine, Heat-Shock-Proteins, kurz Hps), wie z. B. Hps90, eine wichtige Rolle spielen (E. Jablonka, M. Lamb: Evolution in four Dimensions, S. 265 ff.).

277 E. Jablonka, M. Lamb: Evolution in four Dimensions, S. 260ff.; C. H. Waddington: Canalization of development and the inheritance of acquired characters; D. K. Belayev et al. Inherited activation-inactivation of the star gene in foxes; S. L. Rutherford, S. Lindquist: Hsp90 as a capacitor for morphological evolution.

Veränderte Umweltbedingungen können auch unterschiedliches, selber nicht genetisch fixiertes *Verhalten* einzelner Individuen innerhalb einer Art sichtbar werden lassen. So kann beispielsweise eine Verknappung von Beutetieren dazu führen, dass Raubtiere Mühe haben, genügend kranke und geschwächte Beutetiere zu finden. Bringen aber einzelne Individuen die (genetisch festgelegte) Disposition mit, in Gruppen zu jagen und dabei ihre Angriffe zu koordinieren, werden sie als Jäger erfolgreicher sein, vermehrt auch gesunde Beutetiere reissen können und so besser überleben. So werden durch den Mangel an Beutetieren nicht nur unterschiedliche, genetisch fixierte *physische Merkmale* (gute Nahrungsverwertung beispielsweise), sondern auch *genetische Verhaltensdispositionen* (Jagen in Gruppen, gute und schnelle Lernfähigkeit) zuerst sichtbar gemacht (und danach positiv selektiert). Wenn es sogar so weit kommt, dass im genannten Beispiel das Raubtier sein Verhalten, in Gruppen zu jagen, ohne Zeitaufwand zu erlernen fähig ist, es dies also *instinktiv* zu tun weiss, ist ein optimaler Zustand genetischer Assimilation erreicht worden.

Auch die *sprachliche Dimension* der Evolution ist eng mit dieser Verhaltensdimension verknüpft, ist es doch so, dass sprachlicher Inhalt nur dann transportiert werden kann, wenn zuerst ein dazu passendes *Sprachverhalten* vorhanden ist. Und dieses ist im Laufe der Evolution möglicherweise ähnlich genetisch assimiliert worden, wie dies soeben für das Jagen in Gruppen beschrieben wurde. Möglich, dass gewisse Gruppen von Affen dazu gezwungen waren, ihre Nahrung unter erschwerten Bedingungen zu suchen, und dass in dieser Umgebung das Auftreten und anschliessende rasche Erlernen einer ausgefeilten Lautsprache in ähnlicher Art und Weise stattfand, wie dies oben für Raubtiere, welche in Gruppen jagen, beschrieben wurde.

Die genetische Assimilation der eben genannten Verhalten wird ‚Baldwin-Effekt' genannt. Unabhängig von der Benennung ist es bei diesen Prozessen so, dass sie auf bereits vorhandene, offenbar ausgeprägte und ubiquitär vorhandene, genetische Polymorphismen zurückgreifen. *Es wird nichts Neues erfunden,* sondern es wird unter dem Druck von schwierigen Umweltbedingungen ein bereits vorhandener Reichtum an Möglichkeiten viel rascher aktiviert und aktualisiert, als dies je möglich wäre, müsste darauf gewartet werden, bis mittels zufälliger Mutationen die gewünschte Fähigkeit entstehen könnte.

Wenn hier von Umwelteinflüssen auf die Phänotypen von Lebewesen die Rede ist, dann gilt es anzumerken, dass solche Einflüsse auch durch Lebewesen selbst verursacht werden können. Ein wichtiges Beispiel dafür ist zum einen die Tatsache, dass der Mensch unterdessen seine Umwelt in einem Mass verändert hat, dass die Auswirkung dieser Veränderungen auf die genetische Konstitution des Menschen ständig wächst.

Am anderen Ende der Evolution gilt es heute als wissenschaftlich gesichert, dass die Erdatmosphäre vor 3 oder 4 Milliarden Jahren kaum Sauerstoff enthielt, dass dieser erst als Folge der Fotosynthese der Pflanzen in der Atmosphäre akkumulieren konnte und damit die Grundlage dafür abgab, dass eine neue Klasse von Lebewesen ihr Überleben durch Besetzen einer bis anhin ungenutzten, ökologischen Nische – der Oxidation – verbessern konnte.

Zusammenfassend lässt sich sagen, dass die Aussagen, welche Gene mit sich tragen, auch nach dem neuesten Stand des Wissens *direkten*, intentionalen Beeinflussungen enthoben zu sein scheinen. Davon war in Abschnitt 3a die Rede; es darf in diesem Zusammenhang noch die Vermutung angefügt werden, dass es bei der gegenwärtig immer stärker sichtbar werdenden Komplexität und Interaktivität genetischer Prozesse nicht verwundern würde, wenn die Zukunft zeigte, dass Intentionen der Lebewesen in irgendeiner Form auch auf genetischer Ebene abgebildet werden.

f. Die vier Dimensionen der Evolution und die dazugehörigen Codes

Es ist interessant feststellen zu können, dass die vier Dimensionen der Evolution ohne Mühe spezifischen Zeichencodes zugeordnet werden können.

Dabei entspricht die von Jablonka und Lamb als epigenetisch bezeichnete Dimension dem *humoral* vermittelten Code. Die Tatsache, dass epigenetische Vorgänge durch (Makro-)Moleküle zustande kommen, belegt die Vermutung, dass hier evolutionäre Vorgänge zur Darstellung kommen, die über den Weg biochemischer Prozesse erfolgen. Ähnliches gilt, wenn die Verhaltensdimension der Evolution genauer betrachtet wird. Es handelt sich in diesem Fall um Neuerungen des *nicht* durch menschliche

Sprache vermittelten Verhaltens von Tieren und Menschen. Es sind dies Tätigkeiten, welche durch neuronale Bahnung, d.h. den *neuronalen* Code zustande kommen, ohne dabei auf menschliche Sprachsymbole angewiesen zu sein. Die dafür typischen Verhaltensweisen sind in der Natur vorkommende tierische Lernvorgänge, die auch häufig an die Nachkommen weitergegeben werden. Als Beispiele dafür können die Angst vor Menschen und deren Waffen und die Fähigkeit, Gefässe und Umzäunungen zu öffnen, genannt werden.[278]

4. Das Neue und die Evolution

> Leben zielt nicht auf Selbsterhaltung,
> sondern auf Selbstüberschreitung [...].
> R. Kather

a. Das Neue als qualitative Veränderung von Bestehendem

Die Ausführungen der vorangegangenen Abschnitte haben gezeigt, dass über den Weg der genetischen Assimilation genetypisch schon vorhandene (aber phänotypisch nicht aktive) Eigenschaften sichtbar werden können. Eigentlich Neues entsteht dabei aber nicht. Doch in der Evolution dreht sich letztlich alles um genau das: um das Entstehen von Neuem!

Wenn in Kapitel VIII2 eine Vielzahl von ganz konkreten, ungelösten Fragen genannt wurde, denen sich die heute gängige Evolutionstheorie gegenübersieht, so tritt dies doch hinter das Problem zurück, welches sich ergibt, sollte es sich erweisen, dass die Evolutionstheorie unfähig ist, zu zeigen, wie Neues entsteht. Wie prekär die Sachlage tatsächlich ist, soll in diesem und den nachfolgenden Abschnitten gezeigt werden. Dabei gilt es

278 Bekannte Beispiele sind: das Öffnen von Milchflaschen durch Meisen (E. Jablonka, M. Lamb: Evolution in Four Dimensions, 166ff.), das Öffnen von Nüsse durch Raben mittels Fallenlassen derselben auf eine geteerte Strasse u.a.m.

als erstes darauf hinzuweisen, dass sich der Begriff des Neuen bei genauerer Betrachtung als schwer fassbar entpuppt. Als provisorische Einteilung können drei verschiedene Formen unterschieden werden, nämlich:

a. Qualitative Umwandlungen von bereits Bestehendem
b. Auftreten zusätzlicher Kontraste in Bestehendes
c. Auftreten von genuin Neuem

Qualitative Umwandlungen von bereits Bestehendem (besonders in Form von Anpassungen an neue Umweltbedingungen) sind ein häufiges Phänomen. Beispiele dafür sind die Veränderungen des Fusses und der Fussknöcheln als Anpassung an das Fluchtverhalten beim Pferd oder die Änderungen der Fellzeichnung zur Tarnung in weissen Schneeflächen beim Schneehasen. Solche Entwicklungen sind vielfach beschrieben und Teil der empirisch gut belegten sog. Mikroevolution. Mit dem Begriff der ‚Mikroevolution' sind phylogenetische Entwicklungen gemeint, in deren Einflussbereich die Anpassungen von bestehenden Arten an veränderte Umwelteinflüsse erfolgen.

Ich habe bereits an früherer Stelle, in Abschnitt 2a, darauf hingewiesen, dass der Neodarwinismus versucht, Neues ausschliesslich als Ausdruck einer grossen Zahl qualitativ sehr kleiner Veränderungen von Bestehendem zu verstehen. Ich zitierte dort R. Dawkins, der Neues dadurch erklärt, dass jedes einzelne dieser Schrittchen nicht mehr ganz und genuin, sondern höchstens noch auf triviale und unbedeutende Art und Weise qualitativ anders ist.

Wenn wir an dieser Stelle versuchen, die Erklärung der Kleinschrittigkeit als (alleinige) Erklärung für das Entstehen von Neuem genauer zu prüfen, so bietet sich als Einstieg das folgende Gedankenexperiment an: Man überlege sich, ob es möglich wird, dadurch, dass die Schritte ganz, ganz klein gewählt werden, einen radikal neuen Weg im Raum einzuschlagen. Wird es beispielsweise möglich, auf diese Weise den Gang auf der Erde so neu auszurichten, dass man zu Fuss auf den Mond zu gelangen vermag? Die Antwort ist eindeutig: Die Schritte – und werden sie noch so klein gewählt – können das Problem nicht lösen. Es muss etwas ganz Besonderes geschehen, soll aus einem Gang auf der Erde ein solcher hin zum Mond werden.

Was für den Neodarwinismus mit dem Festhalten an *Graduellen*, fast unmerklich vor sich Gehendes, sich Weiterentwickeln als einzigen Motor der Evolution auf dem Spiel steht, bringt wiederum R. Dawkins mit erstaunlicher Freimütigkeit auf den Punkt:

> Gradualismus ist entscheidend wichtig. Im Kampf gegen den Kreationismus steht der Gradualismus mehr oder weniger als Synonym für die Evolution als Ganze. Wenn du den Gradualismus aufgibst, gibst du zugleich auch das auf, was Evolution plausibler macht als Schöpfung. Schöpfung ist ein Spezialfall von Saltation – der Saltus stellt den grossen Sprung von Nichts zu einem voll ausgebildeten modernen Leben dar.[279]

Und doch ist es so, dass es ohne Sprünge nicht geht: Erstens sind auch Mikromutationen immer Sprünge des Gencods, wobei mindestens eine Purin- oder Pyrimidinbase *als ganze* ausgetauscht werden, und zweitens werden Mutationen erst dann wirksam, wenn sie sich phänotypisch bemerkbar machen können, d.h. wenn eine Änderung des Phänotyps auch tatsächlich einen Unterschied macht. Limes → 0–Mutationen gibt es nicht und wenn es sie gäbe, wären sie als Motor der Evolution wirkungslos. Es muss Sprünge geben, welche mindestens so gross sind, dass sie auf der makroskopischen Ebene des Lebens der Organismen einen Unterschied machen.

R. Dawkins weiss oder spürt, dass es für eine Welt, die keine Eigenaktivität entwickelt, sondern als Bewirkte immer nur getrieben wird, nichts Neues geben kann, was über eine Veränderung von bereits vorhandenen Mischungen unterschiedlicher Elemente hinausgeht. Es ist in diesem Zusammenhang das Beispiel der Gestaltungskraft des Windes, der durch zufällig herumliegende Gegenstände hindurchfegt, gebraucht worden. Damit entsteht Neues, indem sich beispielsweise ein Haufen von Gegenständen bildet – Blätterhaufen, eine Sanddüne oder etwas Ähnliches. Es wird aber gerade mit diesen Gedankenexperiment klar, dass gänzlich Neues, welches

279 R. Dawkins: What was all that fuss about, S 683f. („Gradualness is of the essence. In the context of the fight against creationism, gradualism is more or less synonymous with evolution itself. Of you throw out gradualness you throw out the very thing that makes evolution more plausible than creation. Creation is a special case of saltation – the saltus is the large jump from nothing to fully formed modern life.“)

im Laufe der Evolution unzweifelhaft und empirisch belegt, entstanden ist – Gencode, Zellen, Sinneswahrnehmungen, menschliche Sprache, Kultur, Räder, Computer u. a. m. – mit einer Neumischung von bereits Vorhandenem oder einem kleinschrittigen Weitergehen innerhalb immer derselben Ebene nicht erklären lässt. Um solches tun zu können, ist einsichtig zu machen, wie es zu neuen Kontrasten im Reich des bereits Vorhandenen oder gar zu genuin Neuem kommt.

b. Das Neue als Ausbildung von neuen Kontrasten

Für das Auftreten von Neuem als Folge der Ausbildung von neuen Kontrasten soll das Beispiel der Flügel genannt werden. Man kann sich vorstellen, dass sich an den Gliedern (die vorher beispielsweise dem Gehen dienten) zusätzliche Hautfortsätze ausdifferenziert haben, die es in ausgespanntem Zustand und bei Sprüngen aus erhöhter Lage den betreffenden Tieren erlaubt haben, segelnd dem Feind zu entkommen. Beine könnten sich, um ein anderes Beispiel zu nennen, als Ausdifferenzierung eines wurmartigen, am Boden kriechenden Rumpfes gebildet und so zu einer schnelleren Fortbewegung verholfen haben.

Evolutionstheoretisch handelt es sich in diesen Fällen um sog. makroevolutionäre Neuerungen. Der entscheidende Unterschied zu der im vorangegangenen Abschnitt genannten Form von Neuem ist ein zweifacher: Zum einen ist es hier nötig, dass in das Bestehende eine neue Grenze, ein neuer Kontrast eingebaut wird. Da, wo vorher nur ein Rumpf war, gesellt sich etwas Anderes, Zusätzliches dazu; ein kleiner Stumpf vielleicht oder eine Falte, die sich nicht mehr passiv, sondern aktiv bewegt.[280] Diese Art der Neuerung besteht in einer Differenzierung von bereits Bestehendem: Ausstülpungen bei einem Rumpf oder Aufgliederungen von Körpern, Oberflächen und bereits bestehenden anderen Fortsätzen.

280 Dass es dazu häufig mehrere, aufeinander abgestimmte Veränderungen braucht, ist ein zusätzliches Problem, welches im Zusammenhang mit der bereits eingangs mehrmals genannten irreduziblen Komplexität steht (siehe dazu Abschnitte V2 und VIII2b).

Geht es nicht nur mehr um Neumischungen von bereits Vorhandenem, sondern geht es jetzt um die Ausbildung von neuen Kontrasten, dann wird die Sache für den Neodarwinismus in der heutigen Ausprägung schwierig. Das *zufällige* Entstehen von Ausstülpungen an einem Rumpf zugegeben, stellt sich doch die Frage, wie diese je vom Kriechen weg zum Gehen geführt haben sollen. Wann und wie kann es je zu einem ersten, noch so ungelenken oder langsamen Schritt gekommen sein. Irgendeinmal muss es den Schritt hin zum ersten Schritt gegeben haben. Da nützt es auch nichts, zu sagen, dass die ersten beinartigen Fortsätze zuerst gar nicht fürs Laufen vorgesehen sein müssten, dass es sich beispielsweise um umgewandelte Schwimmflossen gehandelt haben könnte, die ja schon zuvor als verbessertes Fortbewegungsmittel im Wasser gedient hätten. Damit wird das Problem nur um eine Etappe verschoben. Die Anschlussfrage lautet, wie es denn zum ersten Mal dazu gekommen sein mag, dass wurmartige Schwimmer zu Flossen gekommen sind, wie sie das Sich-durch-das-Wasser-Schlängeln durch das Rudern haben ersetzen können? Wie ist ein Wurm – zu Wasser oder zu Land – je einmal auf die Idee gekommen, die zufällig entstandenen Ausstülpungen für einen Ruderschlag oder einen ersten Schritt zu benutzen? Nach neodarwinistischer Denkart kann kein Lebewesen je auf eine solche Idee gestossen sein, denn es gibt in dieser, dem physikalistischen Monismus verpflichteten Gedanken- oder Ideenwelt gar keine Gedanken oder Ideen, auf die man je stossen könnte. In einer Welt, in der es keine Ideen gibt, weil der physikalistische Monismus gar keine geistigen Grössen kennt, muss auch das Auftreten von neuen Ideen geleugnet werden. Es ist dann der Zufall, dem die Aufgabe zufällt, diese Arbeit zu übernehmen. Ich werde im nächsten Abschnitt darauf zurückkommen.

c. Das Auftreten von genuin Neuem

Ging es oben noch darum, bereits Vorhandenem neue Differenzierungen hinzuzufügen, so geht es jetzt um das ganz Neue. Wie kam es beispielsweise dazu, dass Lebewesen ihre Energie anstatt mittels von Photosynthese via Oxidation zu gewinnen begannen? Und wie kam es dazu, dass so etwas wie Fortpflanzung oder Sinneswahrnehmungen oder Codes entstanden sind?[281] Wie kam es zum Auftreten von Zellen, von Sprache, Rädern, Computern und vielem anderem mehr? Es geht hier mit anderen Worten darum, zu verstehen, wie das bisher Ungesehene, das *genuin* Neue zum ersten Mal das Licht dieser Welt erblicken konnte.

Man mag versucht sein, diese Frage damit abzutun, dass es irgendeinmal unmöglich wird, Antworten auf derart fundamentale, ja metaphysische Fragen zu bekommen. Fragen wie „Was ist Leben? Was ist Evolution?" oder „Was ist genuin Neues?" scheinen so gesehen unsinnig zu sein.

Dem ist entgegenzuhalten, dass es dabei nicht in erster Linie darum geht, erschöpfende und endgültige Antworten zu geben. Die Aufgabe besteht vielmehr darin, Teilantworten zu finden, welche mit dem gegenwärtigen Stand der Wissenschaften und der menschlichen Vernunft kompatibel sind. Es geht auch darum, der offenbar bei vielen Menschen vorhandenen Neugierde gerecht zu werden, die immer wieder versucht, Grenzen menschlichen Wissens auszuloten. Diese Grenzen können physischer Art sein, wie dies beim Sport oder bei Abenteuerreisen der Fall ist, oder es kann sich um Grenzen des Denkens und der Vorstellung handeln. Immer und immer wieder stösst der Mensch bis zu den Grenzen des Machbaren und Denkbaren vor und versucht einen kleinen Schritt weiter in bis anhin unbekanntes Gebiet vorzurücken. Ich habe an anderer Stelle die These aufgestellt, dass das Ausloten und Erfahren von Grenzen eine wichtige Quelle von *Lebensinn* darstellt.[282]

Nach diesem kurzen Exkurs zum Thema der Berechtigung metaphysischen Fragens geht es jetzt darum, zu klären, in welchem Mass die neodarwinistische Evolutionstheorie genuin Neues in ihre Theorie aufzunehmen vermag.

Der Entstehungsvorgang von Genuin Neuem scheint *im Prinzip* einfach zu sein. Entweder wird das Neue (i) von aussen hinzugegeben oder hat sich (ii) an Ort und Stelle entwickelt. Als letzte Möglichkeit wäre es (iii) auch denkbar, dass sich Elemente von aussen mit schon vorhandenen so

281 Auf die evolutionäre Bedeutung des Auftretens neuer Codes weisen insbesondere auch E. Jablonka und M. Lamb hin (E. Jablonka, M. Lamb: Evolution in Four Dimensions, S. 341 ff.).

282 P. van Spijk: Was ist Gesundheit, S. 203 ff.

vereinigen, dass daraus etwas ganz Neues entsteht. Logisch sind keine zusätzlichen Möglichkeiten denkbar. Die drei Möglichkeiten sollen jetzt genauer betrachtet werden.

(i) Das genuin Neue von aussen hinzugegeben

Davon auszugehen, dass Neues dadurch geschaffen werde, dass es von aussen hinzugefügt wird, entspricht dem sog. kreationistischen Ansatz. Dieser besagt, dass immer, wenn gänzlich Neues in der Welt auftaucht, eine transzendente Macht, Kraft oder Person bemüht werden muss, welche für dieses Neue verantwortlich gemacht werden kann. Naturwissenschaftler und zeitgenössische Evolutionstheoretiker verweisen darauf, dass in den letzten ca. 300 Jahren das eigentliche Programm der Wissenschaften darin bestanden hat, Schöpfer, Götter und Ähnliches als Erklärungsgrund für die Phänomene der Welt abzuschaffen und dass es heute nicht darum gehen könne, diese Errungenschaft rückgängig zu machen. Sie möchten deshalb auf kreationistische Lösungen verzichten und lehnen dahingehende Theorien ausdrücklich ab.

In religiösen Kreisen wird in diesem Zusammenhang manchmal auch auf das Wunder zurückgegriffen. Dieses kann für sich alleine stehen oder durch einen Gott bzw. ein anderes transzendentes Wesen verursacht sein. Wunder als Erklärung für das Auftreten von genuin Neuem treffen auf dieselbe Ablehnung von Seiten der Wissenschaft wie dies für kreationistischen Akte gilt.

(ii) Das genuin Neue aus dem Bestehenden heraus entwickelt

Evolutionstheoretiker sind i.d.R. Verfechter der These, dass sich das genuin Neue aus dem Bestehenden heraus entwickle. Als Mechanismen des Entstehens von Neuem nennen sie zum einen den Zufall und zum anderen die sog. ‚Emergenz'. Beide sollen nun genauer untersucht werden.

Zufall als Schöpfer von genuin Neuem

Die Ansicht, dass der Zufall den eigentlichen Motor der Kreation von allem Neuen darstelle, gehört zum Kernbestand heutiger Evolutionslehren.

Mutationen als Grundelemente der Evolution geschehen explizit zufällig und nur zufällig. Und da Mutationen für das Neue im Laufe der Evolution stehen, so muss denn auch alles das, was im Lauf der Evolution in Erscheinung tritt, auf Zufall basieren. Erste lebende Zellen wären dann durch eine zufällig stattgefundene Kombination chemischer Verbindungen entstanden.[283] Die bereits erwähnten Miller'schen Experimenten beschreiben solche Vorgänge zumindest in Ansätzen.

Ein Einwand besteht darin, dass es sich beim zufälligen Entstehen von komplexen Gebilden, wie die Lebewesen darstellen, um unglaublich unwahrscheinliche Ereignisse handle – es wurde eine Wahrscheinlichkeit für das zufällige Entstehen eines einzigen Gens von ca. $1:10^{600}$ errechnet.[284] Allerdings lässt sich diesem Argument mit dem Hinweis begegnen, dass in einer *komplexen* Welt jeder tatsächlich existierende Zustand *a posteriori* als extrem unwahrscheinlich anzusehen ist.[285] Zur Veranschaulichung dieses Sachverhaltes diene unsere eigene Herkunft: Welch unwahrscheinlicher Zufall war nötig, um gerade mich entstehen zu lassen! Tausende von Generationen von Menschen mussten sich während Millionen von Jahren in genau der stattgehabten Art und Weise treffen und paaren, bei Abermilliarden von Spermien musste immer genau das Richtige im richtigen Moment an der richtigen Stelle zugegen sein, um gerade mich und keinen anderen entstehen zu lassen. Dieser unwahrscheinliche Zufall lässt einen schwindlig werden. Und doch hat er – es lässt sich nicht leugnen – stattgefunden.

Das eigentliche Problem liegt anderswo und die dazugehörige Frage lautet: Was tut der Zufall, wenn er am Werk ist?[286] Darauf lässt sich wie folgt antworten: Er bringt verstreut herumliegende Einzelelemente so in

283 J. Monod: Zufall und Notwendigkeit.

284 M. Eigen: Stufen zum Leben, S. 35 ff.

285 J. Monod: Zufall und Notwendigkeit, S. 128 f.

286 Es gilt in diesem Zusammenhang zwischen dem ‚Zufall', wie er z. B. beim Würfelspiel zu beobachten ist, und dem Zusammentreffen von zwei verschiedenen Kausalreihen zu unterscheiden. Ersteres ist ein Kausalereignis, welches in seinem Zustandekommen so komplex ist, dass es sich nicht vorausberechnen lässt. Der Einfachheit halber sagen wir, es handle sich um Zufall. Als Zufall im hier gemeinten Sinne steht die zweite Art des Zufalls, das Zusammentreffen von zwei oder mehreren Kausalreihen.

Relation zueinander, dass dieses Beieinander zu etwas wird, was sich von den vorher vorhandenen Einzelelementen stark unterscheidet. Der Zufall kann, dem Kausalnexus folgend, *komplexe Kombinationen vorhandener Elemente* produzieren. Es kann so beispielsweise zum Entstehen eines Blätterhaufens im Herbstwind kommen. Dieser kann aus den verschiedensten Blättern zusammengesetzt sein und es können da auch Holz-, Metall- oder andere Dinge daruntergemischt sein. Treffen diese Dinge zufällig in ganz bestimmten Mengenverhältnissen aufeinander, ist einiges möglich. Vielleicht kann es so sogar zu einer so komplexen Anhäufung kommen, dass sich das Resultat am Schluss als ein Jumbojet herausstellt. Es wäre dies ebendieser Jumbojet, von welchem S.C. Morris in Abschnitt VIII2c, auf F. Hoyle Bezug nehmend, gesprochen hat.

Das Jumbojet-Beispiel von F. Hoyle ist aber trügerisch. Die Unwahrscheinlichkeit, dass mittels eines Wirbelsturms ein Jumbojet alleine durch Zufall entstehen könnte, ist die eine Sache. Die andere ist die, dass selbst mit einem solchen geradezu wunderbaren Ereignis noch gar nichts gewonnen wäre: Der Jumbojet ist und bleibt ein Schrotthaufen, solange nicht Lebewesen von aussen dazukommen. Es müssen ausserdem Lebewesen sein, die fähig sind, die in diesem Schrotthauen enthaltene *Idee* der Flugfähigkeit des Zufallsgebildes zu erkennen, zu verstehen und zu nutzen.

Emergenz als Schöpferin von genuin Neuem

‚Emergenz' ist ein Begriff, der im Rahmen der allgemeinen Systemtheorie Bedeutung erhalten hat. Er bezeichnet die Tatsache, dass ein System als Ganzes Eigenschaften hervorbringt, welche sich bei den einzelnen Systemelementen nicht nachweisen lassen. Dieses Phänomen wird häufig in die populäre Formel gebracht: „Das Ganze ist mehr als die Summe seiner Teile." So weisen Wasserstoffatome und Sauerstoffatome je einzeln ganz andere Eigenschaften auf, als dies der Fall ist, wenn sie zusammen ein System bilden, d.h. zu Wasser werden. Als weitere typische Beispiele für Emergenz werden etwa das Auftreten der Selbstorganisation von Zellen oder die Gewebe- und Organbildung bei vielzelligen Lebewesen genannt. Emergente Eigenschaften können anhand der ursprünglich vorhandenen Einzelelemente nicht vorausgesagt werden; die Ursache-Wirkung-Relation folgt nicht den bekannten physikalischen Gesetzen.[287] Es wird vielmehr spekuliert, dass immer dann, wenn Systeme (oder Gesellschaften) sehr komplex werden, auf unvorhersehbare, unberechenbare und kausal nicht determinierte Art und Weise etwas ganz Neues entstehe.[288] Und Letzteres lässt sich, einmal entstanden, nicht mehr auf die konstituierenden Elemente reduzieren (sog. Nichtreduzierbarkeit).[289] So kann die Emergenztheorie, insbesondere wenn es darum geht, das Problem, alle Schritte vom Makromolekül bis zur lebenden Zelle kausal erklären zu müssen, umgehen.

Die Einwände, welche gegen diese Theorie sprechen, sind allerdings gewichtig. N. Luhmann sagt dazu nüchtern: „Man spricht von ‚Emergenz'. Das ist aber nur eine Metapher, die nichts erklärt, ..."[290] Ähnliches sagt auch H. Hastedt und T. Zoglauer bemängelt:

> [Durch die Emergenztheorie] kann aber das Entstehen neuer Qualitäten weder vorausgesagt noch erklärt werden und erscheint vielmehr wie ein Wunder. Es kann nicht erklärt werden, wie ein quantitatives Wachstum an Komplexität in eine qualitative Veränderung [und darüber hinaus in eine genuine Neuerung, Anm. d. V.] umschlagen kann. Anstatt darüber eine konkrete Auskunft zu geben, werden nur nebulöse Erklärungen verwendet, wie z. B. emergente Eigenschaften seien ganzheitlich und transzendierten die Eigenschaften ihrer Teile. Fast beschwörend wird immer wieder die abgedroschene Formel wiederholt, das Ganze sei mehr als die Summe seiner Teile, ohne zu verraten, worin denn nun dieses ‚mehr' besteht.[291]

Zoglauer wirft der Emergenztheorie das Zu-Hilfe-Nehmen eines wissenschaftlich verbrämten Wunders vor. Und tatsächlich scheint der Begriff der Emergenz mittels eines terminus technicus einen Schöpfungsakt zu

287 Das Kausalitätsprinzip ist nicht zuletzt im Zuge dieser Theorien erweitert worden. Kausalität wird als Folge davon nicht mehr nur mechanistisch-physikalistisch verstanden, sondern ist zu einer Relation geworden, die auch zwischen heterogenen Seinsbereichen wirken kann (siehe H. Hastedt: Das Leib-Seele Problem, S. 293 ff. K. Popper: Der Geist und sein Gehirn, S. 74 und: Alles Leben ist Problemlösen, S. 106. N. Hartmann: Philosophie der Natur, S. 353 ff.).

288 Weil die Emergenztheorie ursprünglich im Rahmen der allgemeinen Systemtheorie entstanden ist, wird in diesem Zusammenhang i. d. R. von Systemen und nicht von Gesellschaften gesprochen.

289 M. Stadler / P. Kruse: Zur Emergenz psychischer Qualitäten, S. 137 f. U. Müller Herold: Selbstordnungsvorgänge in der späten Präbiotik: S. 89 ff.

290 N. Luhmann: Die Gesellschaft der Gesellschaft, S. 413.

291 H. Hastedt: Das Leib-Seele Problem, S. 258 f.; T. Zoglauer: Geist und Gehirn, S. 35 f.

beschreiben, der demjenigen, wie er in den Mythen fast aller Kulturen vorkommt, sehr ähnlich ist.[292] Er stellt, wie G. Brüntrup es formuliert, „die Bankrotterklärung eines intelligiblen Erklärungsanspruches" dar.[293] Diesem Vorwurf kann sich die Emergenztheorie zu entziehen versuchen, wenn sie zugesteht, dass sie im Grunde genommen nicht das Auftreten von etwas gänzlich Neuem, sondern nur das Entfalten von Potenzialitäten, welche zuvor schon vorhanden waren, beschreibt.

Das Entstehen von Neuem als Aktualisierung von potentiell Bestehendem

Das Paradebeispiel für das Auftreten von Neuem als sichtbar-Werden von bereits im Kern Vorhandenes stellt das Samenkorn oder das Ei dar, welche ganze Lebewesen als Anlage – als Idee – in *sich tragen*, und diese bei günstigen Umständen (Erde und Feuchtigkeit im einen, Befruchtung im anderen Fall) aus sich heraus entfalten lassen.

Beim genuin Neuen geht es aber um das Aufscheinen von Neuem in einer Form, wie dies beim Samenkorn und der Eizelle nicht der Fall ist. Letztere wiederholen nämlich das, was bereits viele, viele Male zuvor geschehen ist und die Wiederholung von Bestehendem in immer wieder anderen Zyklen darstellt. Hier geht es aber um das *allererste* Samenkorn und die *allererste* Eizelle.

In diesem Zusammenhang wird gerne auf ein zusätzliches Theorieelement zurückgegriffen, das im Lauf der Geschichte abendländischen Denkens immer wieder in den Vordergrund getreten ist, um dann umgehend wieder zu verschwinden: Die Hypothese, dass das, was als genuin Neues untersucht wird, in Tat und Wahrheit zumindest als Anlage *schon immer* vorhanden gewesen sei: So sei z. B. das Leben im Unbelebten, der Geist im Geistlosen von Anfang an in potentieller Form angelegt gewesen und habe sich im Laufe der Zeit nur noch zu aktualisieren brauchen. Dies wird, je nachdem, als ‚Panvitalismus', ‚Panpsychismus' oder ‚Panlogismus' bezeichnet.

Das panvitalistische, panlogistische oder panpsychische Denken birgt allerdings seinerseits verschiedene Nachteile: Wird es konsequent umgesetzt, gilt, dass Leben, Geist und subjektives Erleben nicht einfach eine Stufe weiter „unten" angesiedelt werden kann. Es wird insbesondere nicht

292 G. Strawson: Consciousness and its place in nature, S. 18.

293 G. Brüntrup: Physikalismus und evolutionäre Erklärungen, S. 339.

damit getan sein, Leben beispielsweise in potentia schon in komplexen Gemischen von Makromolekülen festzumachen. Denn es stellt sich sogleich die Anschlussfrage, woher dieses denn in die Makromoleküle hineinkomme. Damit wird man gezwungen, Schritt für Schritt zurückzugehen, um schliesslich den letzten Grundelementen eine zwar nur potentielle, aber als solche doch vollständig vorgebildete Lebensfähigkeit zuzuschreiben. Und dasselbe gilt auch für das Geistige und das subjektive Erleben.

Als weiterer Nachteil des Panvitalismus, Panlogismus und Panpsychismus erweist sich die Tatsache, dass dieser Lösungsansatz für ganz viel genuin Neues nicht in Frage kommt. Anzunehmen, Räder oder Computer seien in ihrer potentiellen Form schon immer in irgendwelchen Vorläufern derselben vorhanden gewesen, entbehrt jeglicher Plausibilität.

Als weitere Möglichkeit ist die Kombination der bisher genannten Mechanismen denkbar.

Ein Ansatz, welcher in diese Richtung weist, ist derjenige der sog. Endosymbiose von L. Margulis.[294] Diese Theorie beschreibt konkret die – grundsätzlich durchaus als *zufällig* verstehbare – Verschmelzung von zwei unterschiedlichen, einfachen, bakterienähnlichen Organismen, wodurch ein neuer, komplexerer Organismus entsteht. So ist es denkbar, dass beispielsweise die Verschmelzung von beweglichen Spirochäten mit unbeweglichen Einzellern letzteren dazu verhelfen konnte, die genuin neue Fähigkeit der Fortbewegung zu erwerben.

Mit diesem Ansatz ist aber nicht erklärt, wie die Spirochäten ihrerseits je haben dazu kommen können, das genuin Neue der aktiven Fortbewegung zu erlangen. Der Ansatz von Margulis ist zwar fähig, auf die Frage eine Antwort zu geben, wie Makroevolution – evolutionäre Schritte jenseits der Artbildung – zustandekommen könnte. Doch handelt sich dabei um nichts anderes als eine Kombination oder Vermengung von bereits Vorhandenem. Es geht auch in diesem Fall um die Tatsache, dass zufällige Mischungen eine sehr beschränkte kreative Potenz darstellen und für sich genommen nichts kreieren, was nicht schon vorher (räumlich getrennt) dagewesen wäre.

Es wird damit unübersehbar, dass die Beantwortung der Frage, wie und woher das ganz Neue in die Welt zu kommen vermag, in einer Sack-

294 L. Margulis: Die andere Evolution, S. 18, 45, 47 ff.; Leben – vom Ursprung zur Vielfalt, S. 90 ff.

gasse zu stecken scheint. Die genannten Lösungsansätze versagen und wir sind herausgefordert, nach neuen Möglichkeiten zu suchen.

5. Metaphysik des Neuen in der Philosophy of Organism

a. Pan-(proto-)Psychismus und Pan-(proto-)Logismus in der Philosophy of Organism

Die in den vorigen Abschnitten genannten Grundformen des Neuen finden sich auch in der Philosophy of Organism wieder: (i) die qualitative Veränderung von bereits Bestehendem, (ii) die Ausdifferenzierung und Einführen zusätzlicher Kontraste und (iii) das Aufscheinen von genuin Neuem. Die Philosophy of Organism hat von ihrer Grundkonzeption her in Bezug auf die Evolutionstheorie wichtige Vorentscheide getroffen. Es handelt sich dabei um die Grundeinsicht, dass zu einem adäquaten Verständnis der Geschehnisse in der Welt mindestens drei verschiedene Grunddimensionen (der Existenz) vorhanden sein müssen: die geistige, physische und subjektive. Letztere finden sich selbst in den einfachsten Organismen. Dies verhindert, dass diese Dimensionen auf mirakulöse Art und Weise auseinander oder aus dem Nichts entstehen oder emergieren müssen.

In Bezug auf das Vorhandensein der drei Grundkategorien der Existenz: Ideen, Subjektivität und Objektiv-Physisches geht die Philosophy of Organism mit anderen Worten in Richtung eines Panpsychismus und Panlogismus, der sich zusammengefasst auch als Panvitalismus bezeichnen lässt. In den letzten Jahren gibt es selbst in Kreisen, welcher der analytischen und physikalistisch-monistischen Philosophie nahestehen, Tendenzen, wieder an Denkansätze anzuknüpfen, wie sie schon Platon, Aristoteles, G. Bruno, B. Spinoza, W.F. Leibniz, A. Schopenhauer, F. Nietzsche, W. James, C.S. Peirce, H. Bergson u.a.m. vertreten haben.[295] Das Subjek-

295 D. Skrbina: Realistic Panpsychism, S. 152. G. Strawson: Realistic Monism – Why Physkalism entails Panpsychism.

tive und das Geistige sind in einfachen Organismen wenig differenziert, weshalb verschiedene Autoren in diesem Zusammenhang auch von Proto-pan-psychismus und (weniger häufig) von Proto-pan-logismus sprechen.[296] Dies besagt, dass es bezüglich des Grades der Ausformung des Subjektiven und des Geistigen (und natürlich auch des Physischen) verschiedene Differenzierungsgrade gibt und dass sich letztere im Laufe der Naturgeschichte zu immer grösserer Differenziertheit hin entwickelt haben, dass mit anderen Worten sehr viel Neues dazugekommen ist: Aus einfachen Ideen sind komplexe geworden, aus geometrischen Formungen der Moleküle wurden die anspruchsvollen Gedankengebilde von Wissenschaftlern, Forscher und Philosophen und aus primitiven subjektiven Formen, welche nichts anderes als Attraktion und Repulsion sind, haben sich die subtilen, feinfühligen und differenzierten Empfindungen entwickelt, welchen in der Poesie und der Musik Ausdruck verliehen wird.

Der entscheidende Punkt in diesem Zusammenhang ist der, dass sich innerhalb des Geistigen alles Neue zum Vorangegangenen in Beziehung setzen lässt: Aus dem Protomentalen wurde *Schritt für Schritt* das Mentale und in gleicher Weise wurde aus dem Protopsychischen in Form von einfacher Anziehung und Abstossung das komplexe subjektive Erleben des Kulturwesens Mensch. Und selbstverständlich gilt dasselbe auch für das Physische. Einfachste Kausalbeziehungen, wie sie im Bereich von grosszahligen Nexūs vorherrschen, werden zu den komplexen, geradezu chaotischen Kausalbeziehungen, wie sie beispielsweise in der Erdatmosphäre bestehen.[297]

Geht es aber darum, die genannten drei Kategorien der Existenz voneinander herleiten zu wollen, beispielsweise das Subjektive oder Geistige aus dem Physischen entstehen zu lassen, dann ist ihre Wesensfremdheit offenbar so grundlegend, dass dies nicht gelingt. Versuche, dies trotzdem zu tun, sind bis jetzt fehlgeschlagen.

296 B. Rensch: Das Universale Weltbild, S. 208 f. und Biophilosophie, S. 235 ff. S. Kotroufinis: Die innere Seite des Organismus – zur Idee des Panprotopsychismus.

297 Unterdessen zeigte sich, dass sich auch in solchen, anscheinend so chaotischen Nexūs Formen versteckter Ordnung nachweisen lassen.

b. Neues als qualitative Veränderung von etwas bereits Bestehendem in der Philsophy of Organism

Neues als qualitative Änderung von Bestehendem einsichtig zu machen, stellt kein Problem dar. Der Zufall kann dies bewerkstelligen. Davon war weiter oben ausführlich die Rede. Die Philosophie of Organism erklärt qualitative Veränderungen allerdings nicht mittels des Zufalls, sondern durch Miterfassen vorhandener Ideen und Einfügen derselben in das Ziel eines werdenden Organismus (sog. ‚hybrides' Erfassen). So gesehen ist eine jede Herausbildung einer Zielsetzung durch einen Organismus insofern eine Neukreation, als dass sie eine Integration von vorher (hybrid erfassten) Ideen aus Vorgängerorganismen darstellen. Es sei in diesem Zusammenhang auf Abbildung 7 verwiesen, in welcher Eα und Eγ Ideen beitragen, welche von aE/aO 2 hybrid erfasst werden und als Grund- und Ausgangslage für eine neue Zielsetzung dienen können. Dabei müssen die unterschiedlichen Ideen auf eine einzige eingeschränkt, reduziert, abgestimmt und ausgerichtet werden.

Das qualitativ Neue kommt so durch einfaches Kombinieren solcherart hybrid erfasster Ideen zustande. Ein Beispiel, welches dies veranschaulichen kann, sind Wörter wie z. B. ‚Demuksi' oder ‚Abundzuglaube'. Indem der Leser diese Wörter (laut) liest, schafft er etwas Neues. Doch ist dieses Neue relativ einfacher und wenig kreativer Art. Es entsteht nämlich einzig dadurch, dass die bereits bekannten, verschiedenen Buchstaben neu kombiniert werden. Ähnliches geschieht bei Genmutationen: die Buchstaben des Codes – die Pyrimidin- bzw. Purinbasen – werden neu gemischt und so entstehen neue genetische Aussagen. Qualitativ Neues dieser Art kann sich in der Regel aber nicht behaupten und verliert seine Bedeutung für die nächsten Generationen von aE/aO sofort wieder. Hier wird die Meinung stark gemacht, dass eine solcherart zufällig zustande gekommene Aussage nur dann Bestand haben kann, wenn werdende aE/aO sie mit einer zieldienlichen Idee in Verbindung bringen.

c. Neues als Ausdifferenzierung und Einführen zusätzlicher Kontraste

Mit der Kategorie der ‚begrifflichen Umkehrung' schafft Whitehead eine Theorie, wie die konkrete Vermittlung von Neuem mittels des Schaffens *neuer und zusätzlicher Kontraste* innerhalb eines werdenden Organismus vor sich geht. Whitehead selber sah in der Schaffung neuer Kontraste mittels begrifflicher Umkehrung die eigentliche Quelle des Neuen in der Welt.[298]

Diese Art des Neuen wird häufig aus einer Problemsituation heraus geschaffen; nämlich dann, wenn Daten aus vergangenen aE/aO dem Ziel des werdenden Organismus entgegenstehen. Es gibt dann zwei Möglichkeiten: (a) das betreffende Element wird als möglicher Teil der werdenden aE/aO abgewiesen und vom Werdensprozess ausgeschlossen oder es werden (b) Mittel und Wege geschaffen, die Daten trotz allem mit dem Rest des werdenden Organismus in den weiteren Entwicklungsprozess zu integrieren. Ein Organismus kann dies erreichen, indem er mittels einer zusätzlichen, inneren Abgrenzung zuvor Unvereinbares in den werdenden Organismus sowohl integriert als auch ab- und eingrenzt. So wird es möglich, dass das zusätzlich einbezogene Element seine Entwicklung nicht hemmt, schädigt oder gar zerstört, sondern im Gegenteil sogar bereichert.

Begriffliche Umkehrungen schaffen Neues im Wesentlichen dadurch, dass dem Erfassten eine neue, entwicklungsfördernde Idee beigegeben und gleichzeitig eine verstärkte Differenzierung des Organismus geschaffen wird.

Als Beispiel soll der bekannte innere Kontrastreichtum von Zellen genannt werden. Versucht eine Zelle, Säuren zu erfassen, so stehen letztere einem weiteren Gedeihen entgegen, indem Säuren das Zytoplasma im Zellinnern zerstören können. Allerdings gibt es die Möglichkeit Säuren trotzdem in die weitere Entwicklung mit einzubeziehen und zwar so, dass diese einerseits für das weitere Gedeihen – zum Beispiel bei Verdauungsprozessen – nützlich gemacht werden, andererseits dadurch, dass die erfasste und an sich schädliche Säure durch eine zusätzliche Abgrenzung (d.h. Differenzierung) im Zytoplasma vom Rest des Zellorganismus abgegrenzt wird. So entsteht ein neues Zellkompartiment, das Lysosom, welches der Zelle als Verdauungshilfe förderlich ist.

298 A.N. Whitehead: Prozess und Realität, S. 455.

Ein anderes Beispiel, welches evolutionstheoretisch relevant ist, und an welchem der wichtige Vorgang des Entstehens von Neuem durch begriffliche Umkehrung erläutert werden kann, ist derjenige der Ausbildung von vielzelligen Organismen. Hat sich eine Zelle geteilt, so sind aus einem einzigen Organismus zwei geworden. Die beiden stehen ab sofort im Widerstreit zueinander, indem sie um Nahrung, Licht und Lebensraum konkurrieren. Handelt es sich aber bei der Teilung um einen ersten Vielzeller (bzw. Zweizeller), so geschieht am Ende des Teilungsprozesse etwas Besonderes: Die beiden neu entstandenen Organismen trennen sich zwar voneinander, doch unterlassen sie es in der Folge, sich zu konkurrieren und bekämpfen. Sie bleiben beieinander, kooperieren und bilden im Bereich der angrenzenden Zellwände einen *inneren* Kontrast. Jede der beiden Zellen unterdrückt einen Teil seines Gencods (siehe dazu Abschnitt VIII3b), die eine wird als Folge davon beispielsweise für die Verdauung von Nahrung zuständig sein und die andere für die schützende Hülle. Aus dem Gegeneinander ist ein Miteinander geworden, in welchem sich die beiden Zellen das Leben jetzt nicht mehr gegenseitig erschweren, sondern mittels Spezialisierung erleichtern.

Auch in diesem Fall ist es zu einer Vergrösserung und Bereicherung von inneren Kontrasten gekommen und auch in diesem Fall ging dies mit dem Auftreten einer gänzlich neuen Idee einher: der Idee, dass eine Tochterzelle nicht automatisch Unvereinbarkeit und neue Konkurrenz bedeuten muss, sondern mittels der Bildung eines neuen Kontrasts die Konkurrenz in eine Kooperation umgekehrt werden kann.

Die Frage, welche sich in diesem Zusammenhang stellt, ist diese: Woher stammen die Ideen, dass das Schädliche als Verdauungshilfe oder das Feindliche als Kooperation von Spezialisten für ein bereichertes und komplexeres Leben genutzt werden können?

d. Genuin Neues in der Philosophy of Organism

Ob sich das Neue als eine Differenzierung von bereits Bestehendem vom genuin Neuen überhaupt unterscheiden lässt, ist nicht sicher. In beiden Fällen geht es nämlich darum, dass eine neue Idee Eingang in Werdensprozesse findet. Es bliebe einer vertieften Untersuchung (die hier aber nicht erbracht werden kann) vorbehalten, ob es grosses und kreatives Neues neben kleinen, weniger kreativen neuen Ideen gibt. Letztere träten dann in Begleitung mit einfachen Differenzierungsvorgängen auf, erstere stünden im Zusammenhang mit dem, was sich vielleicht als Momente der Erleuchtung bezeichnen liesse; es wären die seltenen Ereignisse, die unvermittelt und auf einmal ganz Neues gebären. Wahrscheinlich ist es aber eher so, dass es sich bei genauerem Hinsehen um mehrere, kleinere, relativ banale und hintereinander geschaltete, neue Ideen handelt. So gesehen handelt dieser Abschnitt möglicherweise einfach von der Frage, *wie* es bei einer begrifflichen Umkehrung, d.h. beim Entstehen eines neuen Kontrasts oder einer neuen Differenzierung zum Auftauchen der dazu nötigen Idee kommt.

Im Laufe der europäischen Philosophiegeschichte ist die Frage immer wieder gestellt worden und die Lösungsansätze sahen jeweils immer ähnlicher aus. Das kann ebenso Zeichen der Unfähigkeit sein, Neues zu kreieren, wie es auch ein Hinweis darauf geben kann, dass die Lösungsansätze sich deshalb so ähnlich sind, weil sie alle um ein- und denselben wahren Kern kreisen.

Platon geht im Dialog ‚Menon' auf dieses Thema ein, wenn er dort die Frage stellt, wie der Forschende und Nachdenkende das von ihm gesuchte Unbekannte – im Menon-Dialog geht es namentlich um das Wesen der Tugend – je finden könne: Menon dazu: „Und auf welche Weise willst du denn dasjenige suchen (und finden, Anm. d. V.), […], wovon du überhaupt gar nicht weisst, was es ist?"[299] Dasselbe gilt auch für das Neue: Man kann nicht wissen, was es ist, denn würde man es wissen, wäre es ja nicht mehr neu. Um dieses Problem zu lösen, postuliert Platon einerseits eine zweite Welt, in welcher das Unbekannte zuhause ist, und andererseits einen stattgehabten Besuch der menschlichen Seele in eben dieser Welt. Durch Wiedererinnerung an die damaligen Erfahrungen wird es möglich, bisher Unbekanntes und Neues in diese Welt zu bringen. Diesen Lösungsansatz hat Platon in seinem Spätwerk schon selber kritisch zu beleuchten begonnen und ist danach besonders prominent von seinem eigenen Schüler Aristoteles angegriffen worden.[300]

299 Platon: Menon, 80d.

300 Platon: Parmenides, 130a–135c. Aristoteles: Metaphysik, Buch III, 997b.

Kant löst das Problem, indem er die Sinneswelt, welche der Naturgesetzlichkeit und der durchgehenden Bedingtheit unterliegt, von einem Bereich des Intelligiblen und der Freiheit abgrenzt. Nur innerhalb von letzterem ist möglich, „eine Reihe von Begebenheiten von selbst anzufangen [...].“[301] Dieser Bereich ist es dann auch, von dem erwartet werden kann, dass sich, wenn überhaupt, Neues ereignen kann. In der Sinneswelt dagegen ist solches, da gänzlich von Naturgesetzen *determiniert*, nicht möglich. Das Problem Platons, die Beziehung der Welt der Ideen mit derjenigen der natürlichen Gegenstände zu verbinden, wiederholt sich bei Kant: Die Bereiche des Intelligiblen und der Freiheit stehen bei ihm schwer vermittelbar nebeneinander.

Bei Hegel ist dies anders. Er sieht vor, dass das Neue durch die wechselseitige Bezugnahme von Antithetischem zustande kommt. Dies gilt im Kleinen ebenso wie im Grossen und im speziellen Einzelfall ebenso wie im Allgemeinen. Ist das Eine gesetzt, so kann es einzig gesetzt sein, indem es sich gegenüber dem Anderen abgrenzt, welches sich dadurch dem Einen entgegengesetzt. Exemplarisch und zugleich Basis-bildend lässt sich dies am ‚Sein‘ selber darstellen, welches als *reines* Sein, als ein Sein also, das ohne jeglichen konkreten Inhalt ist, gar *nicht gedacht* werden kann. Als Inhaltloses setzt es augenblicklich auch seinen eigenen Widerspruch – das Nichts. Wenn dieser Widerspruch sich *nicht* in Nichts auflöst, dann nur so, dass aus ihm ein *erster überhaupt denkbarer Begriff* wird – das Werden.[302] Und so hebt ein ständiges Werden an: Ein jedes Eine fordert notwendig seinen Gegensatz – das Andere. Und die beiden werden zu einem neuen Einen, welches Letztere jetzt eine Synthese des ursprünglich gegensätzlichen Einen und Anderen darstellt.

301 I. Kant: Kr.d.r.V., B582.

302 G.W.F. Hegel: Enzyklopädie der philosophischen Wissenschaften I, § 88 (inkl. Zusatz). Hegel weist darauf hin, dass genau dies bereits von den Vorsokratikern so herausgearbeitet wurde. Wenn von Parmenides einzig das Sein gesetzt wird, und wegen des Nichtseins des Nichts dem Sein jegliche Bewegung, Veränderung oder jegliches Werden undenkbar ist, stellt dem Demokrit entgegen: „Das Sein ist nicht mehr als das Nichts.“ Damit stellt er fest, dass der Begriff des Seins in seiner allumfassenden Allgemeinheit Nichts ist. So wird das Aufgehobensein des Seins im Nichts und des Nichts im Sein zum Werden im Sinne Heraklits – einem Werden also, das als erster Begriff und erste Bestimmung von grösster Allgemeinheit gelten kann.

Geht es einzig um Begriffe, so ist deren Werden in einer Dialektik der reinen Begriffe, wie sie soeben beschrieben wurde, verständlich gemacht. Geht es aber nicht nur um reine Begriffe, d.h. um ideelle Entitäten, sondern um das Neue in der *aktualen Welt*, insbesondere der Natur, so kommt ein zusätzliches Moment ins Spiel. Es entsteht jetzt eine dialektische Bewegung, die darin besteht, dass die Welt der reinen Begriffe, der Logik oder der Ideen im Kontrast zur aktualen und konkreten Natur steht. Im Bereich der Logik geht es etwas anders formuliert um den *Geist an sich*, wie er sich in der Ordnung der reinen Begriffe oder Ideen manifestiert. Der Geist als solcherart gesetzter grenzt sich aber augenblicklich gegenüber einem Anderen ab. Im Widerspruch zu diesem Anderen setzt wieder das oben beschriebene dialektische Aufeinander-verwiesen-Sein des Einen mit dem Anderen ein. Und so wird der Geist dadurch, dass er in Kontrast zu dem steht, was nicht Geist ist, zu etwas Neuem, zu einem werdenden Geist, der erst in der immer wieder neuen Auseinandersetzung mit dem Anderen zu dem wird, was er an und für sich ist und sein soll. Letzteres nennt Hegel den absoluten Geist.[303] Es ist eine Errungenschaften der Hegelschen Philosophie, aufzuzeigen, dass eine jegliche Existenz (bei Hegel ein jegliches ‚Dasein') *denknotwendig* sein Anderes, jenseits der jeweiligen Existenz fordert.[304] Und auch im 20. Jahrhundert meint L. Wittgenstein lapidar: „Der Sinn der Welt muss ausserhalb ihrer liegen."[305]

Im hier gewählten Whiteheadschen Theorierahmen wird die Ordnung der reinen Begriffe oder der Ideen ‚Gott' genannt. Der Gottesbegriff bekommt so eine klar umschriebene Bedeutungsextension (und dieselbe Jenseitigkeit, welche er in der Tradition seit jeher innehatte). Die Ordnung der Ideen wird dabei nicht als unwandelbar und ewig verstanden. Sie erfährt im Gegenteil als Folge der Vorgänge in der aktualen Welt eine immerwährende Wandlung. Letzteres wird die *‚Folgenatur Gottes'* genannt, währenddem die ursprüngliche Ordnung ‚Urnatur *Gottes*' heisst. Das Reich

303 G. W. F. Hegel: Enzyklopädie der philosophischen Wissenschaften I, § 365 (inkl. Zusatz).

304 G. W. F. Hegel: Enzyklopädie der philosophischen Wissenschaften, § 89–95; Wissenschaft der Logik, erstes Buch, erster Abschnitt.

305 L. Wittgenstein: Tractatus logico-philosophicus, § 6.41.

der Ideen wird so, ähnlich wie dies auch für die aktuale Welt gilt, zu einem prozessualen Geschehen.[306]

Reine Begriffe, Ideen oder *reine Potentiale, die zum allerersten Mal aktualisiert werden*, stehen für das genuin Neue in der Welt. Dieser Vorgang wird ‚Eintreten neuer Ideen' genannt und bildet ein wichtiges Element im Fortgang einer sich kreativ entwickelnden Welt. Eintretende neue Ideen aktualisieren sich *als Zeichen*, welche auch *‚unreine Potentiale'* genannt werden. Zeichen bilden die uranfängliche Verbindung des Geistigen mit dem Physischen.[307] Die Unterscheidung reiner und unreiner Potentiale ist deshalb wichtig, weil einzig Zeichen oder unreine Potentiale Teile unserer aktualen Welt sein können. Beim genuin Neuen handelt es sich um das Eintreten oder Aktualisieren von Ideen, die bis anhin *noch nie aktualisiert* wurden und zuvor reine Potentiale waren. Durch ihre Aktualisierung werden sie zu unreinen Potentialen, d.h. zu Zeichen, und werden in der Regel in Form von Aussagen Teil der aktualen Welt. Mit dem Eintreten neuer Ideen aus dem Reich der reinen Potentialitäten ist das genuin Neue zwar *prinzipiell* verständlich gemacht. Doch *konkret* verstanden ist es damit noch nicht. Was geschieht im Moment des Eintretens genau? Wie muss dieser Vorgang verstanden und konzeptualisiert werden?

Als Hinweis dafür, dass der Vorgang des Eintretens von neuen Ideen dem unbelasteten Denken als Phänomen durchaus bekannt ist, kann die Umgangssprache herbeigezogen werden. Es wird in diesem Zusammenhang häufig von *‚Einfällen'* gesprochen oder von *‚Eingebungen'*. Offensichtlich wird das Eintreten von neuen Ideen als ein Geschehen verstanden, dem man empfangend gegenübersteht, das uns von aussen ‚gegeben' wird oder dann in uns ‚hineinfällt'. Es kann nach diesem Verständnis primär nicht aktiv und willentlich herbeigeführt werden, sondern tritt als ein unvorhergesehenes Ereignis auf – oder auch nicht. Manchmal ist auch von ‚Geistesblitzen' die Rede, was darauf hinweist, dass es sich um einen Vorgang handelt, der sich ganz schnell, eben ‚blitzartig' vollzieht.

Wenn das Eintreten von neuen, bis jetzt noch nie aktualisierten Ideen zwar nicht aktiv und willentlich herbeigeführt werden kann, dann scheint es immerhin so zu sein, dass gewisse Verhaltensweisen der Sache förderlich

306 T. Müller: Gott, Welt, Kreativität, S. 128ff.

307 Siehe dazu Abschnitt III3.

sind. In diesem Zusammenhang ist es weniger die Umgangssprache als vielmehr bereits bestehende Praxis, welche Hinweise darauf gibt, was der Kreation von genuin Neuem förderlich sein kann.

Bevor ich darauf genauer eingehe, ist ein Hinweis auf die Häufigkeit des Eintretens von neuen Ideen nötig. Es ist nämlich so, dass im Gegensatz zur Naturgeschichte diese Ereignisse im Rahmen der menschlichen Kultur relativ häufig zu sein scheinen. Besonders die westliche Kultur scheint einen ausgeprägten Drang nach dem Neuen und bis anhin Unbekannten zu kennen. Nicht nur in Wissenschaft und Technik, sondern besonders in der Kunst besteht ein ständiges Streben nach genuin neuen Ideen. Zwar ist es den meisten Menschen nicht vergönnt, wirklich Neues zu schaffen, doch ist es aufs Ganze gesehen so, dass die tatsächlich kreativen Momente immer wieder vorkommen und dass sie sich bei bestimmten Menschen häufen. Der Ideenreichtum von Künstlern wie Mozart, Goethe oder Picasso stehen als Beispiele.

Angesichts der immensen Bedeutung, welche neue Ideen für unser individuelles und soziales Leben haben, verwundert es, dass die Umstände, welche deren Eintreten fördern, kaum untersucht und erforscht werden. Die Frage steht im Raum, welches die Bedingungen sind, welche diese Art der Kreativität fördern und unterstützen. Handelt es sich um eine angeborene Begabung – um Genie? Oder spielen Umweltfaktoren eine Rolle? Wenn ja, inwiefern? Und wie steht es mit dem Eintreten von neuen Ideen ausserhalb der Kultur? Gibt es einen wesentlichen, kategorialen Unterschied, wenn neue Ideen in einfache Organismen eintreten oder wenn es beim Menschen geschieht?

Beim gegenwärtig vorherrschenden Mangel an harten Fakten zu diesem Thema geht mein persönlicher Eindruck dahin, anzunehmen, dass diese Vorgänge bei einfachen und komplexen Organsimen in seinen Grundzügen gleich ablaufen. Natürlich ist der konkrete Ausdruck des Neuen unterschiedlich. Beim Menschen wird er sich in erster Linie sprachlich vermitteln, während er sich bei Tieren neuronal und bei Pflanzen humoral zeigen wird.

Es scheint ausserdem so, dass das Vorhandensein einer Spannung oder gar eines Leidens, in welcher es dringend eines neuen Weges bedarf, um ein Ziel erreichen zu können, dem Auftreten von genuin Neuem förderlich ist. Mittels des Ausschöpfens aller vorhandenen und in der Vergangenheit bereits aktualisierten Möglichkeiten bringen sich Organismen bis ganz an die Grenzen dessen, was gerade noch machbar ist, und wo das Reich des zwar grundsätzlich Möglichen, aber noch nicht Machbaren, d.h. noch nicht Aktualen beginnt. Hier in diesem Grenzland scheint es dann von Zeit zu Zeit zum Überspringen von Inhalten aus dem Bereich der reinen Potentiale in denjenigen der Aktualität zu kommen.

Neu eintretende Ideen sind voneinander abgrenzbare und unterscheidbare Entitäten, deren Zahl wahrscheinlich nicht unbeschränkt ist. Einen Hinweis darauf, dass in einer gegebenen Situation die Anzahl der Möglichkeiten, welche einem Organismus ganz konkret zur Verfügung stehen, um ein Problem zu lösen, begrenzt sein dürfte, geben die in einem vorherigen Kapitel genannten evolutiven Konvergenzen.[308] Die begrenzten Möglichkeiten, welche einem Tier zur Verfügung stehen, um beispielsweise Lichtwellen als Orientierungshilfe zu nutzen, haben zum mehrmaligen Erfinden oder Entdecken von Augen geführt, die sich in ihren Bauplänen und Funktionsweisen stark gleichen.[309] In jedem konkreten Einzelfall scheint es so zu sein, dass die Gegebenheiten dem Spielraum für das Aktualisieren von Neuem strenge Grenzen setzen. Es sind sogar gerade Grenzen, welche als Hindernis beim Erreichen eines Zieles für das Weiterkommen eine entsprechende Spannung aufbauen und so erst das Bedürfnis nach neuen Lösungen aufkommen lassen.

Wenn beklagt werden muss, dass die Abläufe beim Eintreten neuer Ideen kaum untersucht und erforscht werden, so gilt es doch anzufügen, dass die wissenschaftliche Untersuchung dieser Vorgänge prinzipiell beschränkt ist. Bei der Erforschung einer aE/aO als *Seiende* stehen deren Elemente zur Erfassung durch andere aE/aO bereit. Und wenn es darum geht, aE/aO *als Prozesse* zu untersuchen, so kann doch zumindest anhand der Anfangsbedingungen und des Endes eines Prozesses indirekt darauf geschlossen werden, was dazwischen abgelaufen sein könnte. Das Eintreten neuer Ideen ist etwas ganz anderes. Es bleibt dem forschenden Auge deshalb entzogen, weil es im Werdensprozess einer aE/aO neu dazukommt und daher nicht Bestandteil der Anfangsbedingungen darstellt. Da der

308 Siehe Abschnitt VIII2c.

309 H. Bergson: Schöpferische Entwicklung, S. 71; S.C. Morris: Jenseits des Zufalls, S. 93ff.

Prozess selber nicht direkt untersucht werden kann, bleibt jeweils im Moment, in welchem er zum Abschluss gekommen ist, nur noch festzustellen, dass da offenbar etwas Neues, bisher Unbekanntes vorhanden ist. Ausserdem ist uns der Bereich der reinen Möglichkeiten, der reinen Potentialitäten oder Ideen grundsätzlich nicht zugänglich. Die Sachlage ist hier einer anderen Grenzsituation sehr ähnlich: dem Tod.

Der Tod der (meisten) Lebewesen ist ein Faktum, dessen Existenz empirisch so gut belegt ist wie kaum etwas anderes. Und auch das Interesse, mehr und Genaueres darüber zu wissen, ist gross. Trotzdem ist es aus prinzipiellen Gründen nicht möglich, zu diesem Thema etwas Substanzielles in Erfahrung zu bringen. Es ist eben gerade das Spezifikum des Todes, dass es sich um einen Bereich handelt, welcher dem menschlichem Erkenntnisvermögen entzogen ist. Sehr ähnlich steht es mit den reinen Potentialitäten: Sie sind dem menschlichen Erkenntnisvermögen per se entzogen. Das will aber nicht heissen, dass sich eine intensive Auseinandersetzung mit diesem Thema erübrigen würde. Im Gegenteil: Es eröffnet sich gerade hier, wie auch in der Auseinandersetzung mit dem Tod, ein philosophisches Betätigungsfeld ersten Ranges und bildet gewissermassen dessen Spiegelbild: Nicht um den Tod und das Verschwinden aus der aktualen Welt geht es hier, sondern im Gegenteil um die Geburt von Neuem. Das Geheimnis des Todes kennt ein Gegenüber, das ebenso unergründlich ist: das Geheimnis der Natalität.

Der Philosophie geht es nicht alleine um das *Beantworten* von Fragen, sondern gerade ebenso um die tätige Auseinandersetzung mit den letzten Grenzen der menschlichen Existenz. Auseinandersetzungen dieser Art werden vielleicht keine sprachlich fassbaren und wissenschaftlich begründbaren Lösungen zeitigen, sie werden aber ein Gefühl wecken, das für das menschliche Leben unverzichtbar ist: das Gefühl von Sinn.

IX. Zusammenfassung und praktische Konsequenzen

1. Zusammenfassung

a. Philosophie der Organismen

i. Es gilt: „Der Organismus ist das Principium der Dinge". Dies bedeutet eine Abkehr vom Grundsatz, dass tote Dinge die Grundlage der aktual existierenden Welt abgeben. Aus einem physikozentrischen wird so ein biozentrisches Weltbild. Es ist dies ein alter, von vielen Philosophen immer wieder geäusserter Gedanke. Er hat den Vorteil, dass die schwierige Aufgabe, das Lebendig-Werden des Toten zu erklären, entfällt. Der Organismus ist das Primäre, das Tote – der Gegenstand der Physik und Chemie – das Sekundäre.

ii. Wenn alles im Prinzip Leben ist, geht es in einem weiteren Schritt nur noch darum, verständlich zu machen, wie es dazu kommen kann, dass Organismen absterben und zu Dingen, Sachen und Gegenständen verkommen können. Die Antwort darauf lautet: durch *nicht (oder wenig)* organisiertes Zusammenklumpen von sehr vielen Organismen.

iii. Die Grundkategorien der Organismen sind drei an der Zahl: physische Daten, Ideen und affektive Tönungen (oder subjektive Formen). Sie kommen als Seiende in reiner Form aktual nicht vor. Sie gewinnen einzig zu dreien – als aE/aO – Aktualität und sind so die einzigen Ursachen von allen aktualen Prozessen und allem aktual Seienden. Wann immer etwas ist, muss sich die Frage nach einer verursachenden aE/aO anschliessen.

b. Vom Werden zum Sein, vom Sein zum Werden

iv. Das hier vorgetragene Verständnis von Leben trägt dem alten Heraklit'schen „panta rhei" Rechnung. Es macht aber die folgenden Ergänzungen: Das ständige Fliessen, das immerwährende Werden, wird durch kurze Momente des Seins unterbrochen. Es sind einzig diese kurzen Momente des Seins – die allerdings sogleich von neuen Werdensprozessen abgelöst werden – welche wir erfassen, erforschen und objektivieren können.

v. Die Werdensprozesse selber sind der wissenschaftlich-objektivierenden Erforschung nicht direkt zugänglich, sondern lassen sich nur indirekt anhand von Prozess*resultaten* oder mittels der Erinnerung an selber durchlebte Werdensprozesse *rekonstruieren*.

vi. Werdensprozesse sind Einheiten, die in Vielheiten zerfallen, sobald sie wissenschaftlichen Untersuchungen zugeführt werden. Auf der quantenphysischen Ebene wird dies ‚Reduktion' genannt. Es ist wahrscheinlich so, dass die makroskopischen Lebensprozesse sich gegen eine rasche Reduktion schützen können, deshalb weniger sensibel auf Störungen reagieren und es so schaffen, länger zu dauern, als dies bei Quantenprozessen der Fall ist. Erste Forschungsresultate aus dem Bereich biochemischer Prozesse scheinen diese Hypothese zu stützen.

vii. Alle Werdensprozesse sind in einem und zugleich auch Zeichen- und Erkenntnisprozesse. Ein ernsthaftes Problem entsteht in dem Moment, in welchem versucht wird, diese Prozesse zu fassen und zu objektivieren. Sie werden dadurch zerstört und das so Objektivierte entspricht nicht mehr dem, was ursprünglich das Interesse geweckt hat. Eine Wissenschaft der Zukunft wird dieser Tatsache Rechnung tragen müssen.

c. Das Werden des Werdens

viii. Es scheint so, dass nicht nur einzelne aE/aO werden, sondern auch die Gesamtheit aller aE/aO als Ganzes einem ständigen Werden unterworfen ist. Dieses Werden des Werdens heisst Evolution.

ix. Es ist ein allgemeiner Glauben, der sich auch empirisch untermauern lässt, dass das Werden aller aE/aO in Richtung von immer grösserer Komplexität, Reichtum der Formen und Tiefe der Emotionen geht. Dies wird hier als Ausdruck der Kreativität gewertet, welche am Ursprung dieser Entwicklung steht und so eine primordiale Rolle im Kosmos zukommt.

x. Das Entstehen von genuin Neuem ist als ein immanenter Vorgang von aktualen Werdensprozessen nicht begreiflich zu machen. Dies spricht für die Grundannahme, dass es sich dabei um den Austausch von etwas, das ‚Idee' genannt werden kann, handelt und dass dieser Austausch zwischen zwei unterschiedlichen Realitäts*modi* vonstattengeht.

xi. Ideen befinden sich im Realitätsmodus der reinen Potentialität. Sie vermögen erst dann eine Rolle in der *aktualen* Welt zu spielen, wenn sie in Form von Zeichen aktualisiert werden. In der hier vorgestellten Theorie steht das Eintreten von Ideen, welche ein allerersten Mal aktualisiert werden (und so in Zeichen eingehen), am Ursprung des genuin Neuen. Es ist dies ein Vorgang von immenser praktischer Bedeutung, der bis anhin aber kaum verstanden wird.

xii. Die umfassende Ordnung der Ideen wird ‚Urnatur Gottes' genannt. Mit der ‚Folgenatur Gottes' will gesagt sein, dass sich diese Ordnung nicht als eine feste, auf alle Ewigkeit unveränderliche, sondern ebenfalls in ständiger Fortentwicklung sich befindende verstanden werden muss.

Damit hoffe ich eine zusammenhängende, in sich stimmige und den lebensweltlichen Phänomenen gerecht werdende Theorie in wenigen Sätzen dargestellt zu haben. Es geht damit die Überzeugung einher, die Welt im Allgemeinen und das Leben im Speziellen besser zu verstehen. Dies steht nur scheinbar im Widerspruch zu R.M. Rilke und dessen zu Beginn dieser Arbeit zitierten Zeilen: „Du musst das Leben *nicht* verstehen, dann wird es werden wie eine Fest [...]." Es ist das seit Sokrates bekannte Paradoxon grösser werdender philosophischer Erkenntnis, dass sie mit einer wachsenden Einsicht in die Unergründbarkeit der Welt, des Lebens und der Menschen einhergeht. Je mehr der Philosoph und der philosophisch gebildete Arzt vom Leben weiss, umso mehr wird er erkennen, dass er es nicht versteht und umso mehr wird sein Leben „werden wie ein Fest".

2. Philosophie der Organismen und die Medizin

a. Die Konsequenzen für die Medizin als Wissenschaft

Diese Arbeit handelt von den philosophischen Grundlagen der Medizin. Davon war in der Einleitung und im ersten Kapitel, danach aber nur noch wenig die Rede. Ist damit der eigentliche Fokus der ganzen Arbeit verloren gegangen? Dem ist nicht so. Kapitel II bis VIII stellen notwendige Schritte dar, um für die Medizin eine Theorie bereitzustellen, welche fähig ist, den heutigen Anforderungen gerecht zu werden. Was das konkret heisst, soll jetzt in knapper Form gezeigt werden.

Insofern die Medizin die praktische Wissenschaft vom Menschen darstellt und der Mensch *auch Naturwesen* ist, insofern hat die Medizin an den Naturwissenschaften Anteil. Diese Tatsache wird in der Ausbildung der Mediziner ausgiebig berücksichtigt, stellen doch neben der Biologie insbesondere auch die Physik und Chemie einen integralen Teil ärztlicher Ausbildung dar. Leider wird aber nach wie vor eine veraltete Naturwissenschaft vermittelt, die insbesondere den fundamentalen und z. T. in Kapitel VI besprochenen Neuerungen besonders in der Physik nicht Rechnung trägt. Ein Postulat dieser Arbeit, das sich mit kleinem Aufwand in die Tat umsetzen liesse, bestünde darin, die ärztliche Ausbildung auf das Niveau des gegenwärtigen, naturwissenschaftlichen Forschungsstands besonders in der Physik anzuheben.

Es kommt noch ein weiterer Punkt dazu: Die hier vorgestellte Theorie fordert eine Änderung der Prioritäten: Indem sie den Organismus als erstes Prinzip setzt, befördert sie zugleich die Wissenschaft vom Leben – die Biologie – an die erste und die Wissenschaft von den Dingen an die zweite Stelle. Letztere leitet sich von der ersteren ab. Die Quantenphysik würde, insofern Atome als Organismen verstanden werden, neu der Biologie zugeschlagen. Auf der einen Seite stünde die Welt der Biologie mit Atomen, die sich in komplexen und *Code-gesteuerten Organismen* organisieren, und auf der anderen Seite hätte es die (klassische) Physik und die Chemie mit denselben Atomen als verklumpte und *schwach organisierte Ansammlungen,* welche ‚Dinge' oder ‚Gegenstände' genannt werden, zu tun.

Bisher richtete sich der methodische Zugang der Lebens- und Sozialwissenschaften nach der Physik, von der angenommen wurde, dass sie es sei, welche von den Prinzipien des Kosmos handelt. Dies hat zur absurden Situation geführt, dass sich alle anderen Wissenschaften, insbesondere auch die Biologie, aber auch die klinische, medizinische Forschung und sogar die Psychologie um Methoden bemühen, mit welchen versucht wird, ebenso starre Naturgesetze zu finden, wie dies in (gewissen Bereichen) der Physik und der Chemie der Fall ist. Die Erfahrung hat längst gezeigt, dass dies ein hoffnungsloses Unterfangen darstellt. Es gibt in der Medizin kein einziges Gesetz, das mehr als eine ziemliche lose statistische Korrelation beschreibt, wobei letztere dem individuellen Einzelfall äusserlich bleibt und in der gelebten Praxis selten weiterhilft. Ähnlich steht es mit der Psychologie und selbst die Biologie kennt keine Naturgesetze, welche derjenigen der klassischen Physik einigermassen gleichkommen.

Auch wenn es nicht um Naturgesetze geht, sondern um (mehr oder weniger strenge) statistische Korrelationen, so mögen die dazugehörigen Methoden auf dem Niveau der Quanten und Atome brauchbar und nützlich sein, sie taugen aber bei biologischen und erst recht bei medizinischen Problemen deshalb wenig, weil sie dem Individuum nichts zu sagen haben. Die Medizin ist als Praxis aber ganz ausdrücklich dem Individuum verpflichtet. So gilt es, vor diesem Hintergrund die gegenwärtige Apotheose (doppelblinder, Placebo-kontrollierter) statistischer Untersuchungen in der Medizin einer Kritik zu unterziehen und es gilt, in diesen Bereichen neue Methoden zu entwickeln und bestehende zu verbessern; es gilt, eine medizinische Wissenschaft zu begründen, welche ihrem Untersuchungsgegenstand – dem kranken und leidenden Menschen – gerecht wird und welche ihre Forschungsmethoden dem Untersuchungsgegenstand anpasst und nicht umgekehrt.

Der Mensch ist aber nicht nur ein Natur-, sondern darüber hinaus auch ein *Kulturwesen*. Er unterscheidet sich von seinen Verwandten, den Tieren, dadurch, dass er sich eine zusätzliche Welt von ungeheurem Ausmass geschaffen hat, die als ‚Kultur' bezeichnet wird.

Eine Medizin, welche dem Menschen gerecht werden will, kann nicht nur Naturwissenschaft sein, sondern sollte auch Wissenschaft des spezifisch Menschlichen, sollte auch Kulturwissenschaft sein. Und wenn soeben gesagt wurde, dass Wissenschaft zu betreiben heisst, die Forschungsmethoden dem Untersuchungsgegenstand anzupassen, so gilt das natürlich ganz besonders für die Erforschung der kulturellen Dimension menschlicher Existenz. So wäre die Medizin in Forschung und Ausbildung als Kulturwissenschaft zu fördern.

Man verstehe dies richtig: Es kann hier nicht darum gehen, einer haltlosen, von Vorurteilen und Aberglauben geprägten Wissenschaft das Wort zu reden. Es kann nicht darum gehen, in vormoderne Zeiten zurückzukehren und esoterische Beliebigkeit als Wissenschaft auszugeben. Davon gibt es auch in der heute angeblich aufgeklärten Zeit mehr als genug. Im Bereich der Medizin geht es im Gegenteil darum, nach Vernunftkriterien theoretisches und praktisches Wissen und Können zu fördern, welches den Menschen hilft, gesund zu sein oder gesund zu werden. Wie dies konkret aussehen könnte, soll Gegenstand einer nächsten Arbeit zum Thema der ‚Be-Handlung' sein.

b. Eine integrative Theorie der Medizin

Das Anliegen dieser Arbeit bestand darin, eine neue und bessere philosophische Fundierung der Medizin zu schaffen. Es soll ein gedankliches Fundament gebaut werden, welches zum einen als Grundlage für eine künftige, medizinische Wissenschaft und zum anderen als Instrument dienen kann, heute zusammenhangslose Formen medizinischer Praxis zu einer einzigen zusammenzuführen und so den Namen ‚integrative Medizin' verdient.

Die gegenwärtigen, neben der Schulmedizin praktizierten Medizinformen sind gross an der Zahl, in weiten Bevölkerungsteilen beliebt und werden eifrig genutzt. Sie stehen der westlichen Schulmedizin als Alternativen gegenüber, ohne mit ihnen in echten Kontakt zu treten; sie führen eine Parallelexistenz und es ist nicht die Ausnahme, sondern die Regel, dass ein schulmedizinisch tätiger Arzt von einer parallel zu seiner Behandlung zur Anwendung gelangenden alternativ-medizinischen Methode von seinen Patienten nie etwas erfährt.

Diese Umstände laste ich u.a. der Tatsache an, dass bis jetzt keine Theorie existiert, welche fähig ist, den verschiedenen Methoden, welche z.T. seit Jahrtausenden leidenden Menschen zu helfen vermögen, eine gedanklich-denkerische Grundlage zu liefern, auf welcher sie fähig werden, miteinander zu kommunizieren und sich in ihrer praktischen Tätigkeit abzustimmen. Wie solches auf dem Boden einer Philosophy of Organism mögliche werden kann, sei im Folgenden in knapper Form skizziert. Es wird dabei nicht um eine systematische Abhandlung gehen, sondern es soll vielmehr als Abschluss und Ausblick angedeutet werden, welche praxisrelevanten Potentiale in der hier vorgelegten Theorie schlummern.

Ich werde – angefangen bei der westlichen Schulmedizin – verschiedene medizinische Heilmethoden in das hier vorgestellte Kategorienschema einordnen. Um dies zu tun, wird es nötig sein, einige wichtige Theorieelemente der verschiedenen Methoden zu nennen, anschliessend in die hier verwendete Sprache zu übersetzen und an der passenden Stelle des Schemas einzuordnen. So will ich bei verschiedenen Behandlungsmethoden aufzeigen, wo sie sich widersprechen, wo sie sich ergänzen und wie sie sich in einen erweiterten Theorierahmen einordnen lassen.

Als Heilmethoden werde ich berücksichtigen: die Traditionelle chinesische Medizin (TCM), die Homöopathie, schamanische und christlich-religiöse Heilpraktiken, die anthroposophische Medizin, das Rebirthing, die Gestalttherapie, die Psychoanalyse und die kognitive Verhaltenstherapie.[310]

(i) Die *westliche Schulmedizin* befasst sich in erster Linie mit dem physischen Pol der aE/aO. Damit ist gemeint, dass es hier v.a. um den sog. Kausalnexus geht.[311] Er wurde in Abschnitt IV3b und in Abbildung 5 beschrieben und handelt von Ereignissen, welche zur Erfüllungen gelangen und welche anschliessend daran physisch erfasst werden. Dabei bleibt

310 Ob die letztgenannten Psychotherapeutischen Behandlungsmethoden tatsächlich zur Alternativmedizin gehören, darf bestritten werden. Offiziell tun sie es möglicherweise nicht, tatsächlich sind sie aber nicht Teil der medizinischen Ausbildung und finden (vielleicht mit Ausnahme der Verhaltenstherapie) im praktischen Alltag schulmedizinisch tätiger Ärzte einen kleinen und immer kleiner werdenden Platz.

311 In der westlichen Schulmedizin besteht ausserdem eine starke Betonung von Vorgängen, welche sich auf der *humoralen Ebene* abspielen. Die im Vordergrund stehenden medikamentösen Therapien entfalten ihre Wirkung nämlich fast ausschliesslich dadurch, dass Moleküle über die Blutbahn an ihre Wirkungsstätten, d.h. an die Zellrezeptoren gebracht werden.

sehr viel anderes ausgeschlossen. Insbesondere der geistige Pol wird ausgeblendet. Das heisst, dass die jeweilige Zielgerichtetheit der einfacheren Organismen – Zellen und Zellverbände –, auf welche die Medikamente der Schulmedizin bevorzugt wirken, unberücksichtigt bleibt. Es heisst auch, dass die Ziele im geistigen Pol der behandelten Menschen *als Ganze*, um die es bei jeder medizinischen Handlung ja hauptsächlich geht, kaum eine Rolle spielen.

Im Lichte der hier vorgetragenen Theorie ist der westlichen Schulmedizin ein weiteres Defizit anzulasten: Obwohl sie sich sehr stark auf den physischen Pol konzentriert, vermag sie die Eigenheiten des Kausalnexus nicht präzise herauszuarbeiten. Bis vor kurzem hat sie sich fast ausschliesslich darauf beschränkt, jeweils eine einzige Ursache für krankhafte Vorgänge im menschlichen Organismus zu suchen und zu behandeln. Zwar wird unterdessen eingestanden, dass die meisten Krankheiten nicht mono-, sondern multifaktoriell verursacht sind, doch wird nach wie vor nicht beachtet, dass jedes (Krankheits-)Ereignis nicht nur eine Vielzahl von gleichzeitig wirkenden Ursachen hat, sondern dass hinter jeder Ursache eine lange Reihe von Ursachen der Ursache, der Ursache… steht. Weil diese Erfassungsprozesse, wie in Abschnitt IV3d erläutert, ein Fortdauern der Vorgänger-aE/aO in einer neu entstehenden aE/aO bedeuten, kommt es so zu einer sukzessiven Einverleibung der früheren durch die nachfolgend ablaufenden Prozesse. Dies führt faktisch dazu, dass in den gegenwärtigen alle früher abgelaufenen Lebensprozesse in verdünnter Form enthalten sind. Dadurch kommt es zu einer Allverbundenheit von Lebensprozessen. Wie gross solcherart indirekte kausale Einflüsse im Einzelfall sein können, hängt in entscheidender Weise von der Fähigkeit der *bewirkten* Lebensprozesse ab, auch stark verdünnte, vergangene Ereignisse für die weitere Entwicklung zu nutzen. Es gibt Hinweise darauf, dass die Fähigkeit der Organismen sehr gross sein könnte, selbst schwache Einflüsse vergangener Prozesse für die eigenen Ziele zu reaktivieren.

(ii) Die *anthroposophische Medizin* will das Defizit der westlichen Schulmedizin, welches auf ihrer Beschränkung auf die humorale Systemebene und die dort wirkenden, einfachen Kräfte und Kraftfelder gründet, korrigieren. Es ist ausdrückliches Ziel der anthroposophischen Medizin, therapeutische Methoden zu entwickeln und zur Anwendung zu bringen, welche auch auf anderen Ebenen Wirkung entfalten können.[312] Sie befreit sich ausserdem von der ausschliesslichen Konzentration auf den physischen Pol und anerkennt einen geistigen Pol, indem sie Lebensprozesse als intentional, d.h. aktiv auf ein ausgewähltes Ziel zustrebend, versteht.[313]

Was der anthroposophischen Medizin, soweit ich dies beurteilen kann, fehlt, das sind Theorieelemente, die verständlich zu machen vermögen, wie die Interaktionen zwischen den verschiedenen – den atomaren, humoralen, neuronalen und sprachvermittelten – Ebenen von Lebensvorgängen möglich werden. Das in diesem Zusammenhang in Anspruch genommene Theorieelement der Emergenz wurde in Abschnitt VII4c(ii) einer Kritik unterzogen und als wenig hilfreich erkannt. Ausserdem findet sich ein Weiterbestehen substanzontologischen Denkens. Dies zeigt sich beispielsweise darin, dass von der Seele so gesprochen wird, als ob es sich dabei um eine eigenständige Entität handelte. In Abschnitt III4b habe ich zu zeigen versucht, dass die Seele eine Abstraktion darstellt, der ontologisch kein eigenes aktuales Sein zukommt.[314]

(iii) Die Theoriebildung in der Traditionellen Chinesischen Medizin *(TCM)* zeichnet sich dadurch aus, dass sie weitgehend ohne Substanzen auszukommen vermag. Es gibt hier keine materiellen Strukturen und Organe, die es zu bearbeiten gilt, und es gibt keine substanzielle Seele, deren Inhalt ein Problem darstellt und der geändert oder gar ‚gelöscht' werden müsste. Es stehen umgekehrt *Prozesse* im Vordergrund, die zu beeinflussen das ausgemachte Ziel der TCM darstellen.

Es geht der TCM darum, das Fliessen der allgegenwärtigen kosmischen Energie im Menschen – das sog. ‚Chi' – zu verbessern, auszugleichen und zu stärken. Dies kommt dadurch zustande, dass sich Therapeut und Patient in einen gemeinsamen Prozess einlassen.[315] W. Ohashi dazu:

312 P. Heusser: Anthroposophische Medizin und Wissenschaft, S. 167ff.
313 Ibidem, S.104ff.; R. Steiner: Goethes naturwissenschaftliche Schriften, S. 264f.
314 P. Heusser: Anthroposophische Medizin und Wissenschaft, S. 4, 131, 140.
315 C. Beresford-Cooke: Shiatsu – Grundlagen und Praxis, S. 33, S. Masunaga, W. Ohashi: Das grosse Buch der Heilung durch Shiatsu, 66ff.

> Üben Sie eine Weile sorgfältig, und Sie können ein Gefühl des Einsseins mit dem Patienten erleben. [...] Es ist, als würde zwischen Ihren Daumen und dem Patienten ein Stromkreis geschlossen. Sie schaffen Einssein und Mitfühlen mit dem Patienten, indem Sie so mit beiden Händen arbeiten. Gleichzeitig vermag auch der Patient, genau wie Sie, dieses Einssein zu fühlen. Wir nennen diesen Prozess des Teilhabens ‚Lebensmitgefühl'. Leben ist überhaupt nur durch dieses Gefühl des Verbundenseins möglich.[316]

Es findet so ein gezieltes Eins-Werden von Therapeut und Patient statt, das sich äusserlich beispielsweise an einem einheitlichen Atemrhythmus sowie durch Konzentration und Ruhe ausdrückt. Ein solcherart gezieltes, prozessuales Eins-Werden, von welchen in Kapitel VI5d und e die Rede war, kann möglicherweise heilend wirken. Es steht ausserdem paradigmatisch für eine ganze Reihe von ähnlichen Vorgängen, welche bei anderen Therapiemethoden insbesondere aus dem schamanischen Formenkreis anzutreffen sind. Warum und wie es so zu einer heilenden Wirkung zu kommen scheint, ist von grossem praktischem Interesse, kann an dieser Stelle aber nicht genauer behandelt werden.

Was der TCM fehlt, das ist eine Wissenschaft der mikroskopischen Strukturen und Prozesse. Die chinesische Kultur zeigte dafür keinerlei Interesse und so blieb dieser Bereich im Dunkeln. Dieses Defizit könnte einer der Gründe dafür sein, dass die westliche Schulmedizin selbst in China der TCM als Therapieform erster Wahl den Rang ablaufen konnte.

(iv) Ebenso wie die TCM nicht mit einigen Hinweisen abgehandelt werden kann, ebenso wenig lässt sich der *Medizin der Schamanen*, die weltweit in den verschiedensten Formen und Ausprägungen praktiziert wird, in einigen Zeilen gerecht werden. Aus einer Vielzahl von erwähnenswerten Elementen seien hier nur die folgenden herausgegriffen: Es kommt auch in der Medizin der Schamanen, ähnlich wie in der TCM, zu Prozessen, in denen die Einheitsbildung zielgerichtet ist und lang andauern kann. Sie wird darüber hinaus häufig nicht nur zwischen zwei Personen – dem Therapeut und dem Patient –, sondern zwischen mehreren Menschen, einer Sippe oder gar einer dörflichen Lebensgemeinschaft aufgebaut. Die Schamanenmedizin geht davon aus, dass die heilende Wirkung von solchen

316 S. Masunaga, W. Ohashi: Das grosse Buch der Heilung durch Shiatsu, 67 f.

Prozessen durch den Einbezug einer grösseren Zahl von Mitmenschen verstärkt werden kann.[317] Und oft werden nicht nur andere Menschen mit einbezogen, sondern auch (Totem-)Tiere und Geister verstorbener Menschen. Im Zusammenhang mit Letzteren kennt der Schamanismus als eines seiner zentralen Elemente die Bezugnahme zu Grenzbereichen menschlicher Existenz. Der Schamane ist ein Wanderer in andere Welten – diejenige der Toten – und muss, um dies tun zu können, lernen, selber bis an die Grenze seiner eigenen Existenz zu gehen.[318] Von der Bedeutung der Grenzbereiche und der Tatsache, dass Leben ohne Einbezug ebendieser Bereiche nicht gedacht werden kann, war im Abschnitt III5b die Rede. Dass Heilung und Gesundheit ausserdem eng mit einer aktiven Auseinandersetzung mit den Grenzen menschlicher Existenz zusammenhängen, war zwar nicht Teil dieser naturphilosophisch ausgerichteten Abhandlung, habe ich aber andernorts behandelt.[319] An dieser Stelle gilt es jedoch darauf hinzuweisen, dass der Schamanismus dieser Tatsache in exemplarischer Art und Weise Rechnung trägt.

(v) Auch *christliche Heilpraktiken* drehen sich im Wesentlichen um die Kontaktnahme des kranken Menschen mit seinen existentiellen Grenzen. Diese Kontaktnahme erfolgt im christlichen Kontext v. a. über das Gebet. Das Besondere am Gebet besteht darin, dass es heute eine ganze Reihe von statistischen Untersuchungen gibt, welche deren therapeutische Wirksamkeit zu belegen scheinen.[320]

Die TCM, das schamanische und auch das christlich-religiöse Heilen haben gemeinsam, dass ihnen der Zugang zu der humoralen und erst recht zur genetisch vermittelten Ebene verschlossen ist. Dasselbe gilt auch für

317 I. R. Kortt: The Shaman as Social Representative in the World Beyond, S. 291 ff.

318 M. Hoppàl: Schamanen und Schamanismus, S. 26; I. R. Kortt: The Shaman as Social Representative in the World Beyond, S. 290 f.

319 P. van Spijk: Was ist Gesundheit – Anthropologische Grundlagen der Medizin, S. 184 ff.

320 RC. Byrd, Positive therapeutic effects of intercessory prayer in a coronary care unit population. WS. Harris: A randomized, controlled trial of the effects of remote, intercessory prayer on outcomes in patients admitted to the coronary unit. S. O'Laoire: An experimental study of the effects of distant, intercessory prayer on self-esteem, anxiety and depression.

alle Methoden, die bis jetzt noch nicht besprochen wurden. Es ist das Spezifikum der westlichen Medizin, diese Systemebenen für die Medizin zugänglich gemacht zu haben. Dies weist ihr eine Sonderstellung innerhalb aller Heilmethoden zu.

(vi) Möglicherweise steht die *Homöopathie* in Bezug auf einen anderen Aspekt einzigartig da: mit ihrem Fokus auf die atomare (oder sogar subatomare) Systemebene. Die homöopathischen Wirksubstanzen können auf der *humoralen* Ebene deshalb keine Wirkung mehr entfalten, weil die Verdünnungen oft derart hoch sind, dass kein einziges Molekül der Wirksubstanz mehr vorhanden ist. So geht die Hypothese dahin, dass im homöopathischen Medikament einzig noch die *Idee* der Wirksubstanz oder des Wirkmoleküls transportiert wird. Das zugeführte Heilmittel stellt so gesehen ein Zeichen dar, welches den kranken Organismus darüber informiert, wie er sein Problem überwinden kann.[321] Bei einer möglichen Heilung ginge es so gesehen darum, den geistigen Pol einer Person mittels der geistigen Dimension von Molekülen günstig zu beeinflussen.

Sicher, diese Hypothese ist umstritten. Doch existieren dazu immerhin seriöse und weltweit beachtete Untersuchungen zur in-vitro-Wirkung von stark verdünnten Wirkstoffen.[322] Auch wenn es sich erweisen sollte, dass es keine spezifische Wirkung durch homöopathische Medikamente gibt und sich die ganze, seit über 200 Jahren immer wieder beschriebene Heilwirkung einzig auf einen Placeboeffekt beschränkt, so stellt sich die Frage, wie sich denn der Placeboeffekt als Teil medizinischer Heilpraxis in das hier beschriebene System einpassen liesse.

Soviel ist sicher: Beim Placeboeffekt spielen stoffliche Substrate keine Rolle. Und trotzdem hat er gerade in der westlichen Schulmedizin, bei welcher sich alles um das Stoffliche dreht, eine überragende Rolle inne. Dies lässt sich daraus ablesen, dass als gegenwärtiger Goldstandart schulmedizinischer, klinischer Forschung das Testen gegenüber einer Placebobehandlung angesehen wird. Dies entbehrt deshalb nicht der Ironie, füh-

321 H.M. Steingassner: Homöopathie verstehen, S. 50ff. H. Richter, M. Haidvogl: Homöopathie für Frauenärzte, S. 10.

322 E. Davenas et al.: Human basophile degranulation triggered by very dilute antiserum against IgE.

len sich doch Forscher, welche solche Studien durchführen, in der Regel dem physikalistischen Monismus verpflichtet. Sie handeln sich damit aber einen performativen Widerspruch ein, d.h. ihr Tun (Einbeziehen der Placebowirkung in die Forschungsarbeit) steht in direktem Widerspruch zu ihrer physikalistisch-monistischen Rede.

Die Placebowirkung ist offenbar, ohne dass hier genauer ins Detail gegangen werden kann, auf einer anderen, nicht-stofflichen, sondern viel eher durch die menschliche Sprache vermittelten Ebene zu suchen. Der immensen Bedeutung der menschlichen Sprache für einen jeden therapeutischen Ansatz soll durch die nachfolgend kurz besprochenen, psychotherapeutischen Heilmethoden Rechnung getragen werden.

(vii) Die *kognitive Verhaltenstherapie* stellt die menschliche Sprache als Vehikel für den Heilungsprozesse mit besonderem Nachdruck in den Mittelpunkt des Interesses. (Es fehlt zwar auch in der westlichen Schulmedizin nicht an Bekenntnissen zur immensen Bedeutung der Sprache. Zentrale Teile medizinischer Praxis heissen denn auch ‚Sprechstunde' oder ‚Sprechzimmer'. Doch wird dies dann als Lippenbekenntnis oder als Nostalgie entlarvt, wenn man darauf achtet, welchen Stellenwert das Sprechen und die Kunst des Gespräche-Führens in der Ausbildung von jungen Ärzten zukommt oder wenn die tarifliche Bewertung von Gesprächen mit derjenigen von technischen Handlungen und Verrichtungen verglichen wird.)

Die kognitive Verhaltenstherapie gibt zum einen auf *verbaler* Ebene sachliche Informationen, wie der Patient ein bestimmtes (gesundheitliches) Problem positiv beeinflussen kann. Zum anderen kommt ein gezieltes Einwirken auf die *neuronale* Ebene hinzu. Es ist dies die Ebene des Einübens von Verhalten, einem Verhalten, das durch eine Autoritätsperson – im gegebenen Fall durch den Therapeuten – vermittelt und gelehrt wird. Es werden dabei neue neuronale Bahnen gelegt, welche es durch regelmässiges Üben zu stärken gilt.[323] Darüber hinaus wird explizit noch eine dritte Systemebene angegangen: die humorale.[324] Menschliches Verhalten – und

323 S. Schneider, M. Jürgen: Lehrbuch der Verhaltenstherapie, S. 150ff.
324 Ibidem, S. 148.

darum geht es ja in der (kognitiven) Verhaltenstherapie explizit – wird durch die Sprache und neuronale Vorgänge geprägt. Doch unterstehen die neuronalen Prozesse ausgeprägten humoralen Einflüssen. Sie sind schon deshalb ohne humorale Vorgänge nicht denkbar, weil an allen Übergängen von Nervenzelle zu Nervenzelle (an allen Synapsen) humorale Wirkstoffe nötig sind. Sollen letztere beeinflusst werden, so wird (neben der schulmedizinischen Einflussnahmen mittels von allopathischen Heilmitteln) versucht, Wege zu finden, diese Ebene mittels, z. T. seit langer Zeit praktizierter Heiltechniken anzugehen. Dazu gehören: Bio-Feedback sowie Yoga- und Meditationstechniken.

(viii) Die *Psychoanalyse* arbeitet neben der eben genannten, sprachvermittelten Ebene auch mit der Tatsache, dass wir als Organismen die vorangegangenen Erlebnisse in uns tragen. Es geht darum, einige besonders wichtige Erlebnisse aus dem herauszulösen, was in der psychoanalytischen Sprache ‚Verdrängung' genannt wird und es wieder zu einem aktiven Teil des Lebens werden zu lassen. Im therapeutischen Kontext können *die* Erlebnisse als besonders wichtig angesehen werden, welche in der Vergangenheit ungenügend in das weitere Werden einer Person integriert wurden und deshalb als eine unabgeschlossene Erfahrung einen anhaltenden Störfaktor darstellen.[325]

(ix) Die Gestalt*therapie* bezeichnet ungenügend integrierte, vergangene Erfahrungen als unabgeschlossene Gestalten. Ich habe in Abschnitt V3c dargelegt, dass die Philosophy of Organism davon ausgeht, dass ein jeder Werdensprozess einer Erfüllung zugeführt wird, dass diese Erfüllung aber unter Umständen dadurch gekennzeichnet sein kann, dass sie durch einen neu anhebenden, zweiten Prozess zu einem nur provisorischen Abschluss kommt. So kann es geschehen, dass der ursprüngliche Prozess später wieder in den Vordergrund rückt und nach einer neuen, umfassenderen Erfüllung zu streben beginnt.

Die Gestalttherapie und die ihr zugrunde liegende Gestalttheorie betont mit anderen und eigenen Begriffen das Werden und zur Erfüllung

325 Siehe dazu P. van Spijk: Was ist Gesundheit, S. 178 ff.

kommen von Lebensprozessen und trifft damit eines der ganz wichtigen Anliegen dieser Arbeit: Leben oszilliert ständig zwischen den beiden Polen von Werden und Sein. Jedes Werden zielt auf einen Zustand, in welchem ein gesetztes Ziel erreicht, ein inneres Bedürfnis befriedigt und ein Wunsch erfüllt werden kann. Ist er erfüllt, beginnt augenblicklich ein neues Werden, ein neuer Prozess.

(x) Das *Rebirthing* arbeitet mit der bereits unter (viii) genannten Tatsache, dass unsere Gegenwart durch die vergangenen Lebensprozesse konstituiert wird. Nun ist es aber so, dass diese Vergangenheit nur zu einem geringen Teil durch Prozesse gebildet wird, welche sich auf der sprachvermittelten Ebene abspielten; das meiste – beispielsweise das Erlebnis der eigenen Geburt – läuft auf Ebenen ab, welche auf neuronal (humoral und z.T. auf noch einfacheren) Ebenen erfolgen.[326] Beim Rebirthing geht es darum, zumindest einen Teil dieser Erlebnisse besser ins gegenwärtige Leben einzufügen, denn es hat sich gezeigt, dass Techniken, die alleine mit der Sprache arbeiten, Mühe haben, Erlebniselemente therapeutisch anzugehen, welche von keiner Sprache, nichtsdestotrotz aber von intensiven negativen affektiven Tönungen begleitet waren.

Es ist die Eigenheit der drei letztgenannten Therapiemethoden, dass sie sich besonders intensiv um die affektiven Tönungen der Patientinnen kümmern. Trauer, Angst, Schmerz, Sympathie und Liebe spielen in diesen Heilmethoden eine zentrale Rolle. Entsprechend der hier vertretenen Theorie tun sie dies zu Recht, stellen affektive Tönungen doch eine grundlegende, nicht mehr weiter hintergehbare Dimension allen Lebens dar. Ich bin der Ansicht, dass eine besonders differenzierte Form von affektiver Tönung – das subjektive Gefühl von Sinn – sogar als eigentlicher Indikator von menschlicher Gesundheit angesehen werden muss.

Wenn mit dieser Zusammenstellung verschiedener Therapiemethoden im Rahmen einer *einheitlichen Theorie* gezeigt werden kann, dass das Desiderat einer umfassenden Medizintheorie einlösbar ist, so gilt es ehrlicherweise auch darauf hinzuweisen, dass es sich mit dem soeben Dargestellten nur

326 G. Minett: Rebirthing, S. 177f.

um einen Anfang handelt und dass darüber hinaus noch ein weiter Weg zu einer *integrativen medizinischen Praxis* zu gehen ist. Wie ein solcher Weg von der hier skizzierten, integrativen Medizintheorie zu einer entsprechenden medizinischen Praxis aussehen könnte, soll einer späteren Arbeit vorbehalten bleiben.

Glossar

aE/aO	Akronym für: actual Entity/actual Occasion. (Synonyme: wirkliche Entität, wirkliches Ereignis, actual entity, actual occasion, final reality, res vera) Atome unserer Welt. aE/aO bestehen (1) aus dem physischen Pol (→), (2) dem geistige Pol (→), (3) den affektiven Tönungen (→). Die Ordnung einer aE/aO wird mittels eines oder mehrerer Codes (→) geschaffen bzw. aufrechterhalten.
Affektive Tönung	(Synonyme: ‚subjektive Form', privater Sachverhalt, Quale) Sie zeigt an, *wie* ein Subjekt Erfasstes fühlt.
Antigen (Ag)	(engl. für Antibody generating); in der Immunologie gebräuchlicher Begriff für Stoffe, an die sich Antikörper (→) und bestimmte weisse Blutkörperchen (sog. Lymphozyten) spezifisch binden und danach eine sog. Immunantwort auslösen können. Der Begriff Antigen ist operativer Art. Lymphozyten können gegen alle möglichen Stoffe und, wenn letztere auf Bakterien oder anderen Lebewesen sitzen, auch gegen diese Lebewesen Antikörper bilden.
Antikörper (Ak)	Antikörper (Immunglobuline) sind Proteine (Eiweisse), die in Wirbeltieren als Reaktion auf bestimmte eingedrungene Fremdstoffe, sog. Antigene (→), gebildet werden. Sie dienen der Abwehr dieser Fremdstoffe.
Argument	Durch Sprache vermittelte Folgerung (→).
Aussage	Verbindung einer Idee oder reinen Potentialität (→) mit einem Nexus (→). Dabei wird die in einer A. enthaltene Idee das Prädikat genannt; der die Idee transportierende Nexus (→) ist das logische Subjekt. Aussagen bezeichnen Objekte (A. erster Ordnung) oder andere Aussagen (A. zweiter Ordnung oder Folgerungen (→)). A. wird hier als Synonym für ‚Proposition' verwendet. Dies entspricht einer expliziten Bezugnahme auf Whitehead und setzt sich von einem Grossteil der gegenwärtigen Literatur ab.
Aussagensystem	s. Code
Bedeutung	Wenn die Idee (→) einer Aussage (→) von einer aE/aO (→) (positiv) erfasst werden kann, so hat die betreffende Aussage für diese bestimmte aE/aO eine B. (s. auch ‚geometrischer Ort').
Bedeutungsträger	s. logisches Subjekt

Begriffliche Umkehrung	Adaptationsweise eines Lebewesens, welche mittels neu eingebrachter innerer Kontraste – d. h. mittels einer neuen Idee (→) – das positive Erfassen einer aE/aO (→) oder eines Nexus (→) möglich macht.
Bewusstsein	Subjektive Form(→), welche sich daraus ergibt, dass eine aE/aO (→) erfasste Aussagen (→) nicht in Einklang mit den (in Form von Erinnerungen) schon vorhandenen Aussagen zu bringen vermag.
Chiralität	Chiralität (griechisch, Händigkeit) bezeichnet eine räumliche Anordnung von Atomen in Molekülen, bei denen die Spiegelung an einer Molekülebene nicht zu einer Selbstabbildung führt. Chiralität wird gewöhnlich anhand von Handschuhen anschaulich gemacht. In beiden Fällen muss die Symmetrieachse *ausserhalb* des Handschuhs gesucht werden. Jeder Handschuh entspricht einem sog. Enantiomer (→), das in einer sog. L- (links) oder einer D- (rechts) Form vorkommt.
Code	Zusammenhängendes System von Aussagen (→). Cs. werden in sog. herrschenden Gesellschaften hervorgebracht. Beim neuronalen C. ist dies das ZNS, beim humoralen sind es Drüsen, beim genetischen C. ist es der Zellkern und bei den Atomen sind es die Protonen.
Eintreten	Zusammenwachsen einer Idee mit einer im Werden begriffenen aE/aO(→).
Emergenz	Auftauchen von neuen Eigenschaften im Laufe von Prozessen, wobei diese Eigenschaften weder den eingebundenen Elementen zukommen noch einer Summation dieser Elemente geschuldet sind.
Empfinden	s. Fühlen
Enantiomer	s. Chiralität
Enzym	Molekül, in dessen Präsenz molekulare (biochemische) Prozesse beschleunigt ablaufen.
Erfassen (engl. prehension)	Lässt sich in *positives* E. (= Fühlen oder Fühlung (→)) und *negatives* E. (= Abweisen) unterscheiden. Bei Letzterem wird die in einem Datum enthaltene Idee nicht erfasst (abgewiesen). Beim *reaktiven* E. werden die erfassten Daten vom der erfassenden aE/aO (→) unverändert in das weitere Werden integriert. Beim *ergänzende* E. steuert die erfassende aE/aO (→) zusätzliche Ideen bei, mit welchen das Erfasste so verändert und ergänzt wird, dass es in Einklang mit schon Vorhandenem gebracht werden kann. *Vorrangiges* E. meint, dass eine aE/aO 2 eine zuvor zur Erfüllung gelangte aE/aO 1 (praktisch) vollständig erfasst. Damit vorrangiges E möglich ist, müssen sich untergeordnete Gesellschaften von

	aE/aO 1 immer noch in einem Konkretisierungsprozess befinden, währendem der Prozess auf der obersten hierarchischen Stufe zur Erfüllung (→) gelangt ist. Durch vorrangiges E. entsteht Kontinuität und Beständigkeit in einer Welt ständiger Prozesse. *Hybrides* E. meint, dass auch die in den erfassten aE/aO enthaltenen Ideen miterfasst werden.
Erfüllung	Zu Ende kommen eines Prozesses; dies fällt immer mit dem ans Ziel kommen einer aE/aO (→) zusammen. Die E. bezeichnet den Punkt in der Entwicklung einer aE/aO (→), an welchem die aO (actual Occasion oder aktuales Ereignis) zur aE (aktualen Entität) wird.
Erkenntniskategorie	Grundbegriff oder Ordnungsbegriff, der sich auf andere Begriffe bezieht, d. h. dessen Objekt ein anderer Begriff ist.
Folgerung	(Synonym: Schluss, Urteil) Fen beurteilen Aussagen (→), sie sind Aussagen von Aussagen (Aussagen zweiter Ordnung).
Fühlen (engl. feeling; ‚feeling' wird z. T. mit ‚Empfinden' übersetzt, was zu Verwirrung führen kann)	(Synonym: Fühlung, positives Erfassen). Erfassen eines Objekts (d. h. einer aE/aO oder eines Nexus) von dem das sog. *negative* Erfassen (→) ausgenommen ist.
Gedächtnis	Weiterwirken von vergangenen Erfahrungen auf das gegenwärtige Erleben und Handeln.
Gegenstand	s. Nexus (grosszahliger)
Geistiger Pol	Teil der aE/aO (→), welcher die Gesamtheit der Ideen (→) und subjektiven Formen (→) enthält. Es handelt sich um eine sog. Erkenntniskategorie (→). Kann auch als ‚Seele' bezeichnet werden.
Gen	Abschnitt auf der Desoxyribonukleinsäure (DNA), der die Grundinformationen zur Herstellung von jeweils einem stoffwechselaktiven Zellbestandteil enthält.
Genetische Assimilation	Genetische Fixierung einer adaptiven Antwort eines Organismus (→) auf Umweltveränderungen. Der Mechanismus der g. A. ist bis jetzt nur in Bruchstücken verstanden.
Genom	Gesamtheit der genetischen Ausstattung einer bestimmten Art von Lebewesen (→).
Genotyp	Gesamtheit der genetischen Ausstattung eines einzelnen Individuums
Geometrischer Ort	Bezeichnet alle aE/aO (→), welche die Idee einer Aussage (→) zu erfassen vermögen. Für alle aE/aO, welche für eine Aussage g. O. sind, erhält diese eine *Bedeutung*. Bedeutung soll nicht mit Sinn (→) gleichgesetzt werden.

Gesellschaft	(Synonym: System) Mittels eines Codes (→) geordnete Vielheit
Gestaltbildung	s. Erfüllung
Gott	G. ist im hier vorgestellten Theorierahmen die umfassende Wertung (→) aller Ideen (→). G. teilt mit allen anderen aE/aO (→), deren Doppelnatur, Entität (Urnatur) *und* Prozess (Folgenatur) zu sein. Als Folgenatur erfasst G. die Reaktion der Welt auf die Konkretisierung seiner Ideen.
Herrschende Gesellschaft	s. Code
Ich	Symbol (→), bei welchem das bezeichnete Objekt und der Interpret (→) in ein und derselben aE/aO (→) zusammenfallen. Es entsteht so eine rekursive Schlaufe, in welcher die betreffende aE/aO in ihrer Doppelrolle eine innere Differenzierung, Grenze oder Zweiteilung schafft, welche dem Menschen eigen ist.
Ikon	(Synonyme: Ähnlichkeit, Bild) Zeichen (→), welches dem bezeichneten Objekt ähnelt. Das in ihm enthaltene logische Subjekt (→) ruft dieselbe Idee wach, welche das Objekt selber mit sich trägt, indem es das Objekt physisch kopiert. Es bietet sich durch diese Ähnlichkeit als Ersatz an.
Idee	(Synonyme: zeitloser Gegenstand, eternal object, reine Potentialität, reine Möglichkeit) Der Begriff der I. wird hier im Wesentlichen so verwendet, wie dies bei Platon der Fall ist. Die I. ist insbesondere von Begriffen wie ‚Einfall' ‚Vorstellung' oder ‚inneres (subjektives) Bild' abzugrenzen. Die I. steht für die grundlegende, nicht weiter bestimmbare Kategorie, welche das bezeichnet, was innerhalb einer werdenden aE/aO mit physisch Erfasstem (→) zusammenwächst (lat. concrescere), dabei dem physischen Pol (→) Ziel und Ausrichtung des Werdens vorgibt und so eine neue, aktuale oder ‚concrete' aE/aO (→) entstehen lässt. Die Ordnung der Ideen machen die Urnatur Gottes aus (→ Gott).
Index	(Synonym: Indikator); Zeichen (→), das existenziell so mit seinem Objekt verbunden ist, dass es den Interpreten dazu zwingt, seine Aufmerksamkeit auf das indizierte Objekt zu richten. Ein Index wird typischerweise verstanden, ohne dass ein Vorwissen über seine Bedeutung bestehen muss. Prototyp eines Index stellt der auf ein Objekt weisende menschliche Zeigefinger (lat. ‚index') dar.
Interpret	Drittes Glied in der dreistelligen Zeichenrelation (Objekt – Zeichen – Interpret). Der I. wird durch das Zeichen so in eine Relation zum bezeichneten Objekt gebracht, dass sich sein Verhältnis zum Objekt demjenigen des Zeichens angleicht und der I. dadurch selber zu einem Zeichen wird.

Kategoriale Verbindlichkeit	Regeln der Beziehungen, welche die grundlegenden Kategorien alles Seienden (sog. Kategorien der Existenz) miteinander unterhalten.
Konvergenz	K. bezeichnet das Vorhandensein von bauplanähnlichen Organen gleicher Funktion in stammesgeschichtlich unterschiedlichen Entwicklungsstadien.
Kreativität	In der Philosophie Whiteheads elementarer Begriff von höchster Allgemeinheit, auf dem Wirklichkeit basiert. K. kann nicht charakterisiert werden, da alle Eigenschaften spezieller sind als sie. Sie bildet zusammen mit dem Einen und dem Vielen die ‚Kategorie des Elementaren' (engl. Category of the Ultimate).
Lebewesen	Komplexe Organismen (→) oder komplexe aE/aO (→), insbesondere Zellen, Pflanzen, Tiere und Menschen. Atome sind einfache Organismen.
Logisches Subjekt	(Synonym: Bedeutungsträger) L. S. ist ein Nexus, welcher in eine bestimmte Ordnung gebracht, die Idee (→) eines Zeichens zum Ausdruck bringt.
Lysosom	Zellorganellen, die fähig sind, zelleigene und zellfremde Materialien (z. B. Bakterien und Viren) chemisch abzubauen, zu verdauen oder zu assimilieren.
Morula	Entwicklungsstadium der frühen Embryogenese mehrzelliger Lebewesen. Es handelt sich um einen kugeligen Zellhaufen, der nach den ersten Teilungen aus dem befruchteten Einhervorgeht.
Naturalismus	Erkenntnistheoretische Grundposition, die häufig mit dem Physikalismus (→) gleichgesetzt wird. Im hier vorgestellten Theorierahmen lässt sich die Natur durch die Physik nicht vollständig beschreiben.
Naturgesetz	Prozessregularitäten im Bereich grosszahliger Nexūs (→). Die Einfachheit letzterer und die Gleichförmigkeit der daraus resultierenden Prozesse macht ihr Werden voraussehbar und berechenbar.
Neodarwinismus	(Synonym: synthetische Evolutionstheorie) bezeichnet die Erweiterung der Evolutionstheorie Darwins durch Erkenntnisse aus der Genetik, der Populationsbiologie, der Paläontologie und Botanik. Diese Elemente waren zur Zeit Darwins weitgehend unbekannt und fehlten in seiner ursprünglichen Evolutionstheorie.
Nexus	(pl. Nexūs) Vielheit sich wechselseitig objektivierender (→) aE/aO (→). In einem N. finden sich im Gegensatz zu einer Gesellschaft (→) nur ganz wenige identitätsbildende Ideen (→), welche für das Gemeinsame aller beteiligten Elemente stehen. Im Extremfall kann dies nur eine einzige Idee, diejenige des Raums sein. *Grosszahlige* Nexūs werden gemeinhin als ‚Gegenstände' oder ‚Dinge' bezeichnet. Prozesse von grosszahligen Nexūs folgen sog. Naturgesetzen (→).

Objektivierung	Beitrag einer aE/aO (→) in der Selbsterschaffung einer anderen aE/aO.
Organismus	Ein O. stellt eine Gesellschaft von aE/aO (→) dar.
Panlogismus	Philosophisch-metaphysische Position, die davon ausgeht, dass allem eine geistige Dimension zukommt.
Panpsychismus	Philosophisch-metaphysische Position, die davon ausgeht, dass allem eine (ggf. auch nur sehr einfach geartete) psychische Dimension zukommt.
Panvitalismus	Philosophisch-metaphysische Position, die davon ausgeht, dass allem Leben zukommt.
Phänotyp	(Synonym: Erscheinungsbild); es handelt sich um die Gesamtheit aller Erscheinungsmerkmale eines Individuums.
Physikalismus	Erkenntnistheoretische Position, welche davon ausgeht, dass sich alle Phänomene in letzter Instanz auf physikalische Phänomene reduzieren lassen.
Physische Daten	(Synonym: konkrete Tatsachen des Bezogenseins), p. D. bezeichnen die Tatsache, dass alles, was existiert, im Laufe von kausal bedingten Prozessen aus Vorangegangenem mitentstanden ist.
Physischer Pol	Teil einer aE/aO (→), der alle deren physische Daten (→) und subjektiven Formen (→) enthält. Es handelt sich um eine sog. Erkenntniskategorie (→).
Prädikat	s. Aussage
Privater Sachverhalt	s. affektive Tönung
Psyche	s. geistiger Pol
Realität	Summe der aktualen Welt alle (aE/aO) (→) und der Sphäre der (reinen) Potentialitäten (→)
Qualizeichen	(Synonym: Wandler) Zeichen, welches für einen Aspekt oder eine Qualität einer Vielzahl von erfassten Objekten (Nexūs) steht (z. B. Farbe, Farbmuster oder Umgebungstemperatur).
Seele	s. geistiger Pol
Seinskategorie	Grundbegriff oder Ordnungsbegriff, der sich auf aE/aO, Vielheiten (Nexūs (→) oder Gesellschaften (→)) bezieht.
Selbst	s. Selbstgefühl
Selbstgefühl	Affektive Tönung (→), welche sich als das subjektive Gefühl von Identität innerhalb von Zeit und Raum ausdrückt. Sie ist Folge vorrangigen Erfassens seriell (und geflechtartig) hintereinander geschalter Prozesse. Das sprachvermittelte Selbstgefühl beim Menschen wird von einem speziellen Symbol (→) begleitet, nämlich dem Wort ‚Ich‘ (→).

Sinn	Affektive Tönung (→) oder subjektive Form (→), welche sich dann einstellt, wenn Menschen ihre Begrenzungen in ihr weiteres Werden integrieren.
Sozietät	Gesellschaft (→), welche durch die ordnende Macht des spezifisch menschlichen Sprachcodes gebildet wird.
Sprache	Neuronal vermittelter Code (→), mit welchem Tiere und Menschen in eine soziale Ordnung eingebunden werden. S. ist in der Regel akustisch vermittelt, kann sich aber auch auf visuellen (z. B. beim Bienentanz, Gebärdensprache etc.), taktilen (Kneifen, Streicheln etc.) oder olfaktorischen (Duftmarken etc.) Kanälen ereignen. Die spezifisch menschliche S. unterscheidet sich von der tierischen durch ihre hohe Komplexität, durch die grosse Zahl verschiedener Zeichen (→), das Vorhandensein von graphischen Zeichen und das rückbezügliche Symbol (→) ‚Ich' (→).
Subjektive Form	s. affektive Tönung
Superposition	Darstellung einer aE/aO (→) in der Einheit ihres Werdens (‚Konkretisierung' genannt). In den einfachen Fällen von Quantenobjekten spielt sich dieses Werden in Form sich überlagernder Wellen ab.
Symbol	Zeichen (→), das seinen Bezug zum bezeichneten Objekt durch eine Ermächtigung der Gesellschaft (→), in welcher das Symbol seinen geometrischen Ort (→) hat, zugeteilt bekommt; d. h. es ist eine durch Konventionen festgelegte Bedeutung, welche sich – anders als beim Ikon (→) oder beim Index (→) – *nicht* direkt vom Zeichen ableiten lässt.
System	s. Gesellschaft
Umwandlung	s. Wandlung
Urteil	s. Folgerung
Vernunft	Der dem Menschen typische, d. h. hoch differenzierte Umgang mit Zeichen (→) und speziell mit Symbolen (→).
Verschränkung	Eine V. liegt dann vor, wenn sich der Gesamtzustand eines zusammengesetzten Systems nicht durch die Zustände seiner Teilsysteme bestimmen lässt. Innerhalb einer V. können keine einzelnen Teile beschrieben werden. Im hier vorgestellten Theorierahmen wird die V. als Einheit konzeptualisiert.
Verstand	Zeichengebrauch, der ohne die komplexe Symbolik der menschlichen Sprache auskommt (keine selbstreflexive Symbolik, d. h. kein Gebrauch des Symbols (→) ‚Ich' (→), keine graphischen Zeichen (→).

Wandlung (engl. transmutation)	(Synonyme: Term, Begriff, Rheme, Rhema) Gemeinsames Erfassen einer sehr grossen Zahl von Elementen eines Nexus (→) ausschliesslich unter dem Aspekt einer einzelnen Idee (→).
Wertung	Subjektive Form (→), welche eine neu erfasste Idee (→) in die Reihe anderer (bereits erfasster) Ideen einordnet. Eine W. gibt auch das Mass für die Wichtigkeit ab, welche dieser Idee im weiteren Werden einer aE/aO (→) eingeräumt wird. Dient eine Idee einem gesetzten Ziel, so wird sie auf-, sonst abgewertet.
Zeichen	Alles, was in einer solchen Beziehung zu einem Objekt steht, dass es fähig ist, einen Interpreten (→) dahingehend zu formen, dass letzterer in derselben Relation auf das Objekt zu stehen kommt, wie das Zeichen selbst. Z. transportieren Ideen (→).
Zeichen, natürliches	Physisch erfasste Daten (→), denen durch die erfassenden Lebewesen (→) eine Bedeutung verliehen wird.
Zeichen, intentionales	Von einem Lebewesen (→) intentional, d. h. in kommunikativer Absicht hervorgebrachtes Zeichen. Alle in Codes (→) vorkommenden Z. sind intentional.
Zeichen-Token	(Synonyme: Sinzeichen, Replika) Individuelles, in Bezug auf sein zeitliches und räumliches Vorkommen eindeutig bestimmtes Zeichen. Es bezieht sich auf ein Objekt oder eine Klasse von Objekten.
Zeichen-Typ	(Synonym: Legizeichen) Zeichen, welches sich auf andere Zeichen bezieht.

Literaturverzeichnis

Alberts Bruce: Molekularbiologie der Zelle. VCH-Verlags-Gesellschaft; Veinheim, 1995.

Aristoteles: Aristoteles Schriften in 6 Bänden. Felix Meiner Verlag; Hamburg 1995.

Audretsch Jürgen: Verschränkte Welt – Faszination der Quanten. Wiley-VCH Verlag; Weinheim, 2002.

Austin John A. et al.: The efficacy of distant healing': A systematic review of randomized trials. Ann Intern Med./Vol. 132: p. 903–910, 2000.

Augustinus Aurelius: Bekenntnisse. Artemis Verlag, Zürich 1950.

Beckermann Ansgar: Analytische Einführung in die Philosophie des Geistes. Walter de Gruyter; Berlin, 2000.

Behe Michael J.: Darwins Black Box, biochemische Einwände gegen die Evolutionstheorie. Resch Verlag; Gräfelfing, 2007.

Belayev Dmitry Konstantinovich et al.: Inherited Activation-Inactivation of the Star Gene in Foxes. Journal of Heredity, 1981, S. 267–274.

Beresford-Cooke Carola: Shiatsu – Grundlagen und Praxis. Urban & Fischer; München, Jena, 2003.

Bergson Henri: Schöpferische Entwicklung. Eugen Dietrichs; Jena, 1921 (1907).

Bertalanffy Ludwig von: … aber vom Menschen wissen wir nichts. Econ Verlag; Düsseldorf, Wien, 1970 (1967).

Bieri Peter: Analytische Philosophie des Geistes. Verlag Anton Hain; Königstein, 1981.

Bieri Peter: Was bleibt von der analytischen Philosophie? Deutsche Zeitschrift für Philosophie; 55/3, 2007.

Bleck-Neuhaus Jörn: Elementare Teilchen – Moderne Physik von den Atomen bis zum Standard Modell. Springer Verlag; Heidelberg, 2010.

Bohm David: Time, the implicate Order, and Pre-Space, in Physics and the Ultimate Significance of Time. State University of New York Press; Albany, 1986.

Bregant Janez: The Limits of functional Reduction. Synthesis Philosophica; Vol. 43, S. 219–229, 2007.

Brüntrup Godehard: Physikalismus und evolutionäre Erklärungen in Knaup Marcus, Müller Tobias, Spät Patrick (Hrsg.): Post-Physikalismus. Verlag Karl Alber; Freiburg i. Br., 2011.

Bruss Dagmar: Quanteninformation. Fischer Taschenbuch Verlag, Frankfurt a. M., 2003.

Buddecke Eckhart: Grundriss der Biochemie. Walter De Gruyter; Berlin, 1994.

Byrd Randolph C.: Positive therapeutic effects of intercessory prayer in a coronary care unit population. South Med J./Vol. 81: p. 1405, 1988.

Campbell Neil A.: Biologie. Pearson Studium; München, 2009.

Canguilhem Georges: Das Normale und das Pathologische. Carl Hanser Verlag; München 1974.

Carrier Martin: Menschliches Verhalten und psychologische Gesetze. Philosophia naturalis; Band 37, 2000, S. 375–383.

Cartwright Nancy: Warum Physik? In Penrose Roger: Das Grosse, das Kleien und der menschliche Geist. Spektrum Akademischer Verlag; Heidelberg und Berlin, 2002 (1997).

Cartwright Nancy: Die Wahrheit erklärt nicht viel in Hampe Michael (Hrsg.): Naturgesetze. Mentis Verlag; Paderborn, 2005.

Christen Hans Rudolf: Chemie. Sauerländer AG; Aarau, 1969.

Churchland Paul, M.: Die Seelenmaschine – Eine philosophische Reise ins Gehirn. Spektrum Akademischer; Heidelberg und Berlin, 2002 (1997).

Collini Elisabetta et al.: Coherently wired light-harvesting in photosynthetic marine algae at ambient temperature. Nature; Vol. 463, S. 644–648, 2010.

Collins Graham P.: Das kälteste Gas im Universum, in Spektrum der Wissenschaft (Dossier): Vom Quant zum Kosmos. 01, 2003.

Damodarakurup Sajeev et al.: Bang-bang decoupling used in quantum optics for the first time. Spie Newsroom 10.1117/2.1200904.1550 (<http://spie.org/x34707.xml?Article ID=x34707>).

Darwin Charles: Über die Entstehung der Arten durch natürliche Zuchtwahl. Wissenschaftliche Buchgesellschaft; Darmstadt, 1992 (1859).

Davenas Elisabeth et al.: Human basophile degranulation triggered by very dilute antiserum against IgE. Nature, Band 333, 1988.

Davidson Donald: Mentale Ereignisse in Bieri Peter: Analytische Philosophie des Geistes. Beltz Verlag; Weinheim und Basel, 2007.

Dawkins Richard: Der blinde Uhrmacher: ein Plädoyer für den Darwinismus. Kindler Verlag; München, 1987.

Dawkins Richard: What was all the Fuss about. Nature; Vol. 316, S. 683–684, 1985.

Dawkins Richard: Das egoistische Gen. Spectrum Akademischer Verlag; Heidelberg, 2007 (1976).

De Duve Christian: Ursprung des Lebens. Spectrum Akademischer Verlag; Heidelberg,1994.

Dennet Daniel: Philosophie des menschlichen Bewusstseins. Hoffmann & Campe; Hamburg, 1994.

Dürr Hans-Peter: Unbelebte und belebte Materie: Ordnungsstrukturen immaterieller Beziehungen. Physikalische Wurzeln des Lebens in: Dürr Hans-Peter, Popp Fritz-Albert, Schommers Wolfram: Elemente des Lebens – Philosophische Positionen. Die Graue Edition; Kusterdingen, 2000.

Duhem Pierre: Das Physikalische Gesetz in Hampe Michael: Naturgesetze. Mentis Verlag; Paderborn, 2005.

Eccles John. Das Gehirn des Menschen. Seehamer Verlag; Wyarn, 2000.

Eckhart: Meister Eckharts Predigten (Übers. Quint J.). W. Kohlhammer Verlag; Stuttgart, 1971.

Eichelbeck Reinhard: Alle Farben des Regenbogens in einem Wurm oder: Was ist Leben? in Dürr Hans-Peter, Popp Fritz-Albert, Schommers Wolfram: Elemente des Lebens – Philosophische Positionen. Die Graue Edition; Kusterdingen, 2000.

Eigen Manfred: Stufen zum Leben. Piper; München, 1987.

Einstein Albert, Podolsky Boris, Rosen Nathan: Can Quantum-Mechanical Description of Physical Reality be considered to be complete? Physical Review; Vol. 47, 1935.

Emoto Masaru: Wasserkristalle: Was das Wasser zu sagen hat. KOHA-Verlag; Burgrain, 2002.

Engel Gregory S. et al.: Evidence for Wavelike energy transfer through quantum coherence in photosynthetic systems. Nature; Vol. 446, S. 782–786, 2007.

Erwin Douglas, H. Macroevolution is more than repeated rounds of microevolution. Evolution & Development 2:2, S. 78–84, 2000.

Esfeld Michael: Einführung in die Naturphilosophie. Wissenschaftliche Buchgesellschaft; Darmstadt, 2002.

Esfeld Michael: Naturphilosophie als Metaphysik der Natur. Suhrkamp Taschenbuch; Frankfurt a. M.; 2008.

Esfeld Michael: Causal Properties and conservative Reduction. Philosophia naturalis, Vol. 47–48, S. 10–31, 2010/11.

Facchi Paolo et al.: Unification of dynamical decoupling and quantum Zeno effect. Physical Review; Bd 69 032314-1 bis 6, 2004.

Faller Adolf: Der Körper des Menschen. DTV; Stuttgart, 1976.

Felt James W.: Transmutation and Whiteheads Elephant in: Hotz Harald und Wolf-Gazo Ernest: Whitehead und der Prozessbegriff. Verlag Karl Alber; Freiburg, 1984.

Fetz Reto Luzius: Whitehead: Prozessdenken und Substanzmetaphysik. Verlag Karl Alber; Freiburg, 1981.

Feyerabend Paul: Mentale Ereignisse und das Gehirn, in: Bieri Peter (Hrsg.): Analytische Philosophie des Geistes. Neue Wissenschaftliche Bibliothek; Athenäum, 1993.

Fodor Jerry A., Piattelli-Palmarini Massimo: What Darwin got wrong. Profile Books; London, 2010.

Frister Thomas: Alfred North Whiteheads Prozessphilosophie und die Gestalttherapie – ein Integrationsversuch. <www.einreden.de> Stuttgart, 2004.

Galin David: Untangling „Self," „Person," and „I" in: Riffert Franz G.; Weber Michael: Searching for New Contrasts. Peter Lang; Frankfurt a. M., 2003.

Gilbert Scott F.: Developmental Biology. Sinauer Associates; Sunderland, 2010 und <http://9e.devbio.com/>.

Gloy Karen: Das Verständnis der Natur II – Die Geschichte des ganzheitlichen Denkens. Verlag C. H. Beck; München, 1996.

Gloy Karen: Geschichte der Zeit. Wilhelm Fink; München, 2008.

Gould James und Grant Gould Carol: Bewusstsein bei Tieren. Spektrum Akademischer Verlag; Heidelberg, Berlin, Oxford, 1997 (1994).

Graw Jochen: Genetik. Springer Verlag; Berlin, 2006.

Greenberg Daniel et al. (Hrsg): Compendium of Quantum Physics – Concepts, Experiments, History and Philosophy. Springer Verlag; Dordrecht, 2009.

Griffin Donald: Wie Tiere denken – Ein Vorstoss ins Bewusstsein der Tiere BLV Verlagsgesellschaft; München, Wien, Zürich, 1985 (1984).

Grimm Doris: Chemie. Deutscher Apotheker Verlag; Stuttgart, 2003.

Haeckel Ernst: Kunstformen der Natur. Marix-Verlag; Wiesbaden, 2004 (1904).

Hättich Frank: Whitehead's Process Philosophy and Quantum Field Theory. Agenda Verlag; Münster, 2004.

Hammeroff Stuart: Consciousness, Whitehead and Quantum Computation in the Brain in: Riffert Fran G.; Weber Michael: Searching for New Contrasts. Peter Lang; Frankfurt a. M., 2003.

Hampe Michael: Die Wahrnehmung der Organismen. Vandenhoeck & Ruprecht; Göttingen, 1990.

Hampe Michael, Maassen Helmut (Hrsg): Prozess, Gefühl und Raum-Zeit, Suhrkamp Taschenbuch; Frankfurt a. M., 1991.

Harris William S.: A randomized, controlled trial of the effects of remote, intercessory prayer on outcomes in patients admitted to the coronary unit. Arch Intern Med/ Vol. 159: p. 2273–2278, 1999.

Hartmann Nicolai: Der Aufbau der realen Welt. Walter de Gruyter & Co.; Berlin, 1964 (1939).

Hartmann Nicolai: Grundzüge einer Metaphysik der Erkenntnis: Walter de Gruyter & Co.; Berlin, 1965 (1921).

Hartmann Nicolai: Philosophie der Natur. Walter de Gruyter & Co; Berlin, 1950.

Hartmann Nicolai Die Erkenntnis im Licht der Ontologie in: Hartmann Nicolai: Kleinere Schriften. Walter de Gruyter & Co.; Berlin, 1965 (1921).

Hastedt Heiner: Das Leib-Seele Problem. Suhrkamp Verlag; Frankfurt a. M., 1988.

Hegel G.W.F.: Phänomenologie des Geistes. Suhrkamp Taschenbuch; Frankfurt a. M.,1986 (1807).

Hegel Georg W. F.: Enzyklopädie der philosophischen Wissenschaften. Suhrkamp Taschenbuch; Frankfurt a. M., 1986 (1817–1830).

Heisenberg Werner: Physik und Philosophie. Ullstein Verlag; Ulm 1959.

Heusser Peter: Anthroposophische Medizin und Wissenschaft – Beiträge zu einer integrativen Medizinischen Anthropologie. Schattauer; Stuttgart, 2011.

Hösle Vittorio: Die Krise der Gegenwart und die Verantwortung der Philosophie. Beck'sche Reihe; München 1997 (1990).

Hoyle Fred, Burbidge Geoffrey, Narkikar Jayant: A different Approach to Cosmology – Form a static Universe through the Big Bang towards Reality. Cambridge University Press; Cambridge, 2000.

Hume David: Ein Traktat über die menschliche Natur. Felix Meiner Verlag. Hamburg, 1978 (1739/49).

Hume David: Eine Untersuchung über den menschlichen Verstand. Reclam; Stuttgart, 2006 (1748).

Ingold Gert-Ludwig: Quantentheorie – Grundlagen der modernen Physik. Verlag C. H. Beck; München, 2002.

Jablonka Eva, Gal Raz: Transgenerational epigenetic Inheritance: Prevalence, Mechanism and Implications for the Study of Heredity and Evolution. The Quarterly Review of Biology; Vol. 84/2, 2009.

Jablonka Eva, Lamb Marion J.: Evolution in four Dimensions. The MIT PressCambridge, London, 2005.

James William: Der Pragmatismus. Felix Meiner Verlag; Hamburg, 1994 (1907).
Jaspers Karl: Was ist der Mensch. Piper; München, Zürich, 2000.
Jeltsch A.: Beyond Watson and Crick: DNA Methylation and molecular Enzymology of DNA Methyltransferases. Chembiochem; 2;3(4): 274–293, 2002.
Jonas Hans: Materie, Geist und Schöpfung. Suhrkamp Taschenbuch; Frankfurt a. M., 1988.
Jonas Hans: Das Prinzip Leben. Suhrkamp Taschenbuch; Frankfurt a. M., 1997 (1973).
Junker Reinhard, Scherer Siegfried: Evolution – Ein kritisches Lehrbuch. Weyel Lehrmittelverlag; Giessen, 2006.
Kant Immanuel: Kritik der Urteilskraft. Reclam; Stuttgart, 1981 (1790).
Kather Regine: Was ist Leben? Philosophische Positionen und Perspektiven. Wissenschaftliche Buchgesellschaft; Stuttgart, 2003.
Kather Regine: Die Wiederentdeckung der Natur – Naturphilosophische Zeichen der ökologischen Krise. Wissenschaftliche Buchgesellschaft; Stuttgart, 2012.
Kegel Bernhard: Epigenetik – Wie Erfahrungen vererbt werden. DuMont Buchverlag; Köln, 2009.
Kiontke Siegfried: Physik biologischer Systeme. UnderConstruction; München, 2006.
Kobusch Theo, Mojsisch Burkhard (Hrsg.): Platon – Seine Dialoge in der Sicht neuer Forschungen. Wissenschaftliche Buchgesellschaft; Darmstadt, 1996.
Köchy Kristian: Ganzheit und Wissenschaft – Das historische Fallbeispiel der romantischen Naturforschung. Königshausen & Neumann, Würzburg 1997.
Köchy Kristina: Perspektiven des Organischen – Biophilosophie zwischen Natur- und Wissenschaftsphilosophie. F. Schöningh; Paderborn, 2003.
Klose Joachim: Die Struktur der Zeit in der Philosophie Alfred North Whiteheads. Verlag Karl Alber; Freiburg / München, 2002.
Kortt Ivan R.: The Shaman as Social Representative in the World Beyond in Hoppàl Mihàly: Shamanism in Eurasia. Edition herodot; Göttingen, 1984.
Koutroufinis Spyridon: Die innerer Seite des Organismus – zur Idee des Panprotopsychismus in Knaup Marcus, Müller Tobias, Spät Patrick (Hrsg.): Post-Physikalismus. Verlag Karl Alber, Freiburg im Breisgau, 2011.
Kronfeldner Maria E.: Meme, Meme, Meme: Darwins Erben und die Kultur. Philosophia naturalis; Vol. 46/1: 36–60, 2009.
Krohs Ulrich, Toepfer Georg: Philosophie der Biologie. Suhrkamp; Frankfurt a. M., 2005.
Küppers Bernd-Olaf: Der Ursprung biologischer Information – Zur Naturphilosophie der Lebensentstehung. Piper; München, 1986.
Leclerc Ivor: Process and Order in Nature in: Holz Harald und Wolf-Gazo Ernest, Hrsg.: Whitehead und der Prozessbegriff. Verlag Karl Alber; Freiburg und München, 1984.
Lee Hohjai et al.: Coherence in Dynamics in Photosynthesis: Protein Protection of Excitonic Coherence. Science; Vol. 316, S. 1462–1465, 2007.
Leibbrand Werner: Romantische Medizin. H. Goverts Verlag, Hamburg / Leibzig, 1937.
Leibniz Gottfried Wilhelm: Monadologie. Verlag von Felix Meiner; Hamburg, 1982 (1720).
Leibniz Gottfried Wilhelm: Neue Abhandlung über den menschlichen Verstand. Felix Meiner Verlag; Hamburg,1996 (1765).
Liske Michael-Thomas: Gottfried Wilhelm Leibniz. Verlag C. H. Beck; München, 2000.

Löffler Georg: Basiswissen Biochemie. Springer Verlag; Berlin, 2003.
Lorenz Konrad: Über tierisches und menschliches Verhalten : Aus dem Werdegang der Verhaltenslehre. R. Piper & Co Verlag; München, 1972 (1965).
Lütz Manfred: LebensLust – Wider die Diät-Sadisten, den Gesundheitswahn und den Fitness-Kult. Patloch Verlag; München, 2002.
Lütz Manfred: Über Risiken und Nebenwirkungen einer neuen Religion in Schäfer Daniel et al. (Hrsg.): Gesundheitskonzepte im Wandel. Franz Steiner Verlag; Stuttgart, 2008.
Masunaga Shitsuto, Ohashi Wataru: Das grosse Buch der Heilung durch Shiatsu. O.W. Barth; Frankfurt a.M., 1977.
Margulis Lynn: Die andere Evolution. Spektrum Akademischer Verlag; Heidelberg, Berlin, 1999.
Margulis Lynn: Leben von Ursprung zur Vielfalt. Spektrum Akademischer Verlag; Heidelberg, Berlin, 1997.
McGinn Collin: Wie kommt der Geist in die Materie? Verlag C.H. Beck; München, 2001.
Meixner Uwe: Das Elend des Physikalismus in der Philosophie des Geistes in Knaup Marcus, Müller Tobias, Spät Patrick (Hrsg.): Post-Physikalismus. Verlag Karl Alber; Freiburg i. Br., 2011.
Metzger Wolfgang: Gestalt-Psychologie. Verlag Waldemar Kramer; Frankfurt a. M., 1986.
Metzinger Thomas: Neuere Beiträge zur Diskussion des Leib-Seele-Problems. Verlag Peter Lang GmbH; Frankfurt a. M., 1985.
Metzinger Thomas (Hrsg.): Bewusstsein. Ferdinand Schöning; Paderborn, 1995.
Minett Gunnel: Rebirthing – Heilung von Körper und Seele. Knaur; München, 1997 (1994).
Millikan Ruth Garret: Die Vielfalt der Bedeutung – Zeichen, Ziele und ihre Verwandtschaft. Suhrkamp; Frankfurt a. M., 2008 (2004).
Monod Jacques: Zufall und Notwendigkeit, DTV; München, 1975.
Morris Simon Conway: Jenseits des Zufalls – wir Menschen im einsamen Universum. Berlin University Press; Hemsbach, 2008 (2003).
Müller Achim: Naturgesetzlichkeit – Chemie lediglich ein Bereich zwischen Physik und biologischem Geschehen? Philosophia naturalis; Band 37, 2000, S. 351–365.
Müller-Herold Ulrich: Selbstordnungsvorgänge in der späten Präbiotik in Krohn Wolfgang / Küppers Günter: Emergenz: Die Entstehung von Ordnung, Organisation und Bedeutung. Suhrkamp Verlag; Frankfurt a. M., 1992.
Müller Tobias: Gott – Welt – Kreativität. Eine Analyse der Philosophie A. N. Whiteheads. Ferdinand Schöningh; Paderborn, München, Wien, Zürich, 2009.
Munk Katharin (Hrsg.): Grundstudium der Biologie. Spektrum Akademischer Verlag; Heidelberg, Berlin, 2000.
Muraca Barbara: Teleologie der Organsimen in Koutroufinis Spyridon A. (Hrsg.): Prozesse des Lebendigen. Verlag Karl Alber; Freiburg, München, 2007.
Naranjo Claudio: Die Zukunft gehört den Schamanismus in Quarch Christoph, Hrsg.: Unsere Welt ist heilig – Auf dem Weg zu einer globalen Spiritualität. Verlag Herder, Freiburg i. Br., 2009.

Neumann Uwe: Wirkliche Ereignisse. Zur Begründung einer nicht-reduktiven Theorie des Geistes unter besonderer Berücksichtigung der Kosmologie Alfred North Whiteheads. Logos Verlag; Berlin, 2006.
Neumann von John: Mathematische Grundlagen der Quantenmechanik. Springer Verlag; Berlin, 1996 (1932).
Newton Isaac: Mathematische Prinzipien der Naturlehre. Meiner; Hamburg, 1988 (1687).
Nida-Rümelin Martine: Was Mary nicht wissen konnte. Phänomenale Zustände als Gegenstand von Überzeugungen in Metzinger Thomas: Bewusstsein. Ferdinand Schöning; Paderborn, 1995.
Oehler Klaus: Sachen und Zeichen – Zur Philosophie des Pragmatismus. Vittorio Klostermann; Frankfurt a. M., 1995.
O'Laoire Sean: An experimental study of the effects of distant, intercessory prayer on self-esteem, anxiety and depression. Altern Ther Health Med/Vol. 3: p. 38–53, 1997.
Pauen Michael: Grundprobleme der Philosophie des Geistes. Fischer Taschenbuch Verlag; Frankfurt a. M., 2001.
Peirce Charles Sanders: Naturordnung und Zeichenprozess – Schriften über Semiotik und Naturphilosophie; Suhrkamp Taschenbuch Verlag; Frankfurt a. M., 1998.
Peirce Charles Sanders: Semiotische Schriften, Band 1 bis 3. Suhrkamp Taschenbuch; Frankfurt a. M., 2000.
Peirce Charles Sanders: Phänomen und Logik der Zeichen. Suhrkamp Taschenbuch Verlag; Frankfurt a. M., 1983 (1903).
Penrose Roger: Das Grosse, das Kleine und der menschliche Geist. Spektrum Akademischer Verlag; Heidelberg und Berlin, 2002 (1997).
Perls Frederick S., Hefferline Ralph F., Goodman Paul: Gestalt-Therapie: Lebensfreude und Persönlichkeitsentfaltung. Klett-Cotta; Stuttgart, 1981 (1951).
Piaget Jean: Biologie und Erkenntnis. Fischer Wissenschaft; Frankfurt a. M.; 1992 (1967).
Platon: Parmenides, Übersetzung F. Schleiermacher. Rowohlts Enzyklopädie; Reinbek bei Hamburg, 1994.
Platon: Menon. Übersetzung Hieronymus Müller. Rowohlts Enzyklopädie; Reinbek bei Hamburg, 1994.
Platon: Sophistes. Übersetzung Hieronymus Müller. Rowohlts Enzyklopädie; Reinbek bei Hamburg, 1994.
Platon: Timaios. Übersetzung Hieronymus Müller. Rowohlts Enzyklopädie; Reinbek bei Hamburg, 1994.
Plessner Helmut: Der Mensch als Lebewesen in: Conditio humana – gesammelte Schriften, Band VIII. Wissenschaftliche Buchgesellschaft; Frankfurt a. M., 1980 (1967).
Plessner Helmut: Die Stufen des Organischen und der Mensch; Walter de Gruyter; Berlin, 1975 (1928).
Popp Fritz-Albert: Biophotons – background experimental results, theoretical approach and applications in: Popp Fritz-Albert, Beloussov Lev: Integrative Biophysics. Kluwer Academic Publishers; Dordrecht / Boston / London, 2003.
Popper Karl und Eccles John: Das Ich und sein Gehirn. R. Piper & Co.; München und Zürich, 1977.

Portmann Adolf: Vom Lebendigen – Versuch zu einer Wissenschaft vom Menschen. Suhrkamp Verlag; Frankfurt a. M.; 1973.
Portmann Adolf: Die Tiergestalt. Verlag Friedrich Reinhardt AG; Basel, 1960.
Raffman Diana: Über die Beharrlichkeit der Phänomenologie in Metzinger Thomas: Bewusstsein. Ferdinand Schöningh; Paderborn, 1995.
Rensch Bernhard: Das universale Weltbild. Wissenschaftliche Buchgesellschaft; Darmstadt, 1991 (1977).
Rentsch Bernhard: Biophilosophie. Gustav Fischer Verlag; Stuttgart, 1968.
Richter Helga, Haidvogl Max: Homöopathie für Frauenärzte. Hypokrates Verlag; Stuttgart, 2000.
Rieth Michael, Schommers Wolfram: Can biological effects emerege from inorganic Nano-Systems? In: Dürr Hans-Peter, Popp Fritz-Albert, Schommers Wolfram: What is Life? – Scientific Approaches and Philosophical Positions. World Scientific; New Jersey, London, 2002.
Riffert Franz: Whitehead und Piaget –zur interdisziplinären Relevanz der Prozessphilosophie. Peter Lang; Frankfurt a. M. 1994.
Römer Hartmann: Verschränkung in Knaup Marcus, Müller Tobias, Spät Patrick (Hrsg.): Post-Physikalismus. Verlag Karl Alber; Freiburg i. Br., 2011.
Römer Hartmann: Konsistente und inkonsistente Geschichten, <http://omnibus.uni-freiburg.de/~hr357/VerallgQTh/KonsGeschichten2010.pdf>, Freiburg, 2007.
Rorty Richard: Hoffnung statt Erkenntnis – Eine Einführung in die pragmatische Philosophie. Passagen Verlag; Wien, 1994.
Rudolph Enno: Zeit und Ewigkeit bei Platon und Aristoteles, in Rudolph Enno: Zeit, Bewegung, Handlung. Klett-Cotta; Stuttgart, 1988.
Russel Bertrand: Merkmale mentaler Phänomene in: Hampe Michael, Maassen Helmut: Die Gifford Lectures und ihre Deutung. Suhrkamp Taschenbuch Verlag; Frankfurt a. M., 1991.
Rust Alois: Die organismische Kosmologie von Alfred N. Whitehead. Athenäum Verlag, Frankfurt a. M., 1987.
Rutherford Suzanne L., Lindquist Suzanne: Hsp90 as a Capacitor for morphological Evolution. Nature 396; 1998, S. 336–342.
Salamun Kurt: Über konstruktive und kritische Aufgaben der Philosophie in Salamun Kurt: Was ist Philosophie? UTB, Tübingen 2001.
Scheler Max: Die Stellung des Menschen im Kosmos. Bouvier Verlag; Bonn, 1998 (1928).
Schelling Friedrich Willhelm Josef: Von der Weltseele. Historisch-kritische Ausgabe, Band 6. Frommann-Holzboog; Stuttgart, 2000 (1798).
Schneider Silvia, Jürgen Markgraf (Hrsg): Lehrbuch der Verhaltenstherapie. Springer Verlag; Berlin, 2009.
Schneider Werner (Hrsg): Wege in der Physikdidaktik, Band 4; Verlag Palm und Enke, Erlangen, 1989 (<www.solstice.de/.../buchreihe-wege-in-der-physikdidaktik/>).
Schrödinger Erwin: Was ist Leben? Die lebende Zelle mit den Augen des Physikers betrachtet. Piper; München und Zürich, 2001 (1944).

Schweitzer Bertold: Naturgesetze in der Biologie? Philosophia naturalis; Band 37, 2000, S. 367–374.
Sheldrake Ruppert: Das schöpferische Universum. Meyster; München, 1983 (1981).
Sheldrake Ruppert: Das Gedächtnis der Natur. Scherz; Bern, München, Wien, 1990 (1988).
Sherburne Donald W.: A Key to Whitehead's Process and Reality. The University of Chicago Press; Chicago and London, 1966.
Sherburne Donald W.: Whitehead Alfred North in the Cambridge Dictionary of Philosophy. Cambridge University Press, 1996.
Seifert Josef: Das Leib-Seele-Problem und die gegenwärtige philosophische Diskussion. Wissenschaftliche Buchgesellschaft; Darmstadt, 1989.
Shimony Abner: Quantum Physics and the Philosophy of Whitehead in Black Max: Philosophy in America. Cornell University Press; Ithaca, New York, 1965.
Skrbina David: Realistic Panpsychism in Freeman Anthony (Hrsg.): Consciousness and its Place in Nature – does Physikalism entail Panpsychism? Imprint-academic; Charlotteville, 2006.
Spijk van, Piet: Was ist Gesundheit? Anthropologische Grundlagen der Medizin. Alber-Verlag; Freiburg, 2011.
Stapp Henry P.: Mind, Matter and Quantum Mechanics. Springer Verlag; Berlin, Heidelberg, 2009.
Stadler Michael / Kruse Peter: Zur Emergenz psychischer Qualitäten in Krohn Wolfgang / Küppers Günter: Emergenz: Die Entstehung von Ordnung, Organisation und Bedeutung. Suhrkamp Verlag; Frankfurt a. M., 1992.
Steingassner Hans Martin: Homöopathie verstehen – eine Einführung in eine alternative Heilmethode. Maudrich; Wien 2009 (1999).
Stolz Joachim: Whitehead und Einstein – Wissenschaftsgeschichtliche Studien in naturphilosophischer Absicht. Peter Verlag; Frankfurt a. M., 1995.
Strähle Joachim, Schweda Eberhard: Lehrbuch der analytischen und präparativen anorganischen Chemie. S. Hirzl Verlag; Stuttgart, 2006.
Strawson Galen: Monism – Why Physicalism entails Panpsychism in Freeman Anthony (Hrsg.).: Consciousness and its Place in Nature – does Physikalism entail Panpsychism? Imprint-academic; Charlotteville, 2006.
Tegmark Max: The Importance of Quantum Decoherence in Brain Processes, Phys.Rev.E61: 4194–4206, 2000.
Tegmark Max, Wheeler John Archibald: 100 Jahre Quantentheorie; Spektrum der Wissenschaft – vom Quant zum Kosmos, 1/2003.
Teichert Dieter: Einführung in die Philosophie des Geistes. Wissenschaftliche Buchgesellschaft; Darmstadt, 2006.
Thomä Dieter: Leben als Teilnehmen. Deutsche Zeitschrift für Philosophie; Berlin, 59/1, 2011, S. 5–32.
Tipler Paul A. / Llewellyn Ralph A.: Moderne Physik. Oldenbourg Verlag München, 2010.
Tomasello Michael: Warum wir kooperieren. Suhrkamp Verlag; Berlin 2010.
Vollmer Gerhard: Was sind und warum gelten Naturgesetze? Philosophia naturalis; Band 37, 2000, S. 205–239.

Waddington Conrad Hol: The Strucutre of the Genes. Allen & Unwin; London, 1957.
Waddington Conrad Hol: Canalization of development and the inheritance of acquired characters. Nature 150; 1942, S. 563–565.
Walter Hans-Jürg: Gestalttheorie und Psychotherapie. Westdeutscher Verlag; Opladen, 1994 (1985).
Waschke Thomas: Die Entstehung von grundsätzlich Neuem in der Evolution. <http://www.waschke.de/bericht_2.pdf>.
Weizsäcker von Carl Friedrich: Die Einheit der Natur: Studien. C. Hanser; München, 1981.
Whitehead Alfred N.: The Principle of Relativity with Applications to Physical Science. Dover Publications, Inc.; Mineola, 2004 (1922).
Whitehead Alfred N.: Wissenschaft und moderne Welt. Suhrkamp; Frankfurt a. M., 1984 (1925).
Whitehead Alfred N.: Prozess und Realität. Suhrkamp; Frankfurt a. M., 1987 (1929).
Whitehead Alfred N.: Process and Reality. The Free Press; New York, 1985 (1929).
Whitehead Alfred N.: Die Funktion der Vernunft. Reclam; Stuttgart, 1974 (1929).
Whitehead Alfred N.: Abenteuer der Ideen. Suhrkamp; Frankfurt a. M., 2000 (1933).
Whitehead Alfred N.: Denkweisen. Suhrkamp; Frankfurt a. M., 2001 (1938).
Wilkins John: Macroevolution – Ist Definition, Philosophy and History. <http://www.talkorigins.org/faqs/macroevolution.html>.
Wittgenstein Ludwig: Tractatus logico-philosophicus. Suhrkamp; Frankfurt a. M.,1997 (1921).
Zoglauer Thomas: Geist und Gehirn. Vandenhoeck & Ruprecht; Göttingen, 1998.

Personen- und Sachregister

Kolibri 360 GmbH
Ferdinand-Jühlke-Straße 7
99095 Erfurt, Deutschland
produktsicherheit@kolibri360.de